건축학총론

김유한 지음

Introduction
Study the to
of Architecture

머리말

건축학은 인간의 생활과 밀접한 관계가 있는 학문이다. 인간의 생활을 담는 그릇으로서 건축은 항상 우리 곁에 존재하며 우리는 건축과 함께 아니 건축이 우리와 함께 숨쉬고 삶을 영위한다.

그래서 일반인들도 결코 건축이 낯설지 않으며, 건축을 처음 접하는 학생들도 이에 대한 기초지식이나 상식적인 관념을 가지고 있다고 볼 수 있다. 주거 건축은 물론 병원 건축은 이렇게 생겼고, 미술관 건축은 이렇다라는 최소한의 시각적 · 공간적 경험을 가지고 있다. 또한 건축물은 구조적으로 튼튼해야 하며, 냉 · 난방이 되어야 하고, 자신의 건축물이라면 다른 건물과도 차별되는 아름다운 건축물을 원하는 미적 개념도 가지고 있다.

그러나 건축을 처음부터 하나하나씩 접하게 되면 그것의 수평적 범위와 수직적 깊이에 고개를 갸우뚱하게 되며 심지어는 혼란에 빠지기 쉽다. 이것은 인간의 삶이 결코 단순하지 않듯이 그들의 삶을 담는 건축물 또한 다양하고 복잡하기 때문일 것이다.

이러한 관점에서, 이 책은 대학에서 건축을 접하는 학생들은 물론 건축에 관심 있는 일반인들을 염두에 두고 건축은 무엇인지에 대한 폭넓은 이해를 도모하고자 집필하게 되었다. 각각의 전문성보다는 건축의 전체적 구성과 흐름에 대한 이해에 초점을 맞추고 있는 것이다.

필자는 현장에서 익힌 실무경험과 대학에서의 이론적 경험을 바탕으로 건축이란 무엇인지에 대한 설명과 건축의 역사, 종류, 건축계획 및 설계, 창조성과 제약조건, 건축가와 관련 분야, 그리고 전문직으로서의 건축에 대하여 개괄적으로 설명하였으며, 우리나라의 건축 사례뿐만 아니라 해외 사례의 사진과 그림을 많이 삽입하여 이해의 폭을 넓히고 쉽게 공감할 수 있도록 하였다.

따라서 건축학과 학부학생들이 이 책을 완독하면 건축과 그와 관련된 분야에 대한 체계성이 정립되고, 자신의 분야별 전공 선택에도 큰 도움이 되리라 의심치 않는다.

미비한 점은 있으나 건축에 입문하는 많은 사람에게 조금이라도 도움이 되었으면 하는 바람이며, 이 책이 나오기까지 부단한 성원을 보내준 선후배, 그리고 동료들에게 감사드리며, 특히 자료수집과 원고작성에 많은 도움을 준 아내에게 감사의 뜻을 전하고 싶다.

끝으로 이 책의 미비한 점은 계속해서 수정 · 보완할 것이며, 어려운 여건 속에서도 출판을 위해 애써주신 기문당 사장님을 비롯한 편집부 관계자 여러분의 노고에 감사드린다.

2017. 1

저자

차 례

Chapter 3 건축의 종류

Chapter 5 건축의 계획 및 창조성

Chapter 6 건축의 제약조건

Chapter 7 전문직으로서의 건축

Chapter 1

건축이란 무엇인가

Chapter 1 | 건축이란 무엇인가

1.1 개설

인류역사가 시작되면서 인간을 외부환경으로부터 보호하기 위한 은신처로서 건축이 시작되었다고 할 수 있다. 그래서 최초의 건물은 주거였을 것이며, 이러한 단순한 형태가 인간에게는 생존하기 위한 은신처였던 것이다(그림 1.1, 1.2).

건축을 하는 데에는 비바람, 동물로부터의 보호, 그리고 초자연의 힘 등으로부터 생존하기 위해서 뿐만 아니라 사람들의 활동과 그 소유물을 보호하기 위해, 세속적이고 위험성 있는 세계 속에서 고상하고 안전한 영역을 만들기 위해, 사회적 신분을 강조하고 지위를 나타내기 위한 것 등의 다양한 목적이 있을 수 있으며, 이것은 하나의 단순한 목적이라기보다는 복합적인 형태를 취하는 경우가 더욱 일반적이라고 할 수 있다. 그러나 사실 기후나 무서운 동물로부터 피할 수 있는 은신처나 기술, 재료 및 경제 등 건조(建造)의 원시적이고 직접적인 이유보다는 시대를 규명할 수 있으며 매우 서서히 그러나 뿌리 깊게 변화되어 온 사회문화적인 요인들을 더 중요하다고 생각할 때 건축의 기원을 가장 잘 이해할 수 있다.

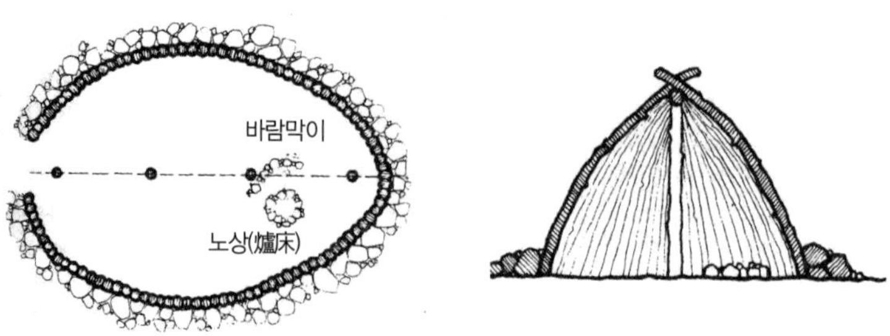

그림 1.1 테라 아마타 주택의 복원

그림 1.2 최초의 오두막(추정도)

인류역사가 발달하면서 세계 각지에는 인류가 오랜 세월에 걸쳐 건조된 많은 건축물들을 볼 수 있는데, 이것은 그 시대와 그 나라의 양식과 문화와 생활을 짐작해 볼 수 기준이 되기도 한다. 한마디로 건축은 문명이 시작하면서부터 인류의 문화적 기대, 기술문명의 혁신 등이 발전적으로 이루어지면서 진화되어 온 역사적 뼈대를 기반으로 이루어졌다고 할 수 있다.

사람들은 오랫동안 건물을 계획하고 지어 왔다. 그렇지만 그것이 건축이었던가? 극히 최근의 건축과 "그냥 건물"과를 구별하는 것이 보통이었지만 그 문제는 더욱 어려워지고 있다. N. 페프스너(Pevsner Nikolaus)는 이 건축과 건물이라는 의미를 다음과 같이 구분하고 있다. "차고(車庫)는 건물이고 대성당(大聖堂)은 하나의 건축이다. 사람이 들어가는 데 충분한 넓이를 갖춘 것은 모두 건물이지만, 건축이라는 말은 미적 감동을 목표로 설계된 건물에만 사용된다." 이런 의미에서 사람의 생활을 위해 건조되는 댐 · 교량 등의 토목구조물은 건축에 포함되지 않으며, 분묘 · 탑 · 기념비 등도 역시 건축과 유사한 방법으로 구조되나 인간의 생활을 담는 기능이 아니므로 또한 건축과 구별해 생각해야 할 것이다. 그렇지만 이들 모두 인간의 결정과 선택, 그리고 사물을 이용하는 특수한 방법을 구현한다는 뜻에서 모든 인공물과 마찬가지로 그런 환경은 모두 설계된 것이다. 숲을 제거하거나 도로가에 판매대를 세우거나 야영장을 배치하는 사람은 건축가 못지않은 설계가이며, 그러한 활동은 지구 표면을 변화시키고 건조환경을 만들어낸다. 이러한 의미에서 건축은 자유로운 창조적 산물로서 사회적이고 유용한 하나의 예술로서 이해해야 할 것이다.

건축은 예술이면서 또한 과학(기술)이다. 과학으로서의 건축은 훌륭하게 설계

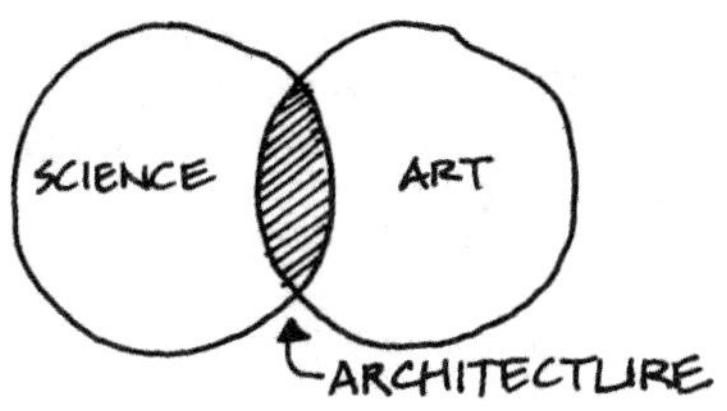

그림 1.3

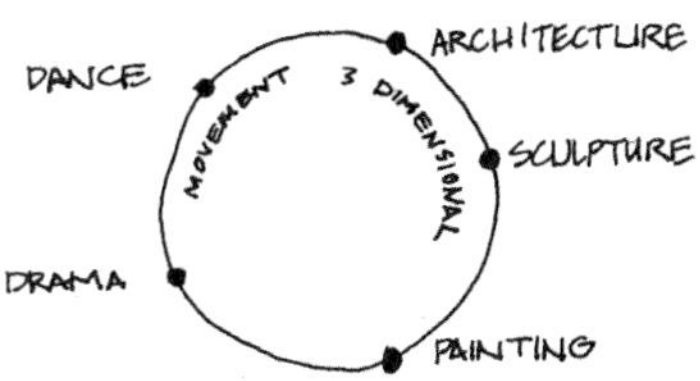

그림 1.4

되고 튼튼하며 실질적인 구조물을 만들어내야 하며 예술로서의 건축은 미학적으로 즐거움을 주는 구조물을 만들어내야 한다(그림 1.3).

건축도 조각이나 회화, 춤과 같이 예술적 장르(그림 1.4)에 포함될 수 있는 미적 요소, 감성적 요소 등이 내포되어 있으나 이들과 한 가지 다른 점은 건축의 실용적인 면이다. 조각과 같이 조형적으로 훌륭한 건축물이라 할지라도 그것이 기능적이지 못하면 너무나 많은 문제가 발생한다. 조각품은 크든 작든, 그것을 봄으로써 미적 감흥을 일으키면 주된 목적을 전달하였다고 볼 수 있으나, 건축은 종합적인 모든 면이 총체적으로 구성될 때 그것의 의미를 찾을 수 있다. 여기서 총체적 구성이라 함은 예술적 · 기능적, 개인적 · 사회적, 수평적 · 수직적, 현실적 · 이상적 등의 모든 요소의 구성을 의미한다. 한마디로 건축은 인간의 삶에 대한 희곡을 전개하는 종합예술이라고 말할 수 있다.

건축학이란 건물이 설계되고 시공되는 가운데 내포된 여러 이론과 기술들을 분야별로 체계화한 것이다. 다시 말하면 공학, 예술, 인문, 역사 등의 학문을 종합하여 그 시대의 사회적 요구와 기능을 충족시킴으로써 그 시대의 문화를 창조하는 학문이라고 할 수 있다. 건축학의 범위는 단순히 건축만을 대상으로 하는 것이 아니라 좀 더 넓은 시야를 가지고 도시적 맥락에서 건축을 바라보는 도시계획 및 도시설계, 그리고 건축물의 내용을 구성하는 인테리어 디자인, 그래픽 디자인 등의 세밀한 분야까지도 포함하여 건축이란 완성체를 추구한다(그림 1.5).

목적의 의미에서 보면 건축은 "인간의 생활을 담는 그릇"이라고 할 수 있다. 프랑스 건축가 르 코르뷔지에가 "건축은 살기 위한 기계"라고 하였는데, 이것은 근대 초기의 기능주의적 표현으로 과거 건축관의 저하를 나타냈다기보다는 인간

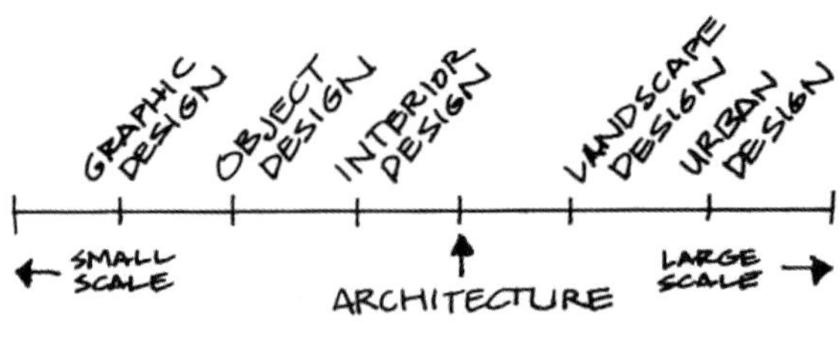

그림 1.5

의 생활을 담기 위해 모든 구성요소들의 합리적인 창조성을 가져야 한다는 의미이다. 건축의 확실한 대상은 인간이며, 그들의 생활을 담는 그릇으로서의 의미는 과거, 현재, 미래에도 변함없이 지속될 건축에 대한 적절한 표현이자 정의이기도 하다.

고대 그리스 시대부터 미, 기능, 구조를 건축의 3요소라 하여 건축이 갖는 소박한 진리로 여겨 왔다. 이 3요소 중에서 미가 무시된다면 그것은 건축이 아닌 단지 건물일 뿐인 것을 잘 알고 있다. 만약 이 중에서 기능이 무시된다면 그것은 건축이 아닌 한낮 조각에 불과할 것이다. 또한 구조가 무시된다면 그것은 필요할 때에만 잠시 존재하다가 곧 사라지고 마는 무대의 막에 지나지 않을 것이다. 그러므로 건축은 이 세 가지가 균형을 잘 이루어 만족스러울 때만이 탄생될 수 있는 것이다.

독일의 건축가 브루노 타우트(Bruno Taut)는 『건축에 관한 성찰』에서 "건축이란 기술, 구조 및 기능을 수단으로 하여 성립되는 균형의 예술"이라 하여 건축의 총체적 예술성을 강조하였고, 우수한 건축을 위해서는 그 건축물의 재료와 기술, 구조와 기능 사이의 균형이 필수적임을 역설하였다.

오늘날 현대의 건축은 예술성과 더불어 그 기능과 목적에 따라 경제성이 요구됨과 동시에 자연환경과 부합되는 친환경성이 강조되고 있다. 경제성장에 발맞춰 지역개발에 따른 무작위적인 건축물의 난립은 자연환경을 파괴하기에 이르렀고, 환경과 건강에 대한 관심이 증대되는 현 사회에서 친환경적인 건축이 대두된 것이다. 서로 상반된 개념의 전개이기도 하지만 이것이 곧 건축의 시대성이며, 건축이 발전하고 진화해 간다는 긍정적 평가의 틀 속에서 해석함이 타당할 것이다.

이제까지 건축의 포괄적인 측면을 잘 표현한 건축에 관한 인용구를 소개하면 다음과 같다.

> "건축이란 하나의 학문이자 하나의 전문직이며 또 하나의 정신상태이다."
>
> *–Anthony C. Antoniades*

> "건축에는 정치적 용도가 있다. 공공건물은 국가의 장식품이다. 건축은 국가의 체계를 확립하고 사람들을 끌어 모아 상업을 활발하게 하고 또 국민들로 하여금 자기의 조국을 사랑하게끔 만들어 준다." *–Sir Christopher Wren*

"하나의 건축물이 건축으로서 자격을 얻기 위해서는 다음과 같은 기준에 맞아야 한다. 즉 그 건축물이 세워진 목적을 용이하게 충족시켜야 하며 구조상 튼튼하고 또 아름다워야 한다는 것이다." *–Marcus Vitruvius Pollio*

"하나의 건축물은 다음의 세 가지 목적, 즉 생활에 필요한 사회적 · 경제적 요구를 충족시키는 것, 감각을 즐겁게 해 주는 것, 사람들이 지니면서 마음껏 구사하고자 하는 모든 것을 상징화해 주는 것 등에 기여한다." *–George Howe*

"훌륭한 건축은 그 건축이 이루어진 시대, 그 시대의 건축술뿐만 아니라 또한 – 건축이 정확히 이해된다면 – 그 시대의 종교, 그 시대의 정부, 심지어는 그 시대의 정치이론과 경제이론까지 항상 완벽하게 표현해 준다." *–Talbor Faulkner Hamlin*

1.2 건축의 기능성

생활이 발전함에 따라 건축의 기능도 많은 발전을 가져왔다. 원시시대의 단순한 쉘터(shelter)에서부터 현대의 다양하고 복합된 기능의 건축으로 변화되었는데, 주거의 예를 들면, 단칸방은 단순히 외부로부터 자신을 보호하기 위한 개념에서 가족의 구성과 함께 생활이 더 다양하고 복잡해지면서 보다 더 세분화되고 다양화된 개념으로 변화되어 가고 있다.

건축의 기능은 크게 용도, 지역, 생활수준, 재료와 기술력에 따라 달라진다고 볼 수 있는데, 이것은 서로 분리가 되지 않고 상호 연관작용을 하며 기능에 영향을 끼친다.

1.2.1 용도

건축의 용도는 생활의 필요에 따라 발생하며 시대에 따라 변천하는 것이다. 건축의 공간은 단순한 공간부터 복잡한 건물에 이르기까지 주어진 용도에 따라 달라진다. 즉 건축은 필요 없는 공간을 만들지 않는다. 시초에 단칸방의 주거형태에서 복수실(거실, 침실, 부엌, 욕실 등) 형태로 발전한 것은 단순히 같은 용도의 "방"이 중복된 것이 아니고, 우리의 생활이 개선됨에 따라 용도도 다양화

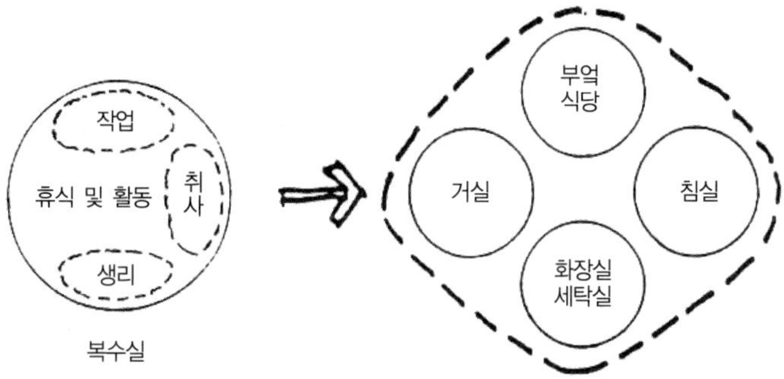

그림 1.6 기능의 발달

되면서 그러한 요구가 오늘날 복수실의 주거형태를 가져오게 된 것이다(그림 1.6). 단일공간에서 한 가족이 작업, 휴식, 취사, 생리 등의 모든 활동을 한다는 것은 결코 오늘날 우리가 기본주거에서 요구하는 생활양식에 비추어볼 때 상당한 거리가 있는 것이다. 근래에 와서 주거의 규모가 작아지는 경향은 기능이 단순화되는 것이 아니라 과거의 대가족제도에서 핵가족제도로 바뀌면서 일어나는 상황이다.

원시시대에는 그저 몸을 보호하기 위한 은신처에 불과하던 것이 오늘날에는 생활, 업무, 생산과 제조, 판매, 전시, 운동 등의 다양한 용도에 따라 기능도 다양화됨과 동시에 세분화되었다.

1.2.2 지역

문명의 발달은 그 지역의 기후와 자연환경에 많은 영향을 받으며 나타났다. 나일 강을 따라 발생한 이집트의 문명이나 양쯔 강변에서 시작한 중국의 문명 역시 열대사막의 환경과 온대평야의 자연환경에 순응하는 각기 다른 형태를 발전시키게 된 것이다.

그림 1.7 에스키모족의 이글루

건축의 기능은 그 지역의 자원이나 풍토, 기후와 관련이 많다. 알래스카의 에스키모(eskimo)족은 추위를 이겨내기 위하여 눈으로 만든 블록(snow block)을 사용하여 이글루(igloo)형태의 폐쇄된 공간을 만들었으며(그림 1.7), 미국의 황야에 자리 잡은 인디언(indian)들은 동물의 가죽을 이용한 텐트(tee-pee tent)

그림 1.8 인디언의 텐트

사진 1.1 메사 베르데(Mesa Verde)의 절벽궁전, 9~13세기

나(그림 1.8), 암벽의 자연동굴 및 지하의 주거형태를 택하였다(사진 1.1). 또한 동남아시아의 고온지대에서는 주거의 온도를 최소한으로 줄이기 위하여 건물의 통풍을 원활하게 해 주는 플랫폼(platform) 주거형태를 개발하였다(그림 1.9). 나무와 펠트(양털)를 주된 재료로 해서 조립되는 몽골포 또는 게르는 그야말로 몽골 유목민들의 특별공간이다. 게르(Ger)는 몽골 고원의 풍토와 유목생활에 편리한 구조로 되어 있다. 여름철엔 펠트의 흰색이 강렬한 햇빛을 막아주고, 천막 밑자락을 걷어 올리게 되어 있어 바람과 온도조절이 가능하다. 겨울철에는 게르의 원형구조가 겨울의 강력한 북서풍을 막아 추위로부터 보호해 준다.

그림 1.9 플랫폼 주거

이와 같이 용도와 기능의 지역성은 일찍이 이집트의 룩소르 사원을 비롯하여 아테네의 파르테논(Parthenon, Athens), 중세 로마의 성 베드로 성당(St. Peters, Rome)을 건립하게 되었고, 우리나라에서도 신라시대의 불국사, 조선시대의 경회루 같은 전통건축을 세우게 되었던 것이다.

1.2.3 생활수준

건축의 기능은 생활수준이 높아짐에 따라 더 세분화되고 다양화된다.

주거의 경우 예전에는 대청마루와 방, 부엌, 창고 정도만 필요했던 실들이 요즈음은 다용도실, 보조주방 등 주방의 용도 외에 김치냉장고, 냉동고 등 외부공간에 묻었던 김칫독이나 야채 등을 저장하는 기능이 실내로 옮겨오면서 공간이 생성되었고, 화장실의 기능 역시 용변을 보는 외에 사우나, 반신욕 등을 즐기는 문화가 만들어지며 규모가 커지게 되었다. 또한 AV room 등 디지털 TV가 보급되면서 영화나 드라마를 좀 더 생생하게 즐기기 위해 만들어진 실과 옷의 종류와 액세서리나 장신구 등의 다양화에 따른 드레스 룸은 생활수준의 향상을 말해주는 것들이다(그림 1.10).

그림 1.10

1.2.4 재료와 기술력

사진 1.2 피라미드

사진 1.3 판테온

고대 이집트인들의 피라미드는 오늘날에도 불가사의하다고 여길 정도로 웅장하면서도 정교한 기술력을 가졌다(사진 1.2). 또한 로마의 판테온은 돔 구조의 기술력이 없었다면 불가능했을 것이고(사진 1.3), 고딕시대의 포인티드 아치 공법은 높고 신비한 성당건축의 진수를 보여준다.

선사시대부터 18세기 초까지는 목재, 석재, 점토 등의 천연재료가 대부분의 건축재료로 사용되어 왔었으나 18세기 후반에 일어난 산업혁명 이후 천연재료에 대한 이용방법이 크게 변화하여 시멘트, 철강, 유리 등의 무기재료 사용이 도입되었다.

산업혁명을 계기로 발달한 철이라는 재료는 장스팬과 고층건물의 건축을 가능하게 하였고 파리 만국박람회관이나 뉴욕의 엠파이어스테이트 빌딩 같은 건물의 형태로 나타나게 되었다(사진 1.4).

사진 1.4 엠파이어스테이트 빌딩

또한 시멘트와 모래, 자갈과 물로 배합된 콘크리트와 철근으로 구성된 철근콘크리트구조 역시 현대건축에 막대한 영향을 끼친 재료들이다.

응용된 기술력을 보여주는 오늘날의 스틸하우스는 내구성, 공기절감의 효과와 구조변경이 용이하며 내부공간을 보다 넓게 사용할 수 있다는 점에서 각광을 받고 있다. 스틸하우스란, 미국의 전통 목조주택에서 유래한 것으로서 건물 뼈대가 두께 1mm 내외의 냉간성형 아연도금 경량형강(ZSS강) 구조용 부재(SGC400 이상)로 지어진 집을 말한다. 기본적 구조는 벽식구조로서 수직부재(stud)와 벽면 상하의 수평부재(track), 바닥이나 천장을 받쳐주는 장선부재(joist)로 이루어지며, 각각의 구조체는 스크루와 전동기 등을 이용하여 접합된다. 스틸 스터드 외에 다른 구조재와 병행할 수도 있는데, 보통은 장스팬을 보강하기 위해 형강을 많이 사용한다. 그러나 엄밀한 의미에서는 스틸하우스란 구조체 전체가 스틸 스터드로 이루어진 집을 말한다(사진 1.5).

시스템유리 혹은 커튼월에 맞춘 다양한 유리 중에는 창호의 기능을 극대화하면서 건축물의 내외 이미지를 격상시키는 현대적 창호방식이 있는데, SPG시스템이라 하여 복합건축물 또는 포인트적인 빌딩들에 여러 각도로 응용된다. 이 공법은 프레임이나 구조용 실리콘을 사용하지 않으면서도 탁월한 안전성을 유지하며 뛰어난 디자인으로 건축물의 자연미를 극대화하고 개방감과 채광성을 최대한 보장해 준다. SPG시스템은 특수가공한 볼트를 접시머리 모양으로 가공된 홀에 결합시키기 때문에 유리 표면이 외견상 평탄하며, 내부에서 유리, 로드 트러

사진 1.5 스틸하우스

사진 1.6 SPG시스템

사진 1.7 용인 교통박물관

스, 와이어 및 스테인리스 파이프 등으로 구조물을 지탱하는 최신공법이다. 또한 재료의 시공방법도 기존의 습식공법에서 건식공법으로 변화하고 있는데, 이것은 인건비와 시간절감, 그리고 환경적 측면과도 깊은 연관이 있다(사진 1.6, 사진 1.7).

1.3 건축의 예술성

1.3.1 기능적 예술로서의 건축

건축은 인류의 문화적 기대, 기술문명의 혁신 등이 발전적으로 이루어짐에 따라 진화한다. 이러한 맥락에서 기능적 예술장르로써의 건축은 당대의 감각을 반영하는 예술이라 할 수 있다. 그 당대의 감각은 그 배경이 되는 사회와 연관되어 있는 것으로서 사회가 발전하면 감각도 발전하고 그에 따라 조형의 방향을 결정한다. 역사를 통해 보면, 건축의 형태표현은 산만함에서 정연함으로, 무질서에서 질서로, 비합리적인 것에서 합리적인 것으로, 장식에서 기능으로 아니면 이에 반대되는 경향을 띠고 있다. 이는 특정 문화에 익숙해져 온 인간감각의 한계가 드러날 때 그와는 대비되는 새로운 형태가 요구되는 것이다.

이처럼 예술이 발전하고 변화한다는 것은 그 시대의 감각과 감정이 이전 시대와는 대비됨을 의미한다. 이 발전과 변화는 인간의 생명 및 생활과 직결되어 있는 정신활동으로서 사회의 변화 속에서도 본질적 변화가 없는 인간의 감정과 시

사진 1.8 판스워스 하우스(Farnsworth House)

대나 사회와 연관되는 정신적 분위기를 조성하고, 문화의 변화 및 정도에 따라 변화하는 시대감상이 상호 연관되어 나타나는 것이다.

그러므로 기능적인 예술에 있어서도 예술가와 대중의 감각과 감정은 시대의 요구에 따르게 마련이다. 과거의 건축이 신비로움, 웅장함, 숭고함, 화려함 등을 표현했다면 20세기 건축은 감각과 새로운 기능미 창출이 결합된 형태의 표현이라고 할 수 있고, 미래의 건축 역시 그 문명의 발전 정도와 인간감각의 변화 등이 건축의 예술성을 가늠하는 주요 요인으로 작용할 것이다(사진 1.8).

1.3.2 건축의 예술적 의미

고대 건축은 건축물 자체가 하나의 예술이었다. 그리스, 로마, 고딕건축은 신전건축으로 대변되며, 내 · 외부의 벽화와 장식들은 예술가의 창작 의지와 신을 향한 열망을 표현해 주는 수단이었다. 하지만 르네상스 시대를 거쳐 산업혁명에 이르면서 인간은 보다 합리적이고 실질적이며 기능적인 것을 강조하는 시대정신을 따르면서 근대 이후의 건축은 “기능을 따르는 형태”와 “살기 위한 기계로서의 주택” 등으로 대변되는 과학적 · 기능적 모습을 갖게 되었다. 이처럼 근대 이후의 건축 및 여러 예술은 기능주의와 유기적 건축, 그리고 회화의 입체파, 데스틸 같은 기하학적인 양식을 통해 나타나고 있다.

최근에는 환경의 중요성을 인식하여 생태건축이라는 새로운 분야가 활발히 전개되는가 하면, 해체주의 건축, 신모던 건축, 랜드스케이프 건축 등 국지적이기는 하지만 다양하고도 복잡한 양상 속에서 건축의 예술적 시도가 계속되고 있다.

이제 건축이 순수예술 분야의 하나임은 분명하다. 과거 고전적 시절의 통합된 개념에서 조각, 회화, 드라마, 댄스 등의 분야와 같이 건축이라는 완전 분리된 영역을 구축하고 있다. 디자인 분야에서도 건축은 극히 중요한 위치를 차지하고 있으나 이는 위치적 역할일 뿐 건축은 디자인의 여러 분야를 둘러싸면서 그들 분야와 협동하여 창출되는 총체적인 종합예술의 성격을 가지고 있다(사진 1.9, 1.10).

사진 1.9 바로크의 장식

사진 1.10 구겐하임미술관, 빌바오

1.3.3 예술로서 건축의 미래

건축은 예술성 표현이 대상이면서 기능과 조건을 만족해야 하는 대상이기도 하다. 현대미술과 관련하여 비속함과 일상적인 매스미디어적 대중성을 강조한 팝아트 등이 미술계의 흐름을 주도하는 것과 관련하여 건축도 대중 속에 파고드는 건축, 강렬하고 이미지적인 것에 치우치는 성향과 이를 뒷받침하는 기술력이 바탕이 되어 조각적이고 상징적인 형태로 표현되는 것이다. 또한 이에 반해 친환경적이고 사람이 중심이 되는 자연친화적인 형태와 소재, 스케일로 옮겨가는 성향이 나타난다. 이처럼 새로운 협력과 결합을 지향하는 작업이나 의지는 당대 또는 미래에 성취될지 모르는 기술적 가능성과 문화적 패러다임에 따라 예측 불허한 가능성을 갖고 있다. 그것은 또한 지금까지의 토대 위에서 작업해 온 예술가나 건축가들이 예상되는 미래를 형상화시키는 데에 있어서 어떤 표현방식을 만들어 낼 수 있는가에 달려 있다.

그러나 역사의 과정이 그러하듯이 예술로서의 건축행위에 미칠 외적 요인이 어떤 것이 되든지 간에, 그것은 극단적인 추상작품과 사실적인 작품으로 동시에 창조될 수 있으며 그것들이 창조되는 과정 속에서 건축가와 대중 모두가 내적으로 균형을 이루어나가게 될 것이다.

1.4 건축의 사회성

1.4.1 인간과 사회

태초부터 인간은 대자연의 시련 속에서 슬기롭게 적응하여 왔고 모든 생명체나 물체들을 인간생활에 이용하면서 수많은 시도와 모험을 통해 오늘날의 인류역사와 문화를 구축해 왔다. 그동안 인간들은 집단을 이루며 모든 것에 대처해 왔고, 마을에서 도시로 도시에서 사회로 사회에서 국가로 발전시켜 오면서 그 민족과 풍토, 기후에 맞는 생활양식과 관습 등을 창출하며 사회체계를 이루어왔으며, 그것이 나아가서 국가를 형성하는 근간을 이루었다.

인간이 생활하는 데 필요한 3대 요소인 의식주 가운데 하나인 주거, 즉 건축은 인간들이 구성해 놓은 사회수준이나 상황 속에서 생성되는 것이며 인간의 생활양식 변화나 의식구조 등의 변화에 따라 건축도 변화해 왔다는 것이다. 또한 사회 각 분야의 학문이나 기술 등의 발견 및 발전 등의 영향력이 인간의 의식에 영향을 주면서 건축의 양상도 이에 따라 변화되어 왔다는 것이다.

건축의 사회성은 그 사회의 차이에 따라 다양하게 나타난다. 사회성의 심미수준이 높고 낮음에 따라 건축양식이 달라질 것이고, 경제적 수준은 건축의 질을 좌우하는 이유가 될 수 있다. 사회에는 많은 문제가 발생한다. 우리가 사는 이 사회에서도 많은 사회적 문제가 대두된다. 빈익빈 부익부가 심화되면서 소득의 재분배와 고용 안정문제, 그리고 주거문제가 심각해지고 있다. 이제는 집의 소유 자체가 문제가 아니라 그 집의 장소성과 질이 중요시되는 사회가 되었다. 다시 말해서 주변의 환경과 조망, 내부동선과 세련된 자재 등이 주거를 차별화하는 조건이 된 것이다.

또한 지역이나 단지의 재개발, 재건축 또는 특정 지역의 개발이나 억제 등의 사회정책들은 그것이 대중의 개인적 요구이든 국가의 어떤 필요성에 의한 것이든, 과거 어느 때보다 더 건축에 막대한 영향을 주는 요소가 되었다.

예를 들면 내 집 앞에 쓰레기처리장이 들어선다는 발표가 나면 그 소유주는 주변의 소유자들과 담합하여 그 정책을 철회하거나 다른 곳으로 이전해줄 것을 요구하며 시위를 벌인다. 꼭 필요한 공공시설이지만 자신이 사는 곳에 설치하는 것만은 기피하는 님비(NIMBY)현상으로 이는 '내 뒷마당에서는 안 된다'(not in my backyard)라는 말의 약어로 지역이기주의를 뜻하는 신조어이다. 무엇보다 이기주의와 물질주의가 결합되어 나타난 현상이라고 할 수 있다.

1.4.2 건축과 사회의 상호관계

역사적으로 어떤 정권도 건축산업과 결탁하지 않을 수는 없었다. 국민의 주거문제 해결과 직결된다는 점과 투자비가 막대하다는 점, 그리고 국민생활환경의 정비나 변화라는 점이 건축과 정권의 동반은 필연적일 수밖에 없다.

우리나라는 국토는 협소하고 인구가 많기 때문에 건축과 국토재정비, 원대한 계획 아래 건축산업의 진로 설정이 절대 필요하다. 건축의 사회성은 비단 주택에만 국한되는 것이 아니라 건축 전체가 관련되는 것이다.

건축은 국민의 긍지나 자존심에도 관계가 있다. 고대의 위대한 건축사적을 가지고 있는 이집트나 그리스, 중국 등의 경우 그 나라 국민들이 자기네 조상들이 구축한 건축물에 대해 가지고 있는 긍지는 대단하다. 그들은 자신의 건축물을 아끼고 보존하고 복원하면서 관광자원으로 충분히 이용한다. 그런데 그들의 전통건축이 지니고 있는 의미는 복잡하다. 시간성이 전제되지 않은 건국 1000년 미만의 역사를 가진 민족이나 국가의 전통은 의미가 없으며, 그런 의미에서 한 나라의 전통건축이란 그 민족에게는 굉장한 자존심과 명예가 되는 것이다. 이것 역시 건축의 사회성의 한 부분이라고 할 수 있다.

미래 건축의 사회성은 다분히 예언적인 뜻을 가지게 되겠지만 확실한 것은 고도의 첨단기술이 총동원되리라는 것만은 의심의 여지가 없다.

지구에서 우주로, 민족에서 인류라는 사고나 의식단위를 한 차원씩 비약시켜 놓고 미래 건축의 사회적 역할을 생각해 보아야 할 것이다. 한정된 지구상에서 폭발적 증가로 다가오는 인구수에 대한 고도의 연구와 대책이 요구되는 것은 물론이고, 인간들이 요구하고 갈망하는 쾌적환경이나 최적환경의 실현은 매우 어렵다는 것을 알고 있으면서도 인간들은 쉬지 않고 연구하고 시도할 것이다.

건축이 미래 사회에서 어떤 역할을 할지는 아무도 모른다. 그러나 우리 인간은 그동안 이미 인간과 생활환경, 과거와 현재의 인간 변화 정도나 질, 현재와 미래의 환경에 대하여 많은 지식을 축적해 왔고 인간과 환경과의 상호작용에 대해서도 많은 체험을 쌓아 왔다. 적어도 인간은 미래에 관해서 물리적이든 생태적이든 과학적이든 간에, 인간의 지식과 지혜를 총동원해서 자연환경을 인간의 생활환경으로 정비 · 보완하면서 개량이나 개발을 통해 인간의 수요와 요구에 대해 충족시켜 나갈 것이라는 데 의심할 바가 없다.

건축으로의 이해와 접근은 어쩌면 인류의 사회생활 요소 중에서도 제일 중요할지 모른다. 건축이란 인간생활의 기본단위인 건축과 이런 것들을 전부 포괄하는 사회는 불가분의 관계일 뿐만 아니라 인간에 관한 모든 것을 내포하는 것이다. 건축이 세계의 표현으로서의 소우주라면 우리 인간은 현실의 세계를 위해서 뿐 아니라 추억이나 시, 신화의 세계를 위해서도 건축을 해야 한다는 것을 잊어서는 안 될 것이다.

Chapter 2

건축의 역사

Chapter 2 건축의 역사

2.1 건축사의 의의

건축 행위는 지금까지의 경험과 지식을 바탕으로 더 나은 삶을 추구하고자 하는 것이다. 지나온 역사가 없었다면 지금의 발전된 모습을 볼 수는 없었을 것이다. 우리는 미래에 대한 예측과 판단기준을 과거에서 찾아낼 수 있기에 과거는 단순한 옛이야기가 아니라 미래를 여는 열쇠라 할 수 있다.

근대건축 초기의 바우하우스(Bauhaus)는 교육과정에서 역사교육을 배제시킴으로써, 즉 역사로부터의 단절을 통한 새로운 건축, 새 시대의 건축을 시도하였으나 결국 이는 바우하우스 교육의 오류로 평가되었다. 또한 이러한 단절된 이념 때문에 근대건축은 후에 전통과 지역성 등, 뿌리도 없고 무미건조한 건축이라는 혹독한 비판을 받게 되었다.

건축사는 건축 상징체계의 발전과 사용을 묘사한다. 그러므로 그것은 문화사의 일부분을 형성하는데, 이것은 일반적으로 의미심장하거나 혹은 상징적인 형태들의 역사로서 정의될 수 있다.

일반적으로 건축사는 분산된 전체들의 최초의 구체화에서부터 자연적 · 인간적 성격들의 정확한 상징화로의 발전을 보여주고 있다. 이러한 발전은 주로 고대에서 발생했으며, 원시적 상징화의 지세적 형태들보다 더 높은 능력을 소유하는 조직의 기하학적 수단들의 도입을 동반했다. 또한 건축사는 인간의 심리적 발전의 흐름으로 볼 수 있다. 예를 들어 중세에는 새로운 영적(靈的) 차원이 두각을 나타낸 반면 르네상스와 바로크의 인본주의 건축은 자연적, 인간적, 그리고 영적 성격들의 종합을 목표로 했다. 좀 더 직설적인 표현을 하면, 중세는 인간보다는 신이 우선하는 신본주의(神本主義)라는 심리적 상태였다면, 르네상스 시기에는 신을 무시하는 것은 아니지만 인간에 대한 또는 개인에 대한 심리적 자각이 있었던 인본주의(人本主義) 시대인 것이다.

어떤 의미에서 건축사는 비평의 작은 범주라 불릴 수 있다. 왜냐하면 건축사는 지나간 시간의 건축적 업적의 변화를 설명하는 데 있어서 묘사적이고 해석적인 기법을 사용하기 때문이다.

광범위하게 펼쳐 있는 건축의 흐름을 시대적 · 지역적으로 체계화시키는 작업, 그리고 사회, 정치, 경제 등 모든 여건과 함께 시대정신을 부여하여 규명하는 일련의 과정이 역사의 규명이며, 이것이 곧 건축사의 의미일 것이다.

2.2 건축사와 이론

건축사와 이론은 항상 건축에 대한 이해와 연구에 있어 필수적인 것이 되어왔다. 건축사가 지나간 시간의 건축업적들의 변화를 설명하는 데 있어서 묘사적이고 해석적인 기법을 사용하는 반면, 건축이론은 건축은 무엇이며, 건축은 무엇을 해야 하고, 또 어떻게 설계할 것인가를 다룬다.

건축이론은 과학의 이론처럼 엄격하거나 정확하지 않다. 과학적 이론은 경험으로부터 추출된 일련의 법칙이라든가 원리의 형태를 갖춘 명백한 진리 아니면 원인이 되는 사건의 서술을 전형적으로 제시한다. 과학적 이론의 중요한 한 가지 형태는 건축에서 찾아볼 수 없는 엄격한 증명이다. 건축설계는 부분을 분석하는 일이 아니라 새로운 방법과 상황 속에서 광범위하고 다양한 요소를 흡수하고 통합하는 작업이다. 그래서 결과들은 완전히 예측되지 않는다. 건축이론은 방향을 제시하지만 명확한 결과를 보장해주지는 않는다. 건축에서 어떤 것들은 과학적 감각에서 인식된다.

건축이론은 건물의 부분을 구성하는 모든 요소들이 특별한 방법과 장소와 시간에서 종합될 때 무엇이 일어나는가에 관한 가설이고 희망이며 추측이다. 이런 이유들로 건축이론의 논술이 자주 선언 서적이며 환기적인 언어를 사용하는 경향이 많다. 이런 것들은 역사의 지식에서 얻을 수 있다.

건축사에서 이론은 역사가에 의해 구별되고 해석될 필요가 있다. 왜냐하면 이론은 적어도 어떤 경우에 있어서는 건물의 형태를 이루는 데 중요한 역할을 하고 있기 때문이다.

비트루비우스의 『건축10서』나 알베르티의 『De Re Aedificatoria』, 팔라디오의 『건축4서』, 코르뷔지에의 『새로운 건축을 향하여』에 이르기까지 많은 이론서들이 그것이다. 건축이론의 역사는 다른 방법으로 분명히 할 수 없는 건축물에서 닮은 점과 다른 점들을 이해할 수 있게 하는 방법을 제공해 준다.

비트루비우스에 근거한 알베르티의 유명한 수학적 정의에 따르면, 아름다움은 모든 부분이 그의 절대적으로 고정된 크기와 모양을 가지고 있으며, 전체의 조화를 깨뜨리지 않고 아무것도 덧붙이거나 빼낼 수 없다는 방법으로 건물의 모든 부분들이 비례의 합리적 통합 속에 있다. 이 비율들의 조화와 모든 부분의 일치, 즉 이런 유기적인 기하학은 많은 교회건축물에서 관찰되고 있다.

이 이론의 영향은 알베르티가 설계한 플로렌스에 있는 산타 마리아 노벨라(Santa Maria Novella)의 정면에서 분명하게 볼 수 있다. 이렇게 전체의 정면은 기하학적으로 진보적인 복제나 아니면 진보적인 비례의 2등분의 양자택일로 지어져 있다. 알베르티의 이론적 계율, 즉 건물 전체에 철저히 같은 비례가 지켜져야 한다는 계율은 여기에서 명확해진다(사진 2.1, 그림 2.1).

위에서 언급한 바와 같이 건축이론은 건축사의 중요한 자료로서, 당시 건축인들이 건축을 어떻게 이해했고 어떠한 생각이나 방법에 익숙해 있었는지를 알아볼 수 있게 해주므로 당시의 건축을 이해하는 데 중요한 자료가 된다.

건축에 대한 이론은 분야별, 작가별 등 무수히 많지만, 다음은 건축을 설명하기 위하여 몇 가지 기본적인 이론들의 틀을 소개한다.

사진 2.1 산타 마리아 노벨라

그림 2.1 정면의 비례

2.2.1 수학이론

어떤 이론가들은 건축을 형성하는 과정에서 수학의 숫자들과 기하학이 중요한 근거를 제공한다고 생각한다. 그들은 순수한 형태와 기본적이거나 상징적인 숫자들과 일치되어 설계된 건물들이 우주의 보편적인 질서와 자연의 조화를 이룰 것이라는 신념을 가지고 있다. 즉 조화를 이루고 비례적인 건물은 우리의 미적 감각에 영향을 미치고 우리를 빈곤하게 하거나 풍요롭게 하며, 더 나아가 우리의 정신을 고상하게 함으로써 우리 생활에 지속적인 인상을 남긴다는 것이다.

실례로 황금분할을 들 수 있는데, 황금비율은 1 : 1.618의 비례로서 우주, 자연의 법칙 속에 숨겨진 비례이며 건축물 중 가장 아름답다고 꼽히는 그리스의 파르테논 신전을 비롯하여 건축설계를 위해 매우 자주 인용되는 적절한 기준으로 여겨져 왔다(그림 2.2, 2.3, 2.4).

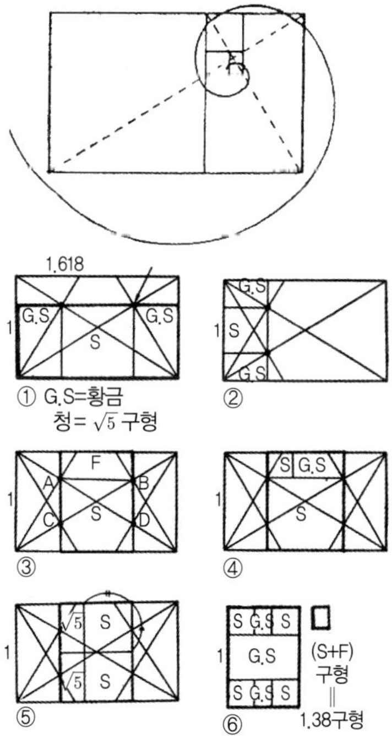

그림 2.2 황금비형 구형

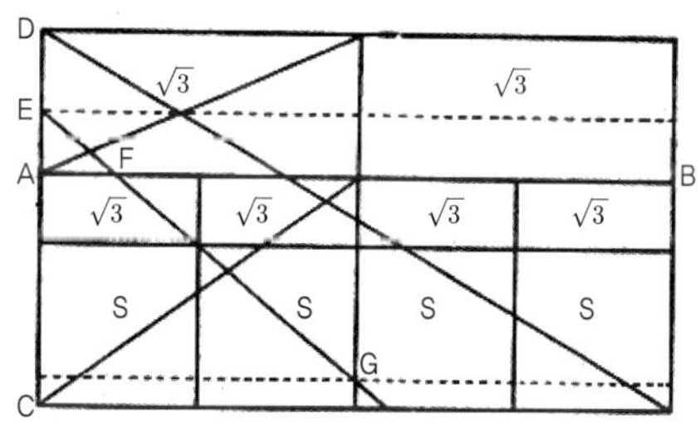

그림 2.3 파르테논의 기초구형

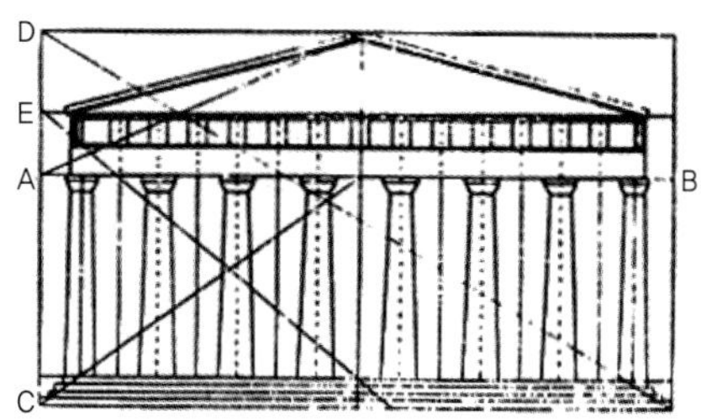

그림 2.4 파르테논의 해석

2.2.2 생물학적 이론

건축물의 형성을 미학적인 과정이 아니라 생물학적 과정으로 유추하는 것이다. 생물학적 유추에 근거한 이론들은 두 가지 입장을 취하고 있다. 하나는 아주 일반적인 것으로 건물의 부분들 또는 건물과 그 환경과의 관계에 초점을 맞추고 있다. 프랭크 로이드 라이트(Frank Lloyd Wright)는 이것을 전형적으로 "유기적"이라고 불렀다. 또 다른 하나는 소위 "생물생태적"이라고 하여 유기체와 관련된 성장과정과 운동능력에 초점을 맞추고 있다.

유기적 건축가인 라이트의 경우 건축은 4가지 유기적 특성을 갖고 있다고 했다. 첫째, 그 존재의 조건과 조화되어 안에서 밖으로 발전한다. 둘째, 시공은 재료의 특성에 맞추어 행해져야 한다. 즉 유리는 유리로서, 돌은 돌로서, 나무는 나무로서 사용되어야 한다. 셋째, 건물의 요소는 통합적이어야 한다(사진 2.2, 2.3).

사진 2.2 낙수장

사진 2.3 탈리에신 웨스트

생물생태학적 건축은 1960년대에 유행했으며 건물과 환경과의 관계보다는 유기체의 성장과 변화에 관련된 동적인 과정에 더 중점을 두고 있다. 생물생태학적 건축은 확장, 증가, 분할, 재생과 상쇄를 통하여 자라고 변화할 능력을 가지고 있다. 생물생태학적 건축의 예로는 걷는 도시, 사용자의 등에 짊어지고 다닐 수 있는 쿠쉬클(cushicle)이라고 하는 자기 자신을 담을 수 있는 생활단위 등을 들 수 있다(그림 2.5, 2.6).

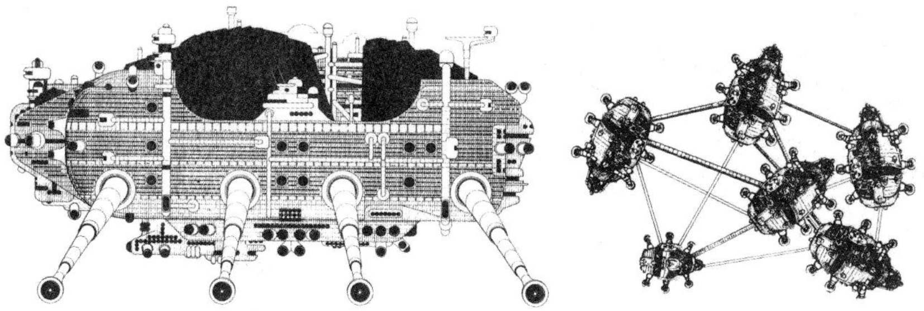

그림 2.5 워킹 시티(Walking City)

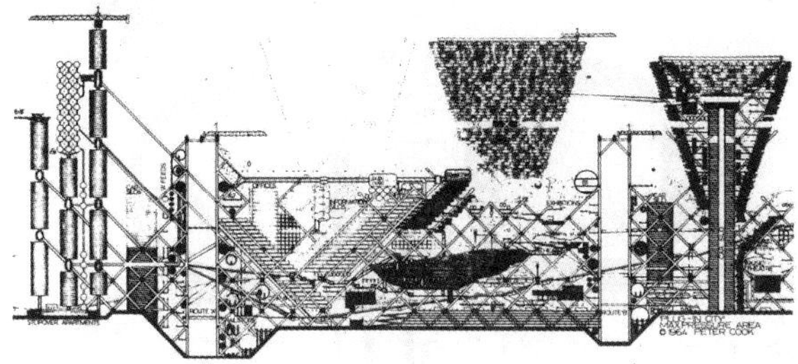

그림 2.6 플러그 인 시티(Plug-in City)

2.2.3 낭만적 이론

낭만적 건축의 주요 특성은 연상들을 상기시키거나 과장을 통해서, 즉 자연적 장치, 과거의 이국적 장소, 원시적인 것과 어린 시절의 연상 등의 환기(喚起)를 통해 관찰자의 관심을 이끌어내고 풀어주는 것이다.

엄격하고 전형적인 장치와 대조적으로 다른 장소와 시간에 특별한 관계를 관찰하는 것, 이것들이 과장되거나 과잉 사용되었을 때 우리는 특별한 경험을 할 수 있다. 우리는 건축가의 대조와 지나친 자극과 친숙하지 않은 규모와 형태의 사용을 통해서 놀랍고 두렵거나, 아니면 오히려 친밀감을 느낄 수 있다.

20세기 초 유럽에서는 건축의 표현주의적 성향이 나타났는데, 이는 전쟁과 더불어 비참한 생활로 가득한 시대에 반발한 예술가들이 개인주의로 후퇴하고 폐쇄적인 세계에서 예술운동을 전개한 것이다. 그러나 이러한 시대적 아픔 속에서 희망을 안고 다시금 예술의 건축적 감각이 충만하게 되었는데, 이러한 표현주의 운동은 관찰자에게 반응을 일으키기 위한 낭만주의적 기법들을 사용하였다.

대표적인 예로는 1917년에 에리히 멘델존(Erich Mendelsohn)이 설계한 포츠담(Potsdam)의 아인슈타인 타워(Einstein Tower)가 있다. 이 건물은 빛과 그림자가 극적으로 연출되는 조각적 형태로, 창은 돌출한 속눈썹을 가진 인체의 모습이기도 하고 도약할 듯 앉아 있는 이집트의 스핑크스처럼 땅위에 움츠리고 있는 모습 같기도 하다. 자유로운 형태를 한 곡면으로 된 조각으로 창부분이 파여 있고 전체의 역동성이 강조되고 있다. 멘델존은 과학적이고 기술적인 구조물로서가 아니라 구체적인 근원적 힘을 상징하는 기념비를 의도하여 별을 관측하는 관측소로 설계하였다(사진 2.4, 2.5).

사진 2.4 베를린 대극장

사진 2.5 아인슈타인 타워

2.2.4 합리적 이론

합리적 이론은 건축을 영감보다는 합리성과 설계적 지식을 더욱 요구하는 예술로 보는 것이다. 설계는 단순히 영감에 의해 형성되는 직관적인 것이 아니라 충실한 정보에 기초를 둔 단계적 과정이라고 생각된다. 합리주의적, 논리적, 체계적 접근과 환경적, 맥락적 요구의 신중한 분석과 종합을 통해 통합적인 건축적 해답을 찾아낸다.

합리적이거나 체계적인 설계자의 상(像)은 인간컴퓨터, 즉 그에게 주어진 정보에만 작용하고, 그리고 그가 가능한 모든 것의 해결책을 찾을 때까지 분석적이며 종합적이고, 또 평가적 단계들과 순환들의 계획된 결과를 통해 따라가는

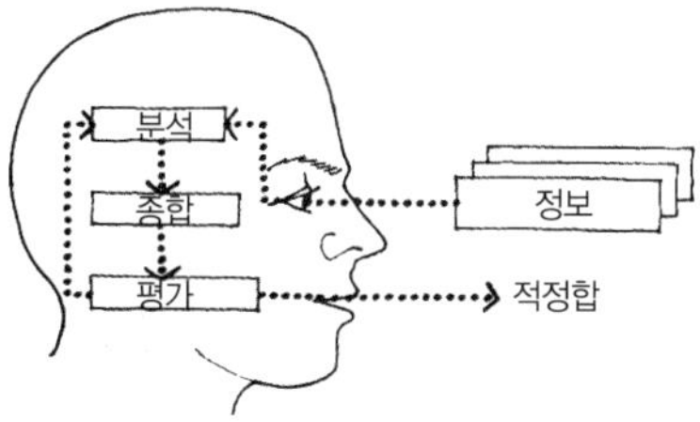

그림 2.7

사람이다(그림 2.7).

대형 프로젝트의 경우 단순히 조형적이고 미적인 대안보다는 이를 포함한 사업적 성향, 즉 경제적 · 문화적 · 사회적 모든 성향이 고려되어야 하기 때문에 일반적으로 이러한 이론적 접근을 시도한다. 또한 이러한 대형 프로젝트를 수행하는 대형 설계사무소의 경우도 한 사람의 영감적인 건축가보다는 분석, 종합, 평가라고 하는 일련의 합리적 과정을 수행하기 위해 분야별 전문성을 고려한 조직적 체계를 운영하고 있다.

2.2.5 기계적 이론

주택은 삶을 위한 기계라고 말한 르 코르뷔지에(Le Corbusier)의 주장은 건축에서 기계적인 유추를 사용한 좋은 예이다. 여기서 기계라고 하는 것은 그것의 비인간적이고 무미건조함을 나타내는 것이 아니고 기계가 그 사용 용도를 명확하게 나타내고 있듯이 건물이 무엇이고, 무엇을 하여야 하는가 하는 것을 분명하게 표현해야 한다는 것을 뜻한다. 건물들이 양식의 형태로서 그것들과 무관한 장식으로 그 자체의 본질을 숨겨서는 안 된다. 현대식 건물은 기계화되고 급속히 변화하는 현재 우리의 세계를 직접적으로 보여줌으로써 그 자체에 진실해야 한다는 것이다. 아름다움은 기능의 약속을 가정한다. 즉 솔직한 것들, 단순히 그것이 무엇이고 무엇을 하는가를 표현한 것들은 자동적으로 아름다울 수 있는 것이다. 기관차, 자동차, 배, 비행기 등이 이런 증거들이다(사진 2.6, 2.7).

사진 2.6 빌라 사보아(Villa Savoye)

사진 2.7 퐁피두 센터(Pompidou Center)

2.2.6 언어학적 이론

언어학적인 이론은 건물을 다음 세 가지 중 어떤 한 방법으로든 관찰자에게 정보를 전달하고자 하는 의도를 갖는다.

① 문법적인 모델

때로는 건축이란 주어진 문화권에서 건물이 말하는 것을 쉽게 이해하게 하고 해석하게 하는 법칙들(문법과 구문규칙)에 따르는 정리된 요소들(단어들)로 구성된 것으로 생각된다.

문서적 · 수리적 법칙은 아닐지라도 훌륭한 건축은 어떤 법칙을 따른 결과이다. 즉 건축가의 상상력과 미적 감각은 보편적인 건축언어에 의해 설정된 한계 안에서 역할을 한다는 것을 의미한다.

② 표현주의자의 모델

여기서 건물은 건축가의 건물계획에 대한 그의 자세를 포함으로써 얻어지는 수단으로 보게 된다. 건물들은 상황에 대하여, 그것들의 대지에 대하여, 외부를 내놓고 내부를 끌어들이는 문제에 대하여, 건물을 사용하거나 만든 사람에 대하여, 즉 재미있다든가, 슬프다든가, 어리석다든가, 말이 없다든가, 벙어리가 될 수 있는 모든 것에 대하여 논평들을 할 수 있다.

③ 기호학적 모델

기호학은 부호의 과학이다. 건축의 기호학적 해석은 건물이 무엇이고 무슨 기능을 하는가에 관한 정보를 전달하는 부호가 곧 건축이라고 주장한다. 이와 같은 것이 생겨날 수 있는 두 가지 방법으로 로버트 벤츄리(Robert Venturi)와 데니스 스콧 브라운(Denise Scott Brown)은 "장식된 작은 집과 오리(The decorated shed, duck)"란 이론을 피력하였는데, 여기서 그들은 건물들은 '오리들'이고, 다른 것들은 '장식된 작은 집' 또는 '장식된 가축의 우리들'이라고 지적했다. '오리들'은 그것들이 팔고 있는 것과 담고 있는 형태를 취하는 건물이다. 예를 들어 피아노 형태의 건물은 피아노를 팔 것이라고 예측할 수 있도록 한다. 다른 경우에 있어서 건물은 그들의 의미를 설명하는 부호를 가진다. 건물 자체는 근본적으로 상자나 혹은 미스가 정의하는 작은 집과 같은 것이 되어도 무방하지만, 파사드는 그 작은 집 앞에 세워 장식벽이 되어야 한다는 것이다. 그 장식벽, 즉 부호들은 의미를 전달하기에 충분할 따름이다. 건물을 어떤 특별한 형태로 수정할 필요는 없다. 첨탑은 건물이 교회라는 부호이며 페디먼트와 원주형의 창호를 보여주는 건물은 은행이라는 부호이다(사진 2.8, 2.9).

사진 2.8 "The Big Duck", 벤츄리

사진 2.9 오르비에토(Orvieto) 성당

2.3 서양건축사

2.3.1 고대건축

1) 이집트 건축(기원 전 2000년~기원 전 100년경)

유럽의 건축에 영향을 미친 가장 오래된 양식인 고대 이집트 건물들은 건축사에서 아직도 가장 인상적인 구축물 중 하나로 간주된다. 피라미드는 이집트 건축의 전형적인 표명이라 할 수 있는데, 수직력과 수평력의 종합으로 보이는 그 균형잡힌 형태와 견줄 바 없이 육중하고 견고한 구조는 영원불변의 질서를 유형화하는 듯하다.

나일 강 중심의 지역적 특성은 건축에 많은 영향을 주었다. 주기적인 나일 강의 범람은 주변 일대를 비옥한 땅으로 만들어 풍부한 경제력을 가져다주었고 강이 범람하는 동안은 국가적인 건설공사에 전념할 수 있었다.

선사시대부터 나일 강에서 나는 진흙으로 네모진 흙벽돌을 만들어 태양에 말려 사용하는 것이 이집트 건축의 주재료가 되었다. 현세보다 내세를 중시하는 카(Ka)를 진실된 삶으로 믿는 이집트인은 현세의 건축은 소홀히 하여 흙벽돌 건축이 주로 사용되었고 사후 건축인 분묘와 신전은 화강암을 사용하여 오늘날까지 보존될 수 있었다. 이러한 영원성을 가진 재료인 돌로 장엄하게 축조된 피라미드나 신전에 비하면 현세의 생활을 위한 궁전이나 성곽, 주택 등은 흙벽돌로 조잡하게 만들어져 유적다운 유구도 별로 없을 정도이다. 같은 시대의 메소포타미아 지방의 현실성 위주의 건축과는 너무도 상반되게 이집트인들은 내세성 위

사진 2.10 계단식 피라미드

사진 2.11 기제의 피라미드

사진 2.12 핫셉수트 여왕의 신전

사진 2.13 룩소르 대신전

주의 건축을 하였다.

이집트 건축은 석조가구식 건축으로 대표되는데, 이것은 애초에 목구조건축에서 출발하여 석구조로 전환하였기 때문이다. 또한 석조벽체는 안정감을 주기 위해 하부는 넓고 상부는 좁게 경사벽을 쌓아 연속된 버팀기둥 역할을 하도록 하였다.

신전건축은 신전의 존엄성을 강조하고 두꺼운 석조벽과 거대한 파일론(pylon)의 양감이 주는 위압적인 분위기, 건물 속으로 깊숙이 들어갈수록 공간은 좁아지고 바닥은 높아지며 천장의 높이는 낮아져 투시효과를 강조하며 중정에서 열주실을 거쳐 성소로 갈수록 빛의 양은 점차 체감되어 신상이 있는 성소로 집중감을 더한다. 더구나 중정의 열린 하늘의 빛에서 열주실의 클리어스토리(clear story) 채광수법으로 그 빛이 신비감이 강조되도록 전환시키고, 어두운 성소에서는 신상 위편의 천장 위 구멍에서만 강하게 빛이 쏟아져 내려와 실내 분위기를 더욱 신비스럽게 하여 종교건물로서의 기능을 완전히 충족시키고 있다. 이러

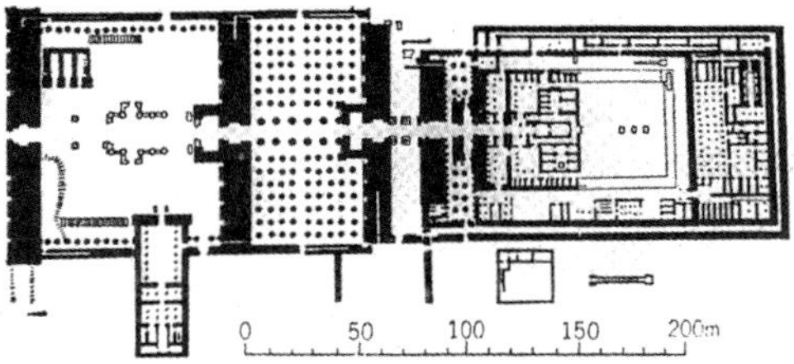

사진 2.14 암몬 대신전

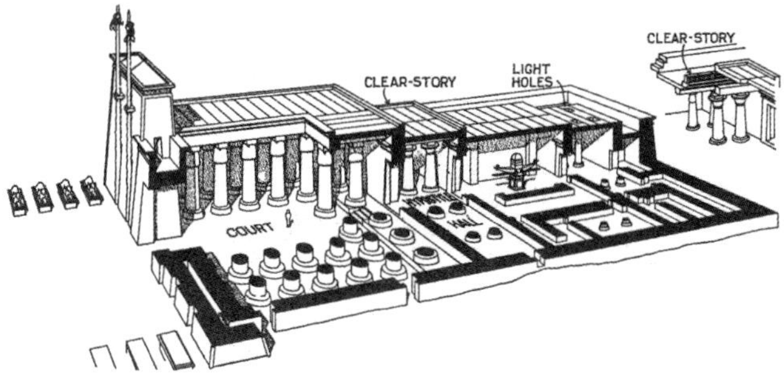

그림 2.8 암몬 대신전의 단면

한 건축기법은 중세 교회당 건축에서 다시 되살아난다.

이집트 건축은 자연환경의 지배를 받으며 절대왕권에 의한 심미적 종교의식과 생활철학이 철저하게 적용된 건축이다.

▌건축 사례

분묘 : – 사카라의 조세르(Zoser) 왕의 계단식 피라미드(BC 2778)(사진 2.10)
– 기제의 피라미드(BC 2450경)(사진 2.11)

신전 : – 델 엘 바하리의 핫셉수트 여왕의 장제신전(BC 1501)(사진 2.12)
– 룩소르 대신전(BC 1411~1225)(사진 2.13)
– 카르나크(Karnak)의 암몬 대신전(BC 1971~633)(사진 2.14)(그림 2.8)

2) 그리스 건축(기원전 1100년~기원전 350년경)

뛰어난 그리스 건축문화와 그 이념은 서양건축의 근본이 되어 2천년 이상 광대하게 전 세계에 영향을 미치면서 오늘에 이르렀다. 고대 그리스 건축은 일반적으로 신전들과 관련되는데, 그것들은 규칙적이지만 인위성을 이룬 건물의 힘으로 도처에서 감명을 주고 있다.

그리스가 위치하는 발칸반도와 에게해 주변은 지중해이며 고대문화가 정착한 크레타 섬은 남쪽에 자리 잡고 있다. 그리스인은 거대한 왕국을 형성하지 않고 작은 도시로마(Polis)로 시민자치정치를 하고 있었다. 이 지방의 기후는 심한 추위와 무더운 지방의 중간이며 지중해연안의 맑은 대기와 햇빛은 그리스 건축의 대부분이 정확한 선과 간결하고 단조로운 형태를 즐겨 쓰게 된 요인이 되었다. 또한 이런 온화한 기후는 공공건물의 공유성과 절충하여 시민들은 집 밖의 생활을 즐겼는데 신전, 극장, 경기장 등 모두 시민생활의 터전이었다.

언덕 위를 아크로폴리스(Acropolis)라 하고 여기에 신전 등을 건설하고 유사시 수비하기에 적합하도록 성벽도 쌓았다. 각 도시국가에는 원칙적으로 아크로폴리스가 있으며, 이곳은 신역으로서 신앙의 중심지가 되었다. 특히 세기의 명작인 파르테논 신전도 여기에 있다. 파르테논 신전은 아테네 도시국가가 페르시아와의 전쟁에서 승리한 후 그 기념으로 수호신 아테네 파르네노스에게 헌납한 신전이다(그림 2.9).

인간의 척도를 능숙하게 응용한 그리스의 신전건축은 그 아름다움은 뛰어났지만 내부공간은 무시했다. 결국 그리스의 신전건축은 그 안에서의 생활을 위한 것이 아니라 "신전 주위에서 바라보기 위한 건축"이었던 것이다.

언덕 밑에는 일반시민이 거주하고 있고 그 중심에 아고라(Agora)가 만들어졌다. 아고라는 정치적 광장과 시장을 겸한 독특한 것으로 주변에는 의사당, 재판

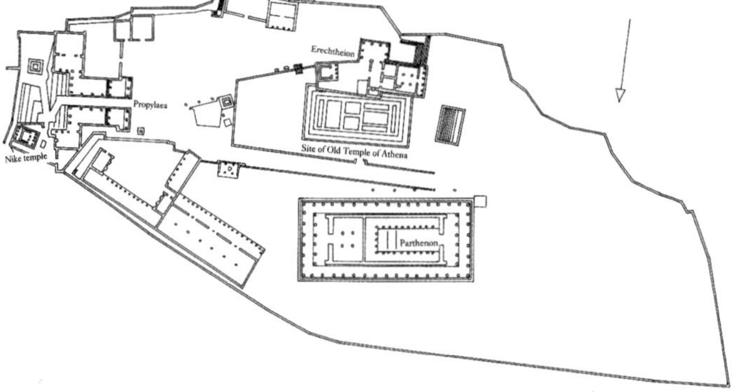

그림 2.9 아크로폴리스

사진 2.15 파르테논 신전

사진 2.16 에렉테이온 신전

사진 2.17 에피다우로스 원형극장

사진 2.18 아고라

그림 2.10 도리아식, 이오니아식, 코린트식

소 등과 스토어, 시장, 신전 등이 즐비하게 늘어서 있다. 시민들은 집 밖의 공공 생활을 즐겼으며 하루의 대부분을 아고라에 모여 정치와 사상 등을 토론하며 시간을 보냈다. 즉 아고라는 시민들의 일상생활의 중심지였다(사진 2.18).

그리스 건축은 오더로 대변된다. 그들이 창안한 세 가지 오더는 도리아식, 이오니아식, 코린트식이며 현대까지 영향을 주었다(그림 2.10).

▮건축 사례

- 아테네의 파르테논 신전(BC 447~432)(사진 2.15)
- 아테네의 에렉테이온 신전(BC 420~393)(사진 2.16)
- 에피다우로스 원형극장(BC 350)(사진 2.17)

3) 로마 건축(기원전 150년~서기 1000년경)

로마인은 현실을 추구하는 국민성을 지녔다. 또한 그리스와는 달리 힘의 정치로 세계제패의 이상을 구현하려 하였다. 따라서 정교하고 세련된 예술성을 추구하기보다는 그들의 세력과 부를 표현하기 위하여 규모의 방대함과 호화로움을

사진 2.19 판테온 신전

사진 2.20 콜로세움

추구하는 방향으로 나아갔다.

로마 건축은 그리스 신전과 같은 특별한 하나의 주된 건물유형만을 추구하지 않았다. 그 대신에 많은 건물유형이 존재하였는데 공중욕장(termae), 바실리카(basilica), 원형극장, 원형투기장 등의 웅장한 구조물들이 바로 그것이다. 이러한 다양성은 보다 복잡한 사회적 기능과 구조를 나타내고 있으며, 이는 곧 폭넓은 실존적 생활을 중시하였음을 의미한다. 그러나 이러한 기능적 분화에도 불구하고 로마의 건물과 배치는 주요한 특성을 공통으로 지니고 있는데, 그것은 축을 중심으로 한 건축의 형성이 로마 건축의 두드러진 특징이 되었다는 점이다.

로마 건축의 두 번째 특징은 적극적인 외부공간은 물론 내부공간을 넓고 다양하게 사용한 점이다. 이는 로마인이 일찍이 아치구조에 대한 숙련된 기술과 함께 새로운 재료의 발명인 로만콘크리트가 당 시대의 요구를 충족시킨 건축의 원동력이 되었다. 볼트구조의 기법은 내부공간에 여유를 만들어주며 지붕의 조형미를 새롭게 만들어, 결국 돔 조형의 건축을 구축했다.

로마 도시에 시민의 집중현상과 지배자들의 부의 축재는 로만콘크리트와 볼트구조에 의한 고층집합주거와 거대한 신전, 경기장, 공중목욕탕 등의 다양하고 호화로운 건물이 지어지게 되었다.

로마의 오더(order)는 그리스의 세 가지 오더 외에 터스칸(tuscan) 오더와 복합(composite) 오더가 첨가되어 다섯 가지가 사용되었다(그림 2.11).

그리스의 아고라에 해당하는 것으로 로마에는 포럼(forum)이 있었다. 포럼은 도시의 중심이며 종교, 법률, 정치, 상업, 오락 등의 제 기능이 집약되는 도심으로서 로마인이 건설한 도시에는 반드시 만들어졌다.

사진 2.21 카라칼라 목욕장

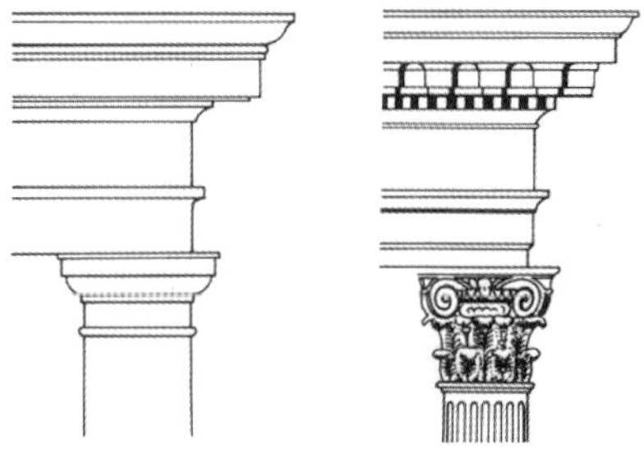

그림 2.11 터스칸, 복합오더

신전은 육중한 고단(podium) 위에 세워졌으며 평면은 폭에 비해 길이도 짧아졌고 신앙의 대상이라기보다는 다양한 용도로 사용되었으며 기념적인 성격이 강하다. 로마 건축은 대규모 토목과 건축 및 공간을 위해 견고하고, 빠르고 경제적이며 실용적인 건축기술로 발전시킨 시대적 건축 공헌이 지대하였다.

▌건축 사례

- 로마의 핀테온 신진(BC 63~AD 4)(사진 2.19)
- 콜로세움 경기장(AD 69~79)(사진 2.20)
- 기리칼리 목욕장(AD 211~216)(사진 2.21)

2.3.2 중세건축

1) 초기 그리스도교 건축(서기 300년~800년경)

초기 기독교의 건축 활동은 모든 면에서 로마 건축의 계속이며 그리스나 로마의 정신을 기독교 정신으로 대치시켰다는 데 의의가 있다.

고대국가는 절대왕권의 시대에서도 많은 신들을 위한 신전이 계속 만들어졌고 그 신전은 오로지 다수의 신을 위한 공간이었다. 하지만 절대 신이며 유일신으로 등장한 예수그리스도는 로마에 커다란 충격을 주었고 결국 고대 로마의 종말을 가져오게 되었다. 절대 신 앞에서는 모두 평등하며 구원받을 수 있다는 설법이 서민과 노예들에게 호응을 받게 되었고 종교화되었다. 황제의 권력으로 당시에 많은 박해가 가해지면서 로마에는 계속 예수의 신봉자가 늘어났고 박해자들의 눈을 피해 지하모임을 가지며 예배와 구원의 기도를 하던 카타콤(Catacomb)

사진 2.22 성 마지오레 성당 내부

사진 2.23 성 클레멘테 성당 내부

사진 2.24 성 파올로 성당

이 로마 시 지하에 생겨나게 되었다. 그리고 기독교가 공인된 이후에는 카타콤에서 모임을 가질 필요가 없었으므로 결국 그것은 기독교인들을 위한 지하공동묘지로 사용되었다.

공인된 이후 급속한 교세의 확장이 이루어졌지만 재정이 빈곤하여 그들의 종교활동을 충족시켜 줄 정도의 건물은 없었다. 그래서 결국 로마 신전이나 바실리카(로마시대 법정과 상업교역소의 역할)를 활용했으며 차츰 바실리카의 형식을 기독교 의식에 맞게 개조시킨 회당으로 발전시켰는데, 이를 바실리카식 교회당이라 하며 이것은 중세 교회당 건축의 원형이 되었다(사진 2.22, 2.23).

▌건축 사례

- 로마의 성 베드로 성당(319~330)
- 로마의 성 파올로 성당(319~386)(사진 2.24)

2) 비잔틴 건축(서기 500년~1000년경)

동서 로마제국의 분리 및 혼란 속에 게르만 민족의 안정된 국가 활동을 로마에 정착시키는 중 동로마에서는 영토를 확장하면서 6세기부터 9세기에 걸쳐 법전 편찬, 사원 건립 등 문화의 중흥을 실현하고 이 시기에 비잔틴 건축양식을 형성하였다. 비잔틴 건축양식이란 그리스와 로마의 건축문화를 기본적으로 하여 페르시아 등 동양적 요소를 가미하여 통합된 것이라 할 수 있다.

로마건축 및 헬레니즘 문화의 건축기술에 서아시아의 훌륭한 아치기법이 합세하여 새로운 건축기법을 만든 것이 비잔틴 건축의 특징이다. 비잔틴 시대에서는 정사각 평면의 네 귀퉁이에 기둥을 세우고 인접기둥과 반원아치로 연결하고 아

사진 2.25 성 소피아 성당

사진 2.26 성 마르코 성당

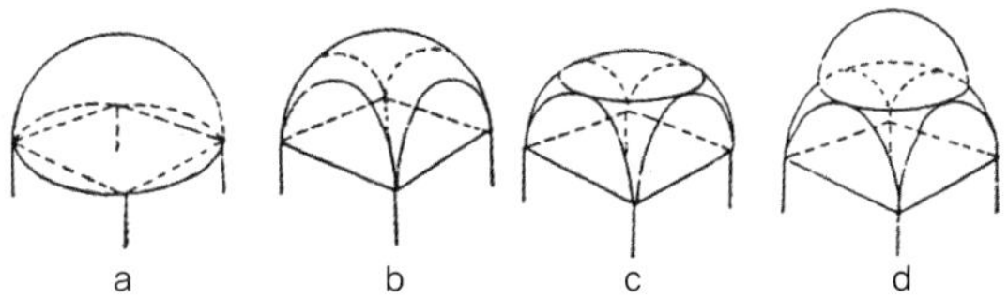

그림 2.12 펜덴티브 돔 구성법

치와 아치선 사이를 면으로 구성하여 정점에서 원을 만들게 된다. 이 원 위에 돔을 구성하는 기술은 전 시대의 기법의 답습으로 훌륭한 건축공간을 만들 수 있었다. 여기서 반원아치 사이를 면 처리하여 만들어지는 곡면을 펜덴티브(pendentive)라 하는데, 이 기법이 비잔틴 건축에서 공간의 연속성을 가능케 했으며 원이 아닌 정사각 평면에 돔을 얹을 수 있는 구조기법의 개발로 타 건축양식과 다르게 큰 돔과 작은 돔이 계속 연결되는 조형을 구성하게 되었다(그림 2.12).

구조적인 비판 없이 무의미한 그리스의 장식적 취급법을 계승한 로마 건축과는 달리 비잔틴 건축에서는 구조적 진실을 표현하는 경향이 현저하다. 장식적 취급이 많았던 로마 건축의 기둥과는 달리 비잔틴 건축에서는 기둥이 아치를 지지하며 구조적으로 중요한 역할을 한다.

▌건축 사례

- 이스탄불의 성 소피아 성당(532~537)(사진 2.25)
- 베니스의 성 마르코 성당(1042~1071)(사진 2.26)
- 모스크바의 성 바실리 성당(1554~1560)

3) 로마네스크 건축(서기 1000년~1200년)

초기 그리스도교 건축과 비잔틴 건축의 영향이 로마건축의 모방과 함께 그 특징적 요소의 조합으로 시험적 발전을 시도한 양식이 로마네스크 건축이다.

초기 기독교 건축과 평면형식은 비슷하나 아치의 발달과 교회 세력의 확장으로 그 규모가 커지고 변화가 풍부해졌다. 이 시기의 문화는 종교가 그 중심이 되었으며 그 어느 미술보다도 건축 특히 교회당 건축이 왕성하였다.

전 시대의 볼트 및 돔구조가 정사각형 평면에서만 가능한 기법을 공간의 자유성과 바실리카 평면에 따른 깊이를 표현하기 위해 직사각형의 평면구성으로 볼트구조의 천장을 구성할 수 있는 기법을 구상했다. 즉 직사각형의 네 귀에 기둥을 세우고 아치로 연결하면 길고 짧은 면의 높이가 다르게 되어 천장구성이 불가능한 것을, 대각선의 기둥과 기둥에 크로스 아치(cross arch)를 걸어 천장의 볼트구조를 리브(rib)로 지지하여 구성한 방법이다. 그 볼트구조 위에 다시 경사지붕이 목조로 구성된 것이 비잔틴의 조형과 크게 다른 형태이다. 그리고 종탑이나 상징적인 첨탑으로도 지붕을 장식하기 시작하였으며 공간의 기능을 종탑, 세례당, 예배당 등으로 구분하여 성당을 구성하기도 하였다(사진 2.29).

피어(pier)의 발달은 이 시기의 주요한 특성 중 하나로 주피어, 부피어, 아치볼트의 구성 피어를 합하여 속주형의 아름다운 피어를 구성하였다.

신도와 순례자 등의 성당 및 수도원의 예배당은 동선과 내부공간의 궤적 등을 소화시키기 위해 바실리카 평면형식에, 좌우를 소매처럼 달아 붙이는 공간, 즉

사진 2.27 피사의 사원

사진 2.28 산 미니아토 알몬테 성당

사진 2.29 더램 성당의 내부

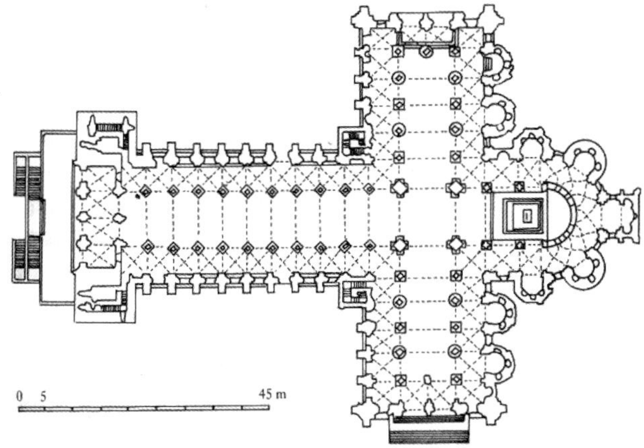

그림 2.13 십자형 평면

사진 2.30 성 세르닌 성당

트랜셉트(transept)가 발생하여 평면형태가 십자형으로 만들어진 시기도 로마네스크 건축의 중요한 요소가 된다(그림 2.13, 사진 2.30).

▌건축 사례

- 피사의 사원(1062~1350)(사진 2.27)
- 피렌체의 산 미니아토 알몬테 성당(1013)(사진 2.28)
- 크루니의 애비 성당(1089~1131)

4) 고딕건축(서기 1150년~1520년경)

13세기경 유럽은 중세의 종교적 절대봉사, 즉 종교적 표현문화의 극치였다. 당시 기독교가 매우 융성하여 높은 하늘을 동경하는 내면적인 욕구가 외적으로 표현되어, 하늘에 닿을 것 같은 높은 탑과 하늘을 지향하는 첨두아치(pointed arch)와 수직선이 고딕시대의 교회건축과 일반건축의 의장을 결정짓는 중요한 요소가 된 것이다.

고딕건축이 타 양식과의 가장 큰 차이점은 극도의 수직적 경향을 강조한 것이다. 합장한 것 같은 형상의 포인티드 아치, 수직으로 뻗은 버트레스, 수없이 하늘을 향하여 솟아있는 첨탑 등, 모든 의장적인 요소는 한결같이 수직선 강조로 나타났는데, 이는 신에 대한 신앙심의 상징으로 인식되었다. 구조적인 면에서도

사진 2.31 보르게스 성당의 플라잉 버트레스

사진 2.32 리브구조

그림 2.14 플라잉 버트레스의 구조

커다란 발전을 보였는데 리브보울트(rib vault), 포인티드 아치(pointed arch), 플라잉 버트레스(flying buttress) 공법이다.

로마네스크 시기에 창안된 리브보울트 수법은 이 시기에 완전한 발달을 보게 되는데, 이 수법으로 건축의 자중이 크게 경감되어 고딕건축이 추구하던 보다 가는 기둥과 보다 높은 공간을 실현할 수 있게 해 주었다(사진 2.31, 2.32, 그림 2.14)

반원아치는 그 직경에 따라 높이가 정해지지만 첨두아치의 경우는 그 높이를 자유로이 조절할 수 있고 또 횡압이 적어지므로 구조적으로 효율적이다.

보다 높게 신랑(nave)을 올리려는 이 시기의 기술자들에게 구조상 가장 어려운 문제는 높은 신랑 상부의 볼트구조에서 생기는 횡압력에 대한 처리이다. 이 어려움을 멋지게 해결해 준 것이 바로 플라잉 버트레스 수법이다. 즉 신랑(nave) 천장의 횡압력을 직접 아치 모양으로 공중에 이어진 플라잉 버트레스를 통해서 측랑(aisle)의 외벽에 만들어진 버트레스로 전달해 주는 방식이다. 이것은 장식적 효과가 아주 뛰어나 고딕건축의 특징을 대표하는 기법 중의 하나가 되었다.

그리고 많은 창은 성서를 전하는 색채그림으로 장식된 스테인드글라스를 통해 내부공간을 빛과 색, 그리고 그리스도의 복음과 함께 성스럽고 신비로운 공간의 연출을 훌륭히 처리한 것도 이 고딕건축의 특징에 속한다.

고딕건축은 시대가 요구한 대로 헌신적 종교성을 충분한 구조적 해석으로 성공시켰으며, 내부공간 또한 일원화된 회화와 빛의 연출과 함께 구조적 발전에

사진 2.33 샤르테스 성당

사진 2.34 노트르담 성당

사진 2.35 라임스 성당

사진 2.36 울름 대성당

못지않은 장식성을 지님으로써 프랑스, 영국, 독일, 스페인 등의 각 나라마다 특징을 가진 많은 걸작들이 탄생하게 되었다.

▌건축 사례

- 샤르테스 성당(1134~1150)(사진 2.33)
- 파리 노트르담 성당(1163~1235)(사진 2.34)
- 켄터베리 성당(1174~1178)
- 라임스 성당(1220~1250)(사진 2.35)
- 독일 울름 대성당(1377~1477)(사진 2.36)

2.3.3 근세건축

1) 르네상스 건축(서기 1420년~1600년경)

신에 대한 예속과 봉건사회의 중세적 예속으로부터 인간의 본성을 다시 찾아 자연과 인간의 아름다움을 찬양하는 방향으로 당시의 많은 문화운동이 전개되었다. 건축에서도 중세의 교회건물 중심에서 벗어나 궁전, 주택, 시청사 등과 같은 인간생활에 직접 관계되는 것으로 옮겨지게 된다.

한 번 인간성을 자각하게 된 사람들에게 이미 과거의 건축이 되어버린 고딕건축에 대해서는 매력을 느끼지 못하고 눈을 돌린 것이 고전이었으며, 이는 주로 로마 시대를 중심으로 한 건축이었다. 그러나 단순한 모방은 아니며 고전적인

사진 2.37 팔라쪼 메디치

사진 2.38 성 안드레아 성당

사진 2.39 템피에토

사진 2.40 성 베드로 사원 성당

수법과 양식을 기초로 하여 그 양식요소를 창의적으로 자유롭게 구사함으로써 새로운 건축양식을 창조했다는 점이 의미가 크다 할 수 있다.

이러한 이유 때문에 르네상스 건축은 이탈리아를 중심으로 시작되었으며, 특히 이탈리아 북부 피렌체에서 금은세공사이자 건축가인 부르넬레스키(Brunell-eschi)를 중심으로 시작하여 16세기에는 전 유럽으로 확산되었다. 로마 시대 비트루비우스의 저서 『건축10서』는 르네상스 건축가들이 고전에서 건축질서와 기법 기준을 찾는 교과서로 여겼으며, 이것은 르네상스 건축을 로마 건축의 전통성에 기반을 두고 발전시키려는 학술적 의도가 강하게 작용한 것이다.

르네상스 시대의 건축 특징은 고대 로마기법과 시대배경을 소화시킨 이론성이 내포된 건축이며 단순하고 균형 있는 리듬의 조형을 가진다. 입면, 평면의 비례를 즐겨 사용하였으며 수평을 강조하고 절대대칭을 고수하여 형식을 위한 형식이 강조되었고 완벽한 아름다움을 살리기 위해 황금분할(golden section)이 사용되기도 하였다. 또 간단한 정수비가 건물의 평면과 입면 전체를 지배하고 있는데, 그 이유는 수학적으로 명쾌한 비례가 우주의 질서를 나타낸다고 보았기 때문이다.

▌건축 사례

- 팔라쪼 메디치 리카르디(1444~1459)(사진 2.37)
- 성 안드레아 성당(1470)(사진 2.38)
- 로마의 템피에토(1502~1510)(사진 2.39)
- 성 베드로 성당(1549~1626)(사진 2.40)

2) 바로크 건축(서기 1600년~1760년경)

바로크 건축은 종교개혁에 대한 반동개혁과 전제정치로 인하여 발생하였다. 또한 봉건사회가 약해지고 시민이나 농민 세력이 강해졌으며, 국왕 세력의 강화 및 상업, 무역의 발달을 통한 사회의 풍요로움과 호화로움을 예술로 표현하게 되면서 발달하게 되었다.

부패한 교회에 대한 쇄신을 요구하며 일어난 종교개혁은 교회 내부에 깊은 반성을 가져와 교회 정화에 대한 노력이 끊임없이 전개되었고, 가톨릭교회가 다시 강해지고 그 권위를 재주장하게 되면서 강력한 신교세력에 대하여 자기 권력과 재력을 의식적으로 과시하게 되었다. 한편, 교회의 정화에 의해 생긴 새로운 신앙의 태도는 정신적인 것보다 감각적인 것에 호소하는 것이었다.

이러한 분위기에서 건축은 자연적으로 바라보는 사람을 압도하고 현혹시키려는 방향으로 나아가게 된 것이다. 또한 예술활동은 과학사상의 발달과 철학적 이론의 심화에 자극받아 항상 독창적이며 자유롭고 강렬한 개성이 요구되었다. 결과적으로 바로크는 르네상스의 모티브를 그대로 계승하여 사용했으나 수법이 매우 자유롭고 대담하여 르네상스에 비하여 스케일이 크고 양감적이며 감각적이다.

르네상스 건축은 그대로 지속되면서 교회당과 궁전의 양식은 감동적 호화성이 요구되어 고전적 이상에서 탈피하고 작가의 자유로운 능력에 의해 동적이고 극

사진 2.41 성 폰타네 성당

사진 2.42 세인트 폴 성당

사진 2.43 베르사유 궁전

사진 2.44 루브르 궁

적인 조형과 효과가 강렬하게 표현되었다.

로마에서 시작된 바로크 양식은 교회의 평면에 있어서 곡선의 경향이 강해졌으며 타원형을 즐겨 사용하는 한편, 외부에서는 의장성을 강하게 표출하기 위한 돌출성 기둥과 창으로 정면성을 강조하였다. 또한 내부공간과 계단의 효과를 투시도적 도법을 이용하여 시각적 깊이와 감동을 연출하기도 하며 내부 장식에서도 목재나 석고로 조각된 부재를 기둥, 벽, 창호 등에 부착하여 금속도장으로 호화로움을 장식했다. 따라서 내부공간은 조각과 회화, 빛과 깊이가 건축구조와 함께 분리할 수 없는 순수예술의 극치를 이루게 하는 감동적 공간연출을 즐겨 사용하는 것 등이 특징이다.

건축 사례

- 성 쿠아트로 폰타네 성당(1637~1641)(사진 2.41)
- 세인트 폴 성당(1675~1719)(사진 2.42)
- 베르사유 궁전(1661~1756)(사진 2.43)
- 프랑스 루브르 궁(1546~1878)(사진 2.44)

2.3.4 근대건축

12세기부터 큰 사조인 고딕, 르네상스 및 바로크를 거쳐 19세기의 작은 사조들, 즉 고전주의, 역사주의, 아르누보 등을 지나 20세기에 접어들게 되었다. 18세기부터 많은 건축가 및 이론가들은 후기 바로크와 로코코 및 고전주의, 역사주의적 경향에 반대한 방향으로 학문적 영향을 넓혔다. 그들은 순수한 형태와

사진 2.45 웨인라이트 빌딩

사진 2.46 유니테 다비타시옹

사진 2.47 롱샹교회

형태의 단순화를 지향하였다. 기하학적인 순수형태와 단순한 형태는 육면체, 구, 원통, 피라미드, 원뿔 등이다. 이러한 형태는 과거의 어떤 특정 스타일에 관한 것이 아닐 뿐만 아니라 우주법칙에 상응하는 것으로서 그들이 지향하는 새로운 시각의 기본으로 삼게 되었다.

르 코르뷔지에가 "위대한 시대는 시작되었다… 과거의 양식들은 거짓이다… 우리는 스스로의 양식을 만들어 가고 있다."라고 강조하였듯이, 근대건축은 건축을 표현하는 것이 건축에서는 필요치 않음을 주장함으로써 르네상스 허구의 표현으로부터 자유롭기를 추구했으며, 건축은 다만 기능을 구체화할 뿐이라고 주장하였다. 또한 연역적으로 형태는 기능을 따르며(Form follows function), 근대건축은 건물이 그들의 기능을 나타내는 아이디어와 같은 것이라고 소개하였다.

건축은 근대화 이전 산업혁명기에 기술적 · 미학적 경향에서 서로 상당한 차이를 가지며 발달하였다. 기술적으로 벽돌 조적조의 건축에서 콘크리트를 사용하고 또 철근콘크리트를 사용함으로써 건축형태와 공간계획이 크게 변하였다. 그 후 주철과 철골조의 등장으로 건축물은 고층화와 대형 공간화되었다.

근대건축은 기능주의 건축을 표방하였는데, 이는 역사적 영향에서 벗어나 근대적 신화와 경험에 보조를 맞추는 기능주의로의 접근을 의미한다. 기능주의는 특히 친밀하건 이색적이건 간에 모든 종류의 '비실용적' 장식을 사용했던 19세기 절충주의에 대한 저항이었다. 건축가는 예전처럼 미켈란젤로나 고딕성당 등을 동경하는 대신에 비행기와 공장, 기계에서 그들의 영감을 구하게 되었다. 이

사진 2.48 씨그램 빌딩

러한 미학적 혁명의 발생원인은 철근콘크리트, 유리, 철강 등의 새로운 건축재료 제공과 풍부한 중산층의 탄생이었다.

이때 근대성을 표방하는 여러 가지 양식이 나타났는데, 그중 "국제주의 양식(International style)"이 부상하여 건축가들의 선호의 대상이 되었다. 특히 근대건축의 4대 거장이라고 불리는 그로피우스(Walter Gropius), 미스 반 데어 로에(Mies van der Rohe), 르 코르뷔지에(Le Corbusier), 프랭크 로이트 라이트(Frank Lloyd Wright)가 주장한 이상들이 참된 건축으로 부상하고 다른 것들은 쇠약해졌다. 근대주의자들은 어떻게 하면 인간이 건축으로부터 더 많은 혜택을 받을 수 있을까 하는 문제에 관심을 가지고 행동의 보편적 문제보다는 계량할 수 있는 생물학적 요구조건들에 중점을 두었다. 건축가들은 건물에 적절한 일사량과 맑은 공기를 공급하기 위해 건물 간 인동간격을 산출하는 공식을 만들었으며, 가장 좋은 일상용품의 형태를 찾기 위해 인간 신체에 대한 많은 연구를 했다. 그들은 여러 가지로 편리한 다목적으로 이용할 수 있는 큰 공간을 추구하며 새로운 형태와 저렴한 건축을 위한 기술개발에 중점을 두었다.

▮건축 사례

- 설리번의 웨인라이트 빌딩(1890~1891)(사진 2.45)
- 르 코르뷔지에의 유니테 다비타시옹(1946~1952)(사진 2.46)
- 르 코르뷔지에의 롱상교회(1950~1955)(사진 2.47)
- 미스 반 데어 로에의 씨그램 빌딩(1954~1958)(사진 2.48)

2.4 한국건축사

2.4.1 선사시대

우리나라 건축도 다른 어느 지역이나 민족의 건축과 마찬가지로 주거, 즉 사람이 기거하는 집의 발생에서 시작된다.

여러 지역에서 구석기 시대의 유적이 발견되었고 신석기 시대에 들어서 처음으로 건축이라고 할 수 있는 구조물로 된 주거가 만들어지기 시작했는데, 그 집

사진 2.49 암사동 수혈주거

터가 곳곳에서 발견되었다.

신석기 시대 주거의 대부분은 수혈주거였다. 수혈주거란 땅 위에 적당한 크기와 형태로 된 움을 파고 움 안에 기둥을 세워 지붕으로 움을 덮은 움집을 말하며, 이 시대의 움집은 지붕 서까래가 땅에 닿았던 그런 집이었다.

주거형태는 기원 전 3000년경을 경계로 전기와 후기로 나누어져 그 모습이 달라진다. 전기에 속하는 주거는 평면이 원형 또는 정방형이며 그 규모는 직경 4~6m, 깊이 50~60cm의 것이 많았다. 중앙에는 화덕이 있고 기둥은 수혈 안 벽 가장자리에 둥글게 배치했다. 수혈 안으로 출입하기 위해서는 수혈 남쪽 부분의 벽 밑에 한두 단의 계단을 만들거나 밖으로 둥글게 돌출한 경사로를 만드는 경우도 있었다. 이 시기의 대표적 유적으로는 웅기 서포목과 봉산 지탑리 및 서울 암사동 유적 등이 있다(사진 2.49).

후기에 들어 주거의 모습이 크게 달라져서 수혈의 평면이 뚜렷한 정방형 또는 장방형으로 변하였고 화덕이 한쪽으로 치우쳐 있으며 기둥은 수혈의 장벽에 평행하여 세 줄 또는 네 줄로 배치되었다.

이와 같은 변화는 주거구조의 발전과 주거 내의 생활이 크게 달라졌음을 의미한다. 즉 기둥의 배치는 구조적으로는 우리나라에 들어온 지붕에 기와를 얹고 나무를 깎고 다듬어서 짜 올린 새로운 건축으로 발달하였고, 화덕의 위치가 달라져 집안의 장소에 따라 공간의 성격이 바뀌었으며, 작업대의 발생으로 옥내 작업이 다양해졌다. 이 시기의 대표적 유적으로는 서포목과 무산 호곡동, 평양 금탄리 및 남경유적 등이 있다.

청동기 시대에 들어서는 수혈 평면이 좀 더 긴 장방형이 많아졌고, 규모가 커지면서 화덕을 두 곳에 만들었으며, 수혈 바닥과 벽을 풀이나 짚으로 덮은 것이 많아지는 경향을 보인다.

이 시기의 유적으로는 서산 해미 유적이 대표적인 주거지로 평면이 원형 또는 타원형이며 수혈 중앙에 1m 정도의 타원형의 구멍과 안쪽 양 끝에 직경 15cm 정도의 수직구멍이 복합되어 있다. 조금 큰 수혈의 경우 중앙의 중복된 구멍을 중심으로 네 곳에 또 다른 기둥구멍 같은 것이 있고 화덕이 없는 것이 있다.

초기 철기시대에 들어서도 일반형 수혈주거는 별다른 변화 없이 지속되었다.

그러나 김해 부원동 유적에서는 고상건물로 보이는 유구와 화덕을 평면이 원형인 수혈 한쪽 벽에 붙여 만든 특수 형에 속하는 주거지가 발견되었다.

2.4.2 삼국시대

고구려, 백제, 신라 삼국시대에는 중국과의 직접 또는 간접적인 교류를 통해 여러 문화를 도입하여 각기 고유의 문화와 조화시켜 선진적 문화단계에 도달하여 중국문화에 못지않은 개성 있는 문화를 이룩하였다.

건축에 있어서도 고구려는 부여족의 전통을 이어 건국 초부터 발달된 새로운 건축을 갖고 있었고, 당시 지배계급의 주택은 새로운 건축으로 꾸며졌다.

백제는 고구려계 부족에 의해 건국되었는데 중국 고문헌인『당서』에서 "풍속은 고려(고구려)와 같다."라고 한 것 등으로 볼 때, 당연히 처음부터 고구려와 같은 새로운 건축을 갖고 있었다고 본다.

그러나 신라는 사정이 달라 건국 후 상당한 기간이 지나 고구려를 통해 새로운 건축을 알게 되었을 것으로 생각되며, 그 시기는 5세기 초로 추정된다. 그것은 경주 시내에 있는 거대한 적석목곽분의 구조나 천마총과 황남대총의 발굴조사에서 목곽이나 목관 또는 부장품을 넣은 궤짝 등의 치목, 제작법 등에서 새로운 건축기법과 상통되는 기법이 보이는 점과 황룡사의 건축과 토목적인 요소 속에 고구려적인 것이 많음을 사지 발굴에서 알게 되었기 때문이다. 그러나 삼국시대에 건립된 목조건물은 남아 있지 않고, 다만 백제의 두 석탑과 신라의 첨성대와 분황사 석탑 등 석조건물이 남아 있을 뿐이다.

석조건물은 유일하게 영탑사 8각7층탑이 있었음이 삼국유사에 기록되었고, 그 형태는 고려시대의 월정사 8각9층석탑과 비슷했을 것으로 생각된다.

고구려 궁궐은 중국 집안의 국내성과 평양의 안학궁 및 평양 성안의 궁터들이 알려져 있다. 이 가운데 안학궁지만 발굴 · 조사되어 궁 안의 여러 건물의 배치 상태가 밝혀졌다. 이에 의하면 궁은 한 변이 600m 정도의 조금 일그러진 정방형 터에 남 · 중 · 북궁과 동궁으로 구성되고 각 궁은 서로 회랑으로 연결되며 안에는 조산과 연못이 있었다.

백제는 건국 초기에는 고구려와 같이 목조건축을 갖고 있었을 것으로 보이나,

사진 2.50 미륵사지 석탑

사진 2.51 정림사지 5층석탑

점차 그 판도를 서남쪽으로 넓히면서 중국 남조와의 교류가 빈번해지고 그 영향도 받았을 것으로 생각된다.

석조건물로는 무왕 때 건립된 것으로 보이는 미륵사지 석탑과 그 뒤에 만들어진 정림사지 5층석탑이 있다(사진 2.50, 2.51). 미륵사지탑은 우리나라 석탑의 시원적인 탑이며 목조탑을 석재로 모작한 것이기 때문에 석탑으로서의 구성과 구조에 결함이 있었다. 탑은 지금 6층 일부까지 남았으나 원래는 9층탑이었음이 밝혀졌다. 정림사지 5층석탑은 미륵사지 석탑으로서의 결함을 보완하여 백제적 감각으로 완벽한 석탑의 규모와 형식을 확립한 탑이었다. 그러나 이 탑은 건립 후 얼마 되지 않아 백제가 멸망하게 되어 그 뒤를 잇는 석탑이 건립되지 않았고 고려시대에 들어온 후에 후속적인 탑이 나타났다.

사찰도 도읍을 중심으로 여러 곳에 건립되었고 그 터도 어느 정도 알려져 있으나 가람배치가 확인된 것은 부여를 중심으로 한 몇몇 절터와 익산 미륵사지뿐이다. 미륵사는 일탑식 가람에서 강당을 뺀 것을 동서로 나란히 배치하고 그 뒤쪽에 큰 강당을 배치한 특이한 가람이었고, 중앙에 목탑을 놓고 그 좌우에는 석탑을 배치했던 사실이 밝혀졌다.

신라의 목조건축 역시 잘 알 수 있는 자료는 없다. 다만 황룡사지 발굴조사에서 가람배치와 건물 기단의 형식이나 기법이 고구려적 요소가 많다는 것을 알게 되었으며, 고구려 목조건축과 비슷하였고 뒤에 백제와의 친교로 백제의 영향이 가미되면서 발전했을 것으로 추정될 뿐이다.

석조건물로는 첨성대와 모전석탑인 분황사 석탑이 있다(사진 2.52, 2.53). 첨

사진 2.52 첨성대

사진 2.53 분황사 모전석탑

사진 2.54 황룡사지 터

성대는 거의 원형을 남긴 천문대이며 바닥에 장대석으로 짠 정방형의 기대를 만들고 그 위에 장방형 석재로 병 모양의 몸체를 올렸다. 몸체 윗부분에 창을 내고 맨 위에 두 겹으로 장대석으로 짠 정(井)자형의 가구물을 올렸다. 분황사탑은 전돌 모양으로 따낸 석재로 쌓은 9층탑이었으나 후대의 보수공사에서 원형을 잃고 지금은 3층으로 되었다.

신라 사찰로는 홍륜사가 처음이고 이어서 영홍사, 황룡사, 분황사 등이 건립되었다. 이들 가운데 황룡사와 분황사는 그 터를 확실히 알 수 있고 그 밖의 절터도 대강의 위치를 짐작하고 있다. 그러나 절터 가운데 발굴조사를 통하여 가람배치가 확인된 것은 황룡사지뿐이다(사진 2.54).

2.4.3 통일신라시대

이 시대에도 목조건물은 남아 있지 않고 석탑을 비롯한 석조건물이 비교적 많이 남아 있다. 삼국사기에는 당시의 사회계급에 따른 주택의 규모, 양식, 용재 및 장식 등에 관한 규제내용이 기록되어 있으며, 이 기록으로 당시의 목조건물을 어느 정도 짐작할 수 있다. 이에 의하면, 궁전과 같은 고급 건물은 막새기와를 갖춘 기와집이며 용마루 끝에 치미를 달고 내릿마루 끝에는 귀면와를 달았다. 지붕합각에는 현어를 장식하고 처마는 겹처마였다. 기둥 위에는 두공을 올리고 금, 은으로 장식하고 단청한 화려한 건물이었다. 이들 건물의 양식은 당의 영향을 받으면서 정착된 것으로 짐작된다.

석조건물은 대부분 화강암으로 만들어졌으며 인공적 동굴사원인 석굴암과 수많은 석탑, 그리고 얼마간의 석조부도가 있다. 석굴암은 8세기 중엽에 건립된 원형 평면에 돔식 천장을 갖춘 주실과 장방형 평면의 전실로 구성되었다. 주실 중앙에 큼직한 석조여래좌상이 높은 대좌 위에 놓였고 주실과 전실 벽면에는 양각된 불보살과 신장, 십대제자 등의 입상을 끼웠다. 석굴암의 가구와 조각은 신라예술 최고의 수준을 나타낸 것으로, 당의 그것을 능가할 만한 것이다.

석탑 역시 백제 미륵사지 석탑의 구조와 형식적 결함을 신라적인 감각으로 보완하여 완벽하게 만들어낸 것으로 3층탑이 많다. 감은사의 동서 3층석탑은 신라시대의 전형적 석탑의 시작이며 불국사 3층석탑에서 가장 세련된 모습을 보인다. 탑은 이중기단 위에 올린 3층탑이며 옥개받침을 5단의 역계단식으로 처리하고 한 석재에 탑 구성부재를 여러 가지를 조각하여 석탑을 만들어 석재의 수를 감소시키고 있다(사진 2.55, 2.56). 이외에 이형석탑이라고 할 수 있는 불국사 다보탑이나 월성 정혜사 13층석탑은 독창적인 형태로 만들어졌고, 구례 화엄사 사자 3층석탑은 기단부가 특이하며, 남원 실상사 백장암 3층석탑은 낮은 기단과 탑신에 불보살과 난간 등을 양각한 탑이다.

통일신라시대의 궁궐은 그 중심부가 월성 내에 있었던 것으로 추측된다. 안압지와 그 주변 발굴조사에서 당시의 궁궐 유구가 발견되었다. 안압지는 문무왕 14년(676)에 만들어진 궁궐 안의 연못으로 생각되며, 그 서쪽에는 규모가 큰 건물이 남북으로 배치되고 못 가에도 크고 작은 누각을 만들어 이들을 회랑으로

사진 2.55 감은사 3층석탑

사진 2.56 불사 3층석탑

사진 2.57 안압지

연결한 궁궐의 중심부가 있었고 중앙의 큰 건물 가운데 하나가 임해전일 것으로 보인다. 못 남쪽에는 규모가 작은 세 채의 건물과 회랑 및 담장 터들이 나타났고 그 동쪽 끝에는 안압지로의 입수로와 이에 연결된 두 개의 석조수조가 있어 궁궐의 부속시설일 것으로 보인다(사진 2.57).

2.4.4 고려시대

이 시대의 목조건물로는 중기에 세워진 안동 봉정사 극락전과 영주 부석사 무량수전(사진 2.58)이 있고 말기의 예산 수덕사 대웅전을 비롯한 몇몇 건물이 있다. 이들 건물은 신라에서 고려로 이어진 양식의 건물이 아니라 고려 중기와 말기에 중국에서 새로 도입되어 한국식으로 개조된 새로운 양식의 건축물이다. 고려 중기에는 중국 화남지방의 기둥 위에만 곡선적인 첨차를 가진 두공을 장치한 건축이 남송으로부터 고려로 전해져 원래 있던 건물에 부분적으로 첨가되어 우리만의 양식으로 확립되었는데 이것이 주심포양식이다. 이 양식은 얼마 후 세부적으로 약간의 변화를 나타내면서 조선시대로 계승되었다(사진 2.59).

고려 말에는 중국 화북지방에 있던 두공을 기둥 위와 주간 상부에도 장치하는 위풍 있는 건물의 양식이 원나라에 의해 고려에 전해졌는데, 이것이 세부적인 변화를 보이며 우리 양식으로 정착된 것이 다포계양식이다. 이것은 고려시대에는 그다지 많이 건립되지 않았고 조선시대에 들어서 크게 성행했다.

주심포양식의 특징은 두공(枓工)이 기둥 위에만 장치되고 두공의 주두와 소로에 굽받침이 있고 첨차 끝은 곡면으로 만들며 주간(柱間)에는 대공(臺工)을 끼우고 건물에 천장을 설치하지 않은 점이다. 다포계양식은 두공을 기둥 위와 주간

사진 2.58 부석사 무량수전

사진 2.59 무량수전의 주심포양식

사진 2.60 경천사 10층석탑

에도 장치하고 기둥 위에 넓고 두꺼운 평방(平枋)을 올리며 두공을 그 위에 얹고 첨차 끝은 호(弧)형으로 깎고 천장을 설치하는 양식이다.

석조건물로는 석탑과 부도가 있다. 석탑은 구례 연곡사 3층석탑이 대표적이며 부여 장하리 3층석탑은 정림사지의 기법과 양식이 같은 대표적인 것이다. 이 밖에 김제 금산사 6각 다층석탑이나 평창 월정사 8각9층석탑과 같이 평면이 다각형이고 5층 이상으로 만든 탑이 이 시대에 나타났다. 또한 고려 말 원의 영향으로 세워진 평면이 아(亞)자형의 대리석 석탑이 있다. 이것이 다포양식의 궁전을 세밀히 모각하고 옥내에 불보살을 양각한 경천사 10층석탑이다(사진 2.60).

석조부도는 이 시대에 가장 성행하였는데 조형적으로나 조각으로도 우수한 것이 많다. 그 형식은 팔각 단당형이 많으나 말기에는 석종형도 만들어졌다. 개성 봉암사 정진대사원오탑이 전통형식의 가장 화려한 부도이며, 여주 고달사지 부도는 비대해진 중대석에 웅장한 용두구형을 조각한 새로운 경향의 부도이다.

궁궐은 지형에 따라 남에서 북으로 올라가면서 건물들을 배치했다. 궁궐의 정문은 승평문이며, 이어 두 채의 문을 지나 정전인 회경전이 있다. 회경전은 정전 정문인 회경문과 이 문에서 시작하는 회랑에 둘러싸인 중앙에 5장이나 되는 높은 기단 위에 세워졌다. 정면 9칸, 측면 5칸의 웅장하고 화려한 건물이었다고 한다.

고려시대에도 많은 사찰이 창건되었으나 그들의 가람배치가 어떤 것이었는지는 잘 알려져 있지 않다. 발굴조사에 의하면, 문종이 창건한 흥왕사와 창건시기를 알 수 없는 남원 만복사의 터뿐이고 대강의 가람형태를 짐작할 수 있는 것은 광종 때 불일사와 원성 거돈사뿐이다. 흥왕사는 각기 회랑으로 구획된 중앙과 동·서 가람의 세 부분으로 형성되었는데 중앙가람은 팔각목탑을 갖는 쌍탑식 가람이었고 좌우 가람에는 몇몇 건물이 있었다. 만복사는 목탑을 중심으로 북쪽과 동·서 양쪽에 남향한 금당이 있는 고구려적인 가람이었다.

2.4.5 조선시대

조선시대의 목조건축은 고려시대에 정착한 두세 가지 양식의 건물과 주심포

사진 2.61 강릉 오죽헌

양식을 극도로 간략한 익공계 양식의 건물이 기념적인 건물에 채택되었다. 이들 양식은 시대가 지나면서 많은 변화가 있었다. 주심포양식은 주두나 소로의 굽받침이 없어지고 첨차 하단의 곡선이 점점 강해지고 길어지면서 발전하여 그 끝이 위로 솟게 되었고 건물 내에 돌출한 첨차는 후기에 들어서 화려한 조식의 운궁으로 변하였다.

사진 2.62 오죽헌 익공양식

주심포양식은 초기에는 사찰의 법당에 많이 채용되었으나 중기 이후 점차 줄어들었고, 다포계 양식은 도성이나 궁궐의 주요 건물과 초기의 일부 사찰에 채용되었고 중기 이후에는 대부분이 사찰에 채용되었다. 익공계 양식은 궁궐의 부속건물이나 관아 또는 향교나 서원에 채택되었다.

강진 무위사 극락전과 강화 정수사 법당, 승주 송광사 국사전 등이 초기 주심포양식이며 봉정사 대웅전이나 서산 개심사 등이 초기 다포계 양식이고 부안 내소사와 고창 선운사 등이 중기 다포계 양식이다. 서울 도성의 성문인 남대문은 초기 다포계 양식이며 동대문은 후기 다포계 양식으로 시기적 특징을 잘 나타내고 있다. 익공계 양식의 대표적인 것은 강릉 오죽헌이다(사진 2.61, 2.62).

궁궐은 서울 시내에 경복궁, 창덕궁, 창경궁 및 덕수궁만이 남아 있으며 비교적 잘 보존되었다(사진 2.63, 2.64).

조선시대 건축의 양상을 보면 그 속에서 우리나라 건축이 갖는 특징을 찾을 수 있다. 첫째, 건축의 입지조건을 보면 그것이 개개의 건물이나 궁궐, 사찰과 같은 건축군들은 모두 규모나 위치가 자연과 잘 조화된다는 것이다. 건축의 세부상태는 이음매나 맞춤새가 정교하지 못한데, 이것은 재료가 육송으로 뒤틀어지기 쉽고 송진이 많기 때문이며, 이 목재로 자연적으로 구부러진 자연스런 형

사진 2.63 경복궁 근정전

사진 2.64 창덕궁 인정전

태의 건축으로 승화시켰다. 가공기법에 있어서도 선자연이나 처마곡 또는 기둥의 배흘림 등의 기법은 삼국시대부터 전해오는 것이다.

이와 같이 자연에 순응하고 건물을 아름답게 만드는 오래된 기법을 간직하면서 우리의 조형감각에 알맞은 건축비례를 창출하였다.

2.4.6 한국의 근대건축

1876년에 개항되면서 한국의 근대건축이 시작되었다. 조선에 들어온 신부, 선교사, 외교관들이 그 이입(移入)의 주체였다.

경복궁 중건(1865)을 마지막으로 건축이 멈칫해 있던 때에 서양의 근대건축이 전이되었다. 쇄국과 우왕좌왕에 휩싸인 조선정부는 서양건축술의 발전상을 잘 알지 못했다. 그러면서 19세기 근대화로 시계를 확대하지 못하고 외부로부터 수탈과 약취(略取)에 휩쓸리게 되었으며 경험 많은 서구 열강들의 무대가 되면서 이양선과 함께 건축가들도 따라 들어오게 됐다.

초기의 유입은 제물포를 비롯한 개항장에서 이루어졌으며 그것이 서양의 신건축이었다. 주로 목조와 붉은 벽돌조로 이루어진 이 다양다종의 양식은 그 시대의 상징이었으며 지배의 도구였다(사진 2.65).

사진 2.65 인천항 전경

인천, 부산 등시의 개항장에는 성당, 교회, 관청, 은행, 학교, 호텔, 극장 등이 세워졌으며 외교업무시설과 그 지원시설(숙소, 상점), 그리고 종교건축물과 교육시설이 그 선두주자였다.

한국의 근대건축은 크게 구한말 시대인 1910년 이전 건축, 일제강점기 시대인 1910~1945년까지의 건축, 해방 이후인 1945년 이후의 건축으로 구분해볼 수 있다.

1) 개화기(1876~1910년) 근대건축

일련의 서구 근대건축의 영향은 한국 건축의 역사적 맥락에서 보면 이전의 지역적 · 보수적 · 전통적인 한국건축을 진취적 · 현대적인 건축으로 탈바꿈시킴으로써 가히 혁명적이라고 할 수 있다. 물론 일제강점기 동안 서양의 전이적 시기의 건축양식들이 일부 수입되기는 했으나 대부분 일본인 건축가들이나 서양 선교사들의 손에 의해 피동적으로 이식되었으며, 따라서 한국 건축사에서 전통건축으로의 전이과정으로 보기에는 어렵다.

오랫동안 자연과의 흡입적 관계에 놓여 있던 동양적 사상이나 정적인 건축관은 쉽게 내던질 수 있는 것이 아니었다. 서구의 신문명과 그 발전과정을 부분적으로 받아들이던 1800년대의 그 유입은 자랑스러운 것이 아니었다. 우리 주위에서 심한 갈등과 변화를 보이던 일본과 중국도 마찬가지였다. 그나마 근대건축물의 사용자는 극히 제한된 숫자일 뿐이었다. 중국과 일본, 그리고 유럽, 미국에 가끔 왕래하는 실학자, 통역관이나 개화파들에 의해 조금씩 접근할 수 있었을 뿐이다. 사실 조선조의 마지막이라 할 수 있는 대원군과 고종의 시대에는 쇄국이란 족쇄가 심하게 채워져 감히 상호간에 마음 놓고 접근할 수 있었던 때가 아니다. 서양의 신부, 목사, 그리고 위장된 무역상인들이 중국과 일본을 통해 침입해 들어올 수 있었을 정도의 교류가 그 시대의 전부였다.

1876년에 개항장이 열리면서 건축의 연대는 서서히 변화되기 시작했다. 경복궁 중건(1865년)을 마지막으로 건축이 멈추었던 때에 서양의 근대건축물이 전이되어 오기 시작했으며, 그것도 중국과 일본을 통한 2차적인 전이가 대부분이었다. 게다가 이에 늦을 새라 러시아까지 끼어들었다. 미국의 힘이 미치기 시작한 것은 그보다 한참 뒤였다.

직접적인 도입이란 것은 지정학적으로도 불가능할 수밖에 없던 때이다. 아직 중국과 일본도 자신의 근대건축을 정립시키지 못하고 서양으로부터 훈련받고 있는 수준이었다.

국내에서 서양건축이 본격적으로 도입되기 시작한 것은 1880년대에 이르러 구미 각국과의 수교를 통해서였다. 즉 각국과의 수교란 건축적 의미로 보면 공사관이란 스타일의 건축을 부산물로 낳은 것이다. 이러한 공사관이란 초기에는 한옥을 개조한 형태였으나 점차 공관을 신축함으로써 서구건축을 도입하는 결과를 가져왔다. 당시에 세워진 공관건축으로는 1890년 세워진 영국공사관을 비롯하여 러시아공사관, 프랑스공사관, 벨기에공사관 등이다(사진 2.66, 2.67, 2.68).

1886년에 한불 수호통상협약이 조인되자 프랑스 신부들은 박해시대 때 교회

사진 2.66 러시아공사관

사진 2.67 프랑스공사관

사진 2.68 독일영사관

와 인상이 깊었던 곳이나 그 부근의 땅을 한인 교주의 명의로 매수해두었던 종현대지의 정지공사를 시작하는 한편, 용산과 합동에 대지를 마련하고 종현 터의 종교관과 용산의 신학교를 짓고 합동 약현(현 중림동)성당(1892~93)과 명동 종현성당(1892~98)을 착공하였다.

알렌은 정식으로 입국한 최초의 선교사이며 재동에 광혜원을 창설하였는데 이것은 우리나라 최초의 서양식 의료기관이다(사진 2.69, 2.70).

1876년부터 1910년대는 타의에 의한 개항으로 개화기적 현상이 지배적이었고 이질적인 건축양식이 이식됨으로써 우리의 전통건축과는 무관한 서양건축이 유입된 시기이다. 이 시기에는 외국인의 공관건축이 주축을 이루며 외국인의 선교사업 건축과 상업 건축이 타율적으로 유입되었으며, 또한 명목상으로 한국 정부에 의한 관청건축과 관 위주의 건물이 세워지고 그에 따라 서구건축이 어느 정도 시민에게 계몽된 시기이다.

사진 2.69 명동성당

사진 2.70 광혜원

2) 일제강점기(1910~1945)의 근대건축

사진 2.71 서울 전경

우리나라는 일제강점기(1910) 때 신건축을 배운 일본의 건축가들이 유럽에서 받아들이고 경험해본 서양식 건물들을 자신들의 필터로 한번 걸러 한반도에 재이입시켰다(사진 2.71)

우리는 신건축 교육을 받을 수도 거기에 국민적 관심을 쏟을 여유도 없었다. 전통적 건축인들은 길을 잃고 대부분 목수의 길로 잠적했다. 그리고 국내의 건축교육이 시작되었을 때는 이미 일본의 건축가들이 자신의 소리를 높일 수 있을 때였다. 그들에 의해 우리의 왕궁, 관아, 사저 등은 파괴되어 갔고 그들은 그 자리에 그들의 통치력을 과시하기 위한 건축물을 하나 둘 세워나가기 시작했다. 부산, 인천, 원산, 목포 등의 개항장과 서울의 4대문 안, 그리고 마포와 용산은 그들의 건축실험장이 되었다.

한국의 근대건축이 발아되기 시작한 것은 한참 후였다. 몇몇의 자생적 건축가, 그리고 일본인에 의해 교육받은 건축가들이 조금씩 활동하기 시작했다.

1911년부터 1925년에는 한일강제병합 이후 조선총독부 관제에 의해 식민 통치에 편리하도록 행정 및 사법기구를 재조직하고 행정 강화에 주력하는 등 식민지적 현상으로 가득 차 있었고, 일제에 의한 서구 양식주의 건축으로 일관된 시기였다. 이 시기에는 관청, 은행 등과 서양인이 관여한 호텔과 서구의 선교사업인 한교건물이 구미인에 의해 건립되었으며, 이는 일제강점기 전반에 해당된다(사진 2.72, 2.73, 2.74).

사진 2.72 총독관저

사진 2.73 한국은행 본관

사진 2.74 서울역

사진 2.75 삼월백화점

1926년부터 1945년은 양식주의가 끝나는 일제강점기 후반에 해당되며, 1920년 전후로 출현하는 근대식 빌딩과 일본의 분리파 건축운동의 영향을 받았다. 또한 1920년 조선회사령 철폐로 일본 자본의 한국 진출이 활발해지면서 상업 및 사무소 건축이 고층화되고 근대식 건축이 나타나게 되었다. 최초로 나타난 건물은 경성전기주식회사 사옥(1929년, 현 한전본사)이고 그 후에 삼월백화점(1930년, 현 신세계백화점)이 완공되었다(사진 2.75). 이 시기에는 일본인에 의해 본격적으로 교육을 받은 한국인 건축가가 활동을 시작했으며 한국인에 의한 민족자본이 형성되기 시작하였다.

3) 광복 이후(1945년 이후) 근대건축

일본이 패전하고 광복이 되자 새로운 상황을 맞게 된 한국인 건축가의 위상은 과거를 털고 새것을 취해야 하는 입장에 서게 되었다.

이 시기에 건축 분야에서의 가장 중요한 이슈는 정부조직에 건축정책기구를 두고자 하는 것이었다. 또 하나는 주택문제에 대한 적극적인 대처였다.

생존만큼 중요한 문제가 달리 없었던 이 시기에는 한국 건축에 있어 치명적 손실만 가져다주었다. 6.25의 동족상잔과 이에 따른 파괴와 상실은 모든 것을 앗아갔다.

1954년 국전(國展)에 건축부가 신설되고 기술일변도로 휩쓸리던 건축에 새로운 예술의 분위기가 접목되는 기대감을 가져왔으며, 대한건축학회는 1955년에 국전 건축부 출품작을 이례로 선정하였는데 그 작품들은 이 시기의 한 표징이라 할 수 있다. 또한 1957년 한국건축작가협회가 결성되어 건축계에 작가의식을 불어넣는 분위기를 만들었다.

이 시기에는 우리나라 건축계의 양대 산맥이라 일컬어지는 김중업과 김수근의 작품이 서양의 합리주의와 국제주의양식의 영향을 받으며 주목을 받았다(사진 2.76, 2.77).

그 이후 4.19와 5.16으로 대표되는 시기는 건축과 국가정책이 합동으로 궤도를 그리는 시대로서 모든 행위는 관 주도에 의해 이루어져 나갔다. 마포아파트

사진 2.76 프랑스대사관

사진 2.77 자유센터

는 새로운 삶의 한 방법으로 국민들에게 인식되었으며, 긍정과 부정이 극심한 대립을 보이면서 건축법과 건축사법이 제정되어 건축의 문화, 예술적 요소까지 법의 테두리에 묶어놓는 결과를 가져왔다.

1966년 국립박물관 현상설계는 전통건축의 현주소를 확인하는 계기가 되었고, 건축계에 최초로 논쟁의 시작을 알려주는 결과를 가져왔다.

또한 광화문 심장부에 세워지게 된 정부종합청사 현상설계는 우리나라 건축가 나상진을 뽑아 놓고도 방황하여 외세에 자리를 내어주었다. 이렇듯 1960년대는 한국건축의 여명을 알리는 시기였으며 건축의 과도기에서 진통을 앓는 시기이기도 했다.

한국의 근대건축은 자의에 의해서 유입되지는 않았다. 또한 우리나라의 전통적인 건축이 그대로 계승되어지지도 못했다. 하지만 일제강점기를 거쳐 광복 이후 일본에 대한 반감으로 많은 근대건축물의 소각과 소실, 훼손되었으며, 현재도 남아 있는 근대건축물들이 제대로 보존되거나 계승되지 못하는 것은 안타까운 현실이다. 과거 조선 건축의 얼굴은 일그러지고 깨진 채 오늘날까지 버려지고 있는 가운데 최근 이러한 근대건축물을 일부 보존하여 리노베이션하며 증축하는 사례들이 보이는 것은 반가운 현상이다.

서울뿐만 아니라 전국을 뒤덮고 있는 빌딩과 아파트 숲 사이에서, 과연 여기가 어디인가 한국적인 건물이 무엇인가 하는 본연의 정체성을 잃어버린 지 오래된 도시에서, 그래도 옛 시대의 유물이 그립고 정겹게 느껴지는 것은 역사의 향기와 숨결을 지니고 있기 때문일 것이다.

2.5 오늘날의 건축

2.5.1 레이트 모던, 포스트 모던, 신합리주의 건축

근대주의자들은 20세기 초 근대주의 양식의 불가피성을 선언한 후, 대중이 이를 이해하고 호응하리라 생각했다. 그러나 근대주의는 미학적으로 대다수에게 친밀감을 주지 못한 채 소수 엘리트의 운동에 머물러 왔다. 이러한 모던 무브먼트는 20년대의 영웅시대를 가졌으며 50년대에 이르러서는 분업화와 산업화를 맞이하게 되었다. 그리고 60년대 후반에는 그 이념적 힘을 대부분 잃어버리게 되었으며, 나아가 1965년 르 코르뷔지에의 죽음과 함께 윤리적이고 정신적인 방향 역시 크게 상실하였다.

근대건축의 기능주의만으로는 부족함을 느꼈던 많은 건축가들은, 비록 모더니즘에서 진화되어 왔다는 점과 그에 따라 어떤 형태로든지 국제주의 양식의 연속선상에 있기는 하지만 추구하는 이념이 이전과는 다른 레이트 모던, 미국의 포스트 모던, 그리고 유럽의 신합리주의라는 새로운 건축조류를 형성하였다.

레이트 모던은 대체로 기존의 이론과 양식을 극한에 이르게 함으로써 정교하고 양식화한 모더니즘을 만들어내고 있다. 접근방식은 이상주의적이라기보다는 실용적이며, 모던의 여러 양상들을 과장하고 있다는 점에서 또 다른 모던이다. 이들은 제2의 기계미학이라고 할 수 있는 극도의 논리, 순환계통 및 기계장비에

사진 2.78 보나벤투라(Bonaventura) 호텔

사진 2.79 퐁피두센터

사진 2.80 Five Cents 저축은행

대한 극도의 강조, 기술공학의 양식적이고 장식적 사용, 국제주의 양식의 복잡화, 관습적인 형태언어보다는 추상적인 형태언어의 사용으로 특징 지을 수 있다(사진 2.78, 2.79, 2.80).

이와는 대조적으로 포스트 모던은 과거의 양식을 변형시켜 이를 덧씌우기도 하고 모더니즘의 이론을 전적으로 거부하기도 한다. 포스트모더니즘도 역시 몇 가지의 특징들을 느슨하게 겹침으로써 정의내릴 수 있다. 하지만 그 특성들은 레이트 모던과 대치되는 것으로, 의사소통에 있어 다중적이고 지역적인 규약체계에 대한 관심을 비롯하여 역사적 기억, 도시적 맥락, 장식, 재현, 은유, 참여, 공공영역, 다원주의, 절충주의에 대한 관심 등으로 정리될 수 있다. 간단히 말해서 이들 열 가지 속성 중 여섯 가지 정도만 나타나면 포스트 모던에 속한다고 볼 수 있다.

포스트 모던을 향한 관통은 "적은 것이 많은 것이다(Less is more)"란 미스 반 데어 로에의 건축이론을 "적은 것은 지루한 것이다(Less is bore)"라고 정면으로 그의 이론을 비꼬는 로버트 벤츄리에 의해 시작되었다. 1966년에 그의 책 『건축의 복합성과 대립성』을 통해 이제까지 아무도 과감히 시도하지 못했던 근대건축에 대한 불만을 표출한 젊은이, 즉 벤츄리가 허용된 범위를 훨씬 초월했던 것이다. 그의 주장은 한마디로 복합성의 생략을 반대하고 복잡한 프로그램을 인정함으로써 복잡한 건물을 세울 수 있음을 강조했다. 즉 간소화에 대한 복합성(Complexity versus Simplificaton)이다(사진 2.81~2.84).

사진 2.81 My Mother's House

사진 2.82 이탈리안 광장

사진 2.83 포틀랜드(Potland) 빌딩

사진 2.84 아브락사스 궁전(The Palace Abraxas)

합리주의의 개념은 광의적으로 보면 그리스 철학자들이 교육을 통하여 문화관, 인식, 비평 등을 할 수 있다고 믿는 것이었고, 협의적으로 보면 20세기 초의 건축운동으로 기능주의적인 면을 가지고 있지만 철학적 · 사회적 포괄성을 내포하고 있는 것이다. 이러한 의미에서 신합리주의는 개인주의적이 아니라 총체적으로 되면서 다원적 건축 및 도시설계로도 이해되면서 국제적으로 되었다. 이러한 신합리주의는 급속도로 발전하여 유형적이며 한정적인 형태언어를 가진 통합스타일이 되었다.

신합리주의의 대표적 작가로는 기하학의 형태를 제시하는 알도 로시(Aldo Rossi)와 형태학과 다양성을 추구하는 오스발트 마티아스 웅거스(Oswald Mathias Ungers)를 들 수 있는데, 미국에서 벤츄리, 무어 및 그들의 추종자들이 찾으려고 했던 그러한 길을 찾기 위해 근대건축의 신조가 무너진 유럽에서는 로시와 웅거스의 신합리주의라고 표현한 경향은 기능주의에 대한 유럽인의 성공적인 대답이라고 할 수 있다.

유럽의 합리주의 건축가들은 팝(Pop)문화의 영향으로 건축의 공상적인 요소를 점유하고 모든 것을 유용할 만한 의미를 개발하지는 못했다. 그보다는 그들은 반대로 구조와 미학의 기능적 진부성과 일상적 경험에 대하여 반기를 들고, 건물형태를 위한 새로운 의미를 되찾기 위해 애썼다.

웅거스는 "합리주의"의 방향을 신중히 제안한 첫 번째 인물이다. 그의 계획에서 1960년대 중반부터 계속되어 온 것은, 도시 규모의 모든 건축물들을 기본적인 건축형태의 복합체로서 세우는 것이었다. 특히 그의 형태학과 다양성(morphology and manifoldness)은 형태의 전체적인 평등화에 반대했다. 기능

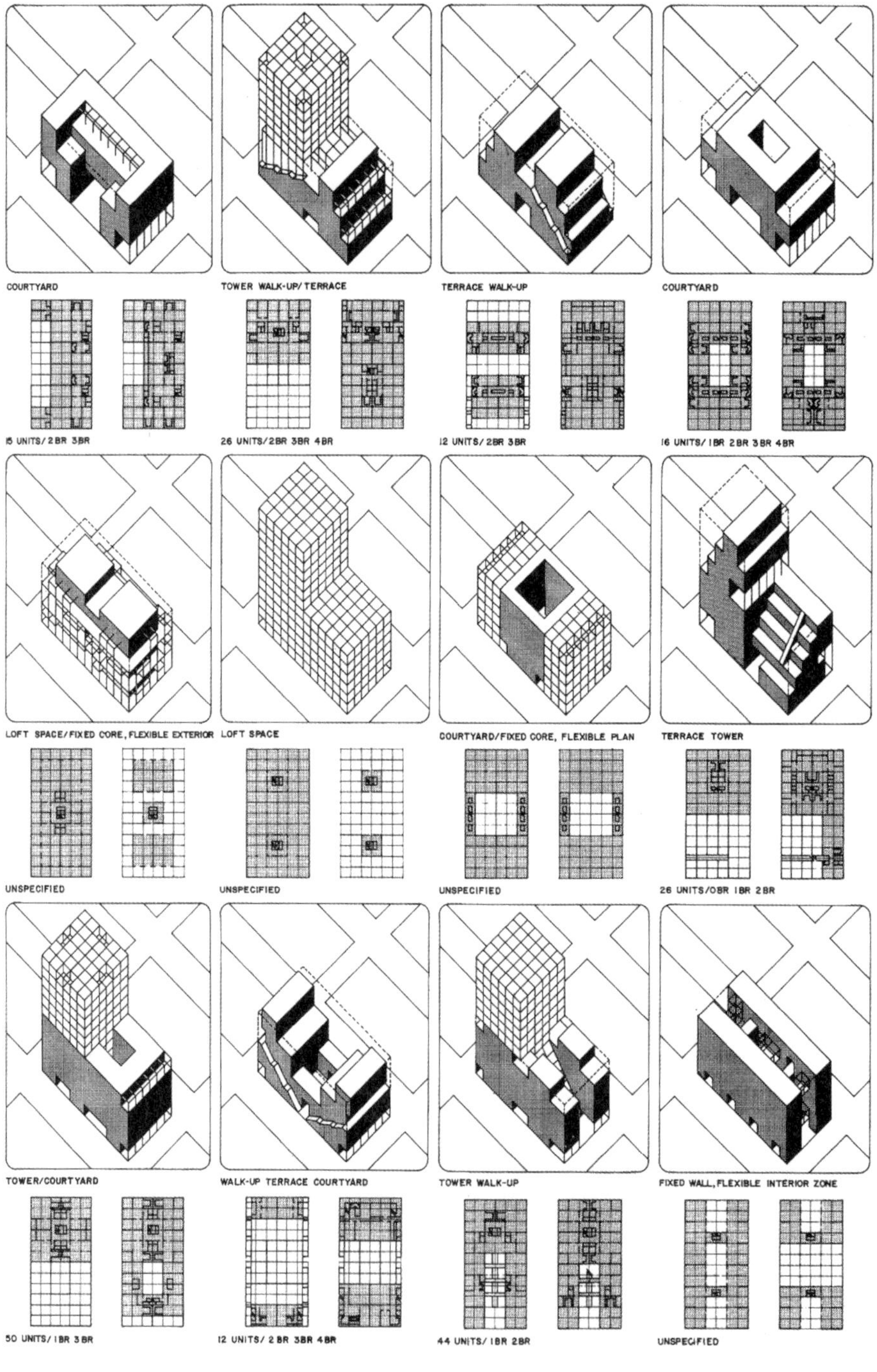

그림 2.15 루스벨트 아일랜드(Roosevelt Island) 매스계획

주의자에게 있어서 형태의 결정은 목적을 위해 가장 일반적으로 쓰이는 것이다.

그러나 웅거스는 그의 첫 번째 합리주의 계획에서 말하기를, 첨가적이고 더욱 품위 있는 정의가 가능해야 하고 건축가들은 다양한 차이점들을 표현하려 애써야 한다는 것을 주장했다. 기능주의의 다양성에 의존하지 않는 조화에 반대하면서 단조로움을 깨뜨리고 다양성을 표현하기 위해서, 웅거스는 아이디어와 근본형태, 그리고 근본개념의 형태학적인 변형이 가능한 다양성이 작품에 드러나길 원했다. 알도 로시는 "아이디어"를 찾기 위해 원형과 아이디어에 대한 연구를 강조했으나, 웅거스는 아이디어의 체계화에 중점을 두어 형태에서 형태로의 변형에 대해 강조했다. 즉 개념 해석에 초점을 맞추었고, 주위환경에 대해 어떤 형태를 변형하는 것이 필수적이라고 했다. 웅거스에게는 최후에 발견한 건축 원형의 확립이 중요한 것이 아니라 그보다 가능성의 다양함이 더욱 중요했다(그림 2.15~17, 사진 2.85).

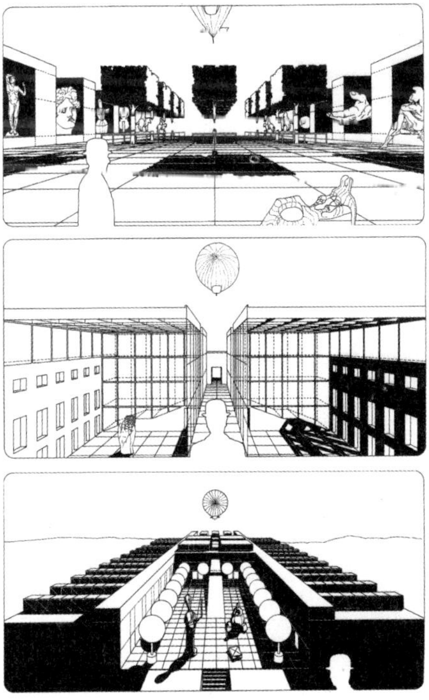

그림 2.16 퀼른 루드비히(Ludwig) 박물관 안

사진 2.85 Lutzoplatz 집합주택

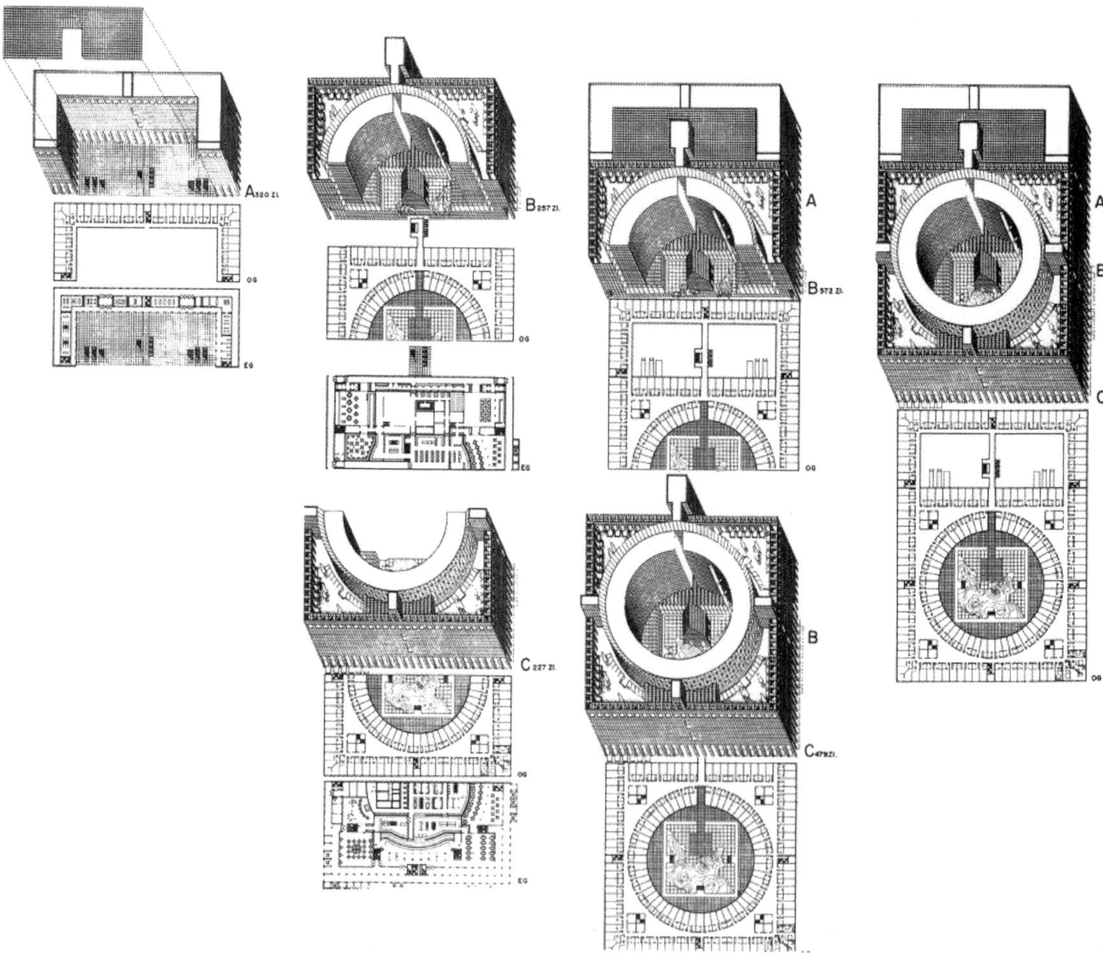

그림 2.17 베를린 호텔(Hotel Berlin)

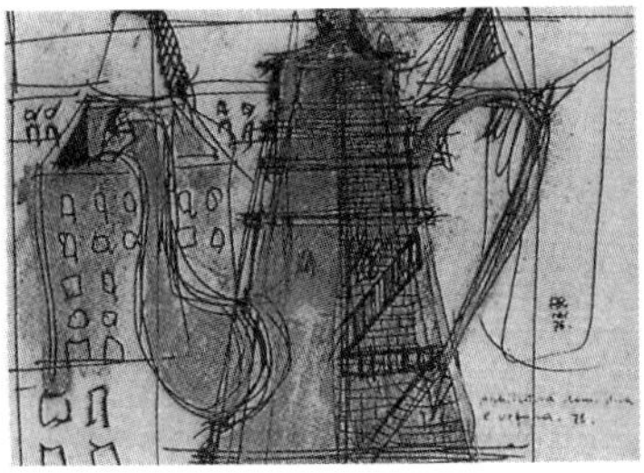

그림 2.18 커피포트 드로잉

사진 2.86 일 팔라조 호텔(Hotel IL Palazzo)

또 다른 신합리주의 건축가인 알도 로시는 유형과 기념성(typology and monumentality)을 강조한다. 기능주의에 대한 로시의 대답은 용도적 결정에 의해 얻은 모든 것을 중요시하지 않는 것이다. 즉 그것은 사용목적에 의해 결정된 것이 아니라 자치적인 건축적 규범에 따른 형태로 보는 것이다. 실용성으로부터 건축을 자유롭게 하려는 시도는 변덕스럽고 주관적인 표현주의로, 자유로운 기하학을 조정하는 것으로 종종 끝이 난다. 그러나 로시는 건축이 역사적 요소와 유형학과 관련되어 있을 때만 가능하다는 전제하에 새로운 구속력을 부과했다. 푸른색의 커피포트가 화면 전체를 차지하고 있는 로시의 그림이 있다. 커피포트의 몸체는 일련의 내부계단을 가진 원추형의 구조물이며, 로시의 단단한 굴뚝 중 하나가 된다. 건축화된 커피포트는 그 자체로 하나의 건축적 형태이다.

커피포트는 그것의 기능이 아무런 문제를 나타내지 않는다는 의미에서 볼 때 하나의 규범이다. 그것의 기능은 자명한 형태로 간주되는 것의 일부분이 된 지 오래이다. 이것이 유형학이다. 너무도 자명한 원형이라서 모든 문체상의 의도나 혁신적인 솜씨에도 불구하고 원칙적으로 변화될 수 없다. 또한 로시는 포스트 모던의 벤츄리가 표현적 형태에 반대하는 일상생활의 상징성을 나타낸 것과 상대적으로 기념성의 중요성을 강조하는 데 역사적인 인용을 통한 건축을 매개체로 하여 의사전달을 확립하려고 하였다(그림 2.18, 2.19, 사진 2.86).

그림 2.19 모데나(Modena) 공동묘지

2.5.2 해체주의(de-constructivism, 탈구축주의, 탈구조주의)

해체주의의 정의는 다음 몇 가지로 요약해 볼 수 있다. 전통적으로 인정되고 있는 것을 일단 뒤집어 보고 기존 개념에 대한 의문을 제기하는 것, 명백히 구별되고 있는 카테고리를 전략적으로 역전시킬 뿐만 아니라 정해진 우열순위와 그 개념체계의 해체까지도 시도하고 있다. 한 마디로 이는 비관습성을 규약화해서 관습적인 것을 공격하는 것이다. 숨어 있는 모순을 끌어내어 모순을 지적하고, 서구적 · 이론적인 형이상학과 로고 중심적인 모순을 중성화하려 한다. 즉 내부로부터 모순에 대항하는 것이다.

해체주의자들은 평등, 이성, 진실, 집단적 의견일치의 개념을 공격했다. 이러한 자치붕괴로 예술은 유토피아적인 열망을 버리고 현대의 분열 내에서 희망을 찾자는 것이다. 이러한 후기 구성주의적 이론과 형태를 띤 새로운 건축 경향은 부분적으로 보수적인 경향에 대한 반응이며, 포스트 모던을 배제하여 모더니즘의 변형을 목표로 한 것이다. 건축은 전통적으로 기능성, 신을 모시는 성스러운 신화성, 정치적 기념성에 의미를 부여하였다. 그러나 해체주의는 이러한 의미부여나 전제의 틀에서 벗어나고 싶어하는 경향이 있다. 해체주의는 모더니즘의 언어에 근거하지만 그 근거를 재조명하여 모더니즘의 요소가 존재하는데, 그것의 교리를 고집하지 않고 20년대의 전위성을 초월하며 모더니즘의 유토피아적인 것이 없을 뿐만 아니라 부활도 아니다. 따라서 유클리드 기하학이라든가 기

사진 2.87 문화센터 와인시티

사진 2.88 댄싱 하우스(Dancing House)

능주의, 포스트 모던 등의 전제를 무시하고 비고전적, 분해, 비중심(분산), 비연속(단절) 등의 유행을 초월한 의미와 형태의 성격을 가지고 있다.

해체주의에 나타난 몇 가지 특성은 비대칭성, 비리듬성, 불확실성을 추구하며 기하학적인 것이나 기능주의적인 전제가 무시되고 중심성과 통일성이 없으며 계층질서가 없다는 것이다. 때로는 무중력 상태의 단편과 기울어진 벽과 기둥으로 착각을 일으킬 수 있으며 전통적인 생산방법에서 멀어지고 심리적 · 시지각적인 관심의 초점이 된다.

해체주의 건축가 프랭크 게리는 단편화와 불연속을 표현한다. 이것은 전체를 무관한 부분으로 분해하고, 이 부분들을 비형식적으로 솜씨 있게 병치하며 또한 조화시킨다. 현대조각에서 큰 영향을 받은 게리는 너무나 인간적으로 뒤죽박죽된 형태를 취하고 있어 때로는 건축형태의 범주를 넘어 불쾌할 정도이지만, 산업화된 도시의 조직적인 혼돈이나 오늘날 전형적인 마천루 도시에 비하면 매우 흥미롭고 더 많은 의미를 주는 듯하다(사진 2.87, 2.88).

네덜란드의 건축가 렘 쿨하스는 구성주의의 성격을 띤다. 그는 거대한 판상의 고층건물들을 회전시키고, 전도해서 다채롭고 왜곡되고 원근법적인 탈구성으로 바꾸어 놓는다. 건축 내부에서는 통상적인 공간이 아닌 다양한 형태의 곡선과 호 및 다양한 층고의 변화와 색채로 흥분된 분위기를 자아낸다. 쿨하스는 아름다운 외관보다는 상징성을 나타내며 경사면, 비대칭성, 무중력 상태 등을 강조한다(사진 2.89, 2.90).

사진 2.89 그랑 팔레(Grand Palais)

사진 2.90 쿤스탈(Kunsthal)

세 번째는 폴리, 즉 베르나르 츄미(Bernard Tschumi)의 어반 폴리이다. 여기에서는 체르니코프의 후기구성주의, 칸딘스키의 미학, 푸코와 데리다로 대표되는 최근 프랑스의 해체가 교차한다. 그의 즐거움에 대한 원리는 매우 일관성이 있다. 그것은 전통적인 규범을 의도적으로 넘어서는 것에서 존재한다. 즉 질서에 대한 관념에 의심을 품고, 통합의 개념을 다시 시도해 보고, 형태주의와 기능주의의 정설에서 탈피하는 것, 즉 건축의 한계를 시험해 보는 것에 존재한다. 형태와 기능, 공간과 사건, 구조의 의미라고 하는 전통적인 전문술어를 변형과 응용이라는 단어로 대치하면서 그 분열과 해체의 성격을 보이는 현재의 상태와 자신을 확고히 연결시키는 것이다. 분열, 대체, 전이와 같은 단어는 그에게는 역사적 순간에 적합한 것으로 보이는 전략을 의미한다(그림 2.20).

마지막으로 피터 아이젠만의 입장으로서, 그는 긍정적 허무주의의 태도를 표

그림 2.20 라 빌레트(la villete) 공원 배치

그림 2.21 웩스너 예술센터

그림 2.22 카네기멜론(Carnegie-Mellon) 연구소

방하면서 표상 그 자체에서 건축의 최종 목표를 찾는다. 아이젠만이 실제 관심을 갖고 있는 것은 중심의 상실, 모더니즘에 내재한 소외, 근본을 상실한 매스, 인종적 동질성의 종말이다. 하지만 이들 주제는 항상 그가 구사하는 수학적 기법에 비하면 두 번째를 차지하는 것으로, 이들은 일련의 변화하는 수사학적 수법 – 비유상의 오용, 자기유사성, 변형 – 을 통해 승화한다. 대체로 그의 건축은 지극히 추상적이다(그림 2.21, 2.22).

해체주의 건축은 완벽하지 않은, 세상 것의, 있는 그대로의 모습을 모델화하지만 어떤 법칙에 묶이지 않는 건축을 말하며, 이것에는 모더니즘의 요소가 존재하지만 모더니즘의 교리를 고집하지 않을 뿐만 아니라 20년대의 전위성을 훨씬 초월하고 있다.

그러나 해체주의에 대한 의문 또한 많다. 우선 해체주의에 대한 이론이 납득하기 어려운 점이 많아 토론이 계속될 뿐만 아니라 건설된 것도 아직 많지 않아 폭넓은 지지를 얻기에는 시기상조이며, 그 특이한 형태성 때문에 건설비용이 올라가는 것이 해체주의 미학에 큰 영향을 미칠 것이다. 해체주의의 형태적인 신비성은 도시적인 배경을 무시하고 하나의 건물을 목표로 한다. 이러한 작품들은 전통적인 도시조직과는 매우 대조적이며 단일 건물을 도시보다 더 중요시하는 경향이 있다.

2.5.3 해체주의 이후의 신경향들

현대는 이제 과거의 단일한 양식(style)처럼 한두 가지의 주된 경향으로 몰아가기에는 무리가 있다. 현대의 새로운 패러다임인 다양성, 다원화, 다중심의 사회를 어떤 특정 부류로 한정시키는 것에 한계점이 있는 듯하다.

우선 현대 신경향들의 출발점은 근대에서부터 탈근대의 과정을 거쳐 현대에 이르는 자연철학적 세계관의 변화에 대한 개관으로 볼 수 있다. 환원주의적 사고를 바탕으로 분석과 종합을 통해 모든 사물이나 현상은 결정되어 있는 존재로 간주하여, 미래를 예측하고자 하는 기계론적 근대과학 및 철학은 모든 존재를 힘과 다양성을 지닌 변화의 유기체로 인식하고자 하였던 라이프니츠와 화이트헤드의 유기체론적 세계관에 의해 극복된다. 이들의 탈근대적 시각은 현대과학의 연구에 영향을 미치며 새로운 자연철학적 세계관을 형성한다.

현대 자연철학의 특성을 크게 네 가지–유기성, 복잡성, 불연속성, 혼돈적 질서 – 로 제시될 수 있는데, 직관주의적 건축 전통이 항상 현실의 한계를 극복하기 위해 건축 타 분야에 관심을 기울여 왔음에 주목하여 볼 때, 언급한 현대 자연철학적 세계관의 특성 또한 건축가 그룹 작품들의 건축화 방식에 큰 영향을 끼쳤다.

그 결과 건축에서는 자연을 외연적으로 은유하거나 건축물 자체를 랜드스케이프(대지 표면)로 형성하는 방식, 또한 건축을 하나의 유기체로 인식하고 주변환경과 긴밀한 상호작용, 상호반응의 관계를 만들거나 연속적으로 일체화된 유연한 유기체 형태를 갖는 건축물을 만드는 경향 속에서 유기성을 발견할 수 있다. 복잡성은 도시의 다양한 상황이나 주변환경이 지닌 맥락을 그대로 인식하고 분석하여 수용하거나 관습적인 환원주의적 범주 구분을 탈피하려는 시도를 통해 건축화되며, 그 외에도 프랙탈 이론의 수학적 개념을 직설적으로 받아들여 자연의 질서를 나타내려는 경향도 있다. 불연속성은 건축에서 주로 주름이나 미로, 접기, 갈라짐의 장치를 통해 표현되는 형태적 불연속으로 나타나는데, 이러한 기법은 더 나아가 공간의 분절과 재결합을 통해 예측 불가능한 상황을 유도함으로써 궁극적으로 새로운 질서와 안정성이 창출되도록 만든다. 이와 같이 급변적 불연속성에 의해 조성되는 새로운 질서가 곧 혼돈적 질서이다.

새로운 현대건축에 있어서 형태를 결정짓는 핵심적인 요인은 건축 자체의 내부 논리와 그 건축이 위치하게 되는 환경이다. 즉 도시의 혼란스러운 흐름, 사람들의 행태, 주변에 놓인 다른 건축물들과 같은 인공적인 환경에서, 그리고 부지의 모양, 자연지형에 이르기까지 복잡한 상태 그대로를 인식하는 작업에서부터 건축이 시작된다. 그리고 개별적이고 이질적인 요소들은 내적논리, 질서를 갖는 긴밀한 얽힘의 관계로 응집시킴으로써 커다란 전체의 하나를 만들어낸다. 본래 합리주의적 사고를 중시하는 서구문화의 특징은 근대 이후의 건축을 논함에 있어서도 합리주의적 사고와 합리성에 대한 판단을 기준으로 만들어진다.

합리주의란 이성에 입각하여 진실을 알아내고 입증하는 원칙을 말하며, 이성적 사고 및 합리주의를 굳건히 지지하고 있는 것이 과학이다. 그러나 프랙탈, 카오스, 급변론 등 현대과학의 이론들은 무질서에서 질서가 탄생함을 알려주고 있으며 이에 따르면 과거의 합리적이라고 여겨져 도외시되었던 비유클리드 기하학의 형태가 이제는 합리성을 지니게 된 것이다.

새로운 합리성은 보편적으로 적용된 도시, 건축의 평준화 현상을 넘어 변별성 있는 특수성에 오히려 더 관심을 가지게 될 것이며, 이는 각각 독립적 시스템을 가지는 층위(layer)들 중 지역적 · 환경적 조건에 의해 적절히 선택된 층위들의 복합적 네트워크의 형태로 드러나면서 차이나 변별성을 획득한다.

과거에는 일정한 속도의 시계바늘 회전궤도 속에서 하나하나 전개되고 진보해 나아갔지만 이제는 모든 것이 급변하는 시기이다. 최근에는 유비쿼터스라 하여 홈오토메이션 기능이 설치된 아파트나 사무실 등이 속속 모습을 드러내고 있다. 누구도 인식하지 못하는 상황에서 새로운 시대가 빠르게 전개되고 있다. 유비쿼터스의 한계는 없는 듯하다. 인터넷으로 개별세대의 TV, 세탁기, 전자레인지, 커튼, 수도, 출입문, 환기, 난방, 냉방시스템을 제어할 수 있고 외출 시에도 PC, 유선전화, 휴대폰, PDA 등을 이용하여 각종 정보공유는 물론 세대 내에 설치되어 있는 각종 장치들을 제어할 수 있다. 다시 말하면 방안에서나 외부에서나 버튼 하나면 현관에 누가 왔는지 확인하여 문을 열어주고 집 밖에서도 집안의 모든 상황을 통제 · 제어할 수 있다. 그리고 인체에 칩을 삽입하면 출입문, 엘리베이터의 버튼 등을 누를 필요도 없다. 심지어는 좌변기에 앉으면 건강상태까지도 체크하여 의료진의 관리를 받는다.

이제는 과거, 현재, 미래라는 일련의 시간적 축이 그 시대의 지역적 · 공간적 제약을 넘어, 어제는 과거이고 오늘의 오후가 곧 미래이며, 세계는 단일공간화 되어가고 있다. 칼비노(I. Calvino)는 "six memos for the next millenium" 이란 논술에서 새로운 천년의 특질을 가벼움(lightness), 빠름(quickness), 정확성(exactitude), 가시성(visibility), 다중성(multiplicity), 그리고 지속성(consistency)이라고 말하고 있다. 따라서 문화 역시 이미지 중심의 단면성이 문화적 현상의 중심에 자리잡게 되고, 이에 따라 생활의 획기적인 변화를 가져오게 될 것이다. 이러한 맥락에서 전통적으로 분화되어 온 건축, 도시의 전문영역들 역시 그 궤를 달리 하지 않을 것이라는 새 시대에 대한 메시지를 전달하고 있다.

해체주의 이후의 다양하고 복잡한 건축의 여러 경향들을 정리된 틀에 넣어 확고히 언급하기에는 아직 시기상조이지만, 다음 두 가지에 대해 언급하고자 한다. 첫째는 건축의 고정적인 틀에서 벗어나고 있는 비정형 건축이며, 둘째는 지구의 온난화 등 지구환경의 급격한 변화에 따른 친환경건축이 그것이다.

1) 비정형 건축

① 비정형 건축의 정의

디지털 기술이 건축에 도입됨에 따라 과거 마스터 빌더의 역할이 다시금 건축가에게 부여되고 있다. 고전 건축시대에는 건축가가 시공자, 기술자, 과학자의 역할을 수행하였고, 실제 건축 전반의 모든 영역에서 지휘권을 갖고 있었다.

산업혁명 이후에는 기술과 재료의 발전으로 대량생산이 이루어졌고 건축에도 생산의 표준화, 분업화가 이루어지면서 건축 프로세스가 설계자와 시공자 사이에서 선형적인 과정을 통해 이루어지다 보니 설계의도가 그대로 건축에 반영되기가 어려웠다. 특히 이러한 문제는 비정형 건축의 경우 더욱 심했으며, 이를 최소화하려다 보니 디자인이 단순 입방체의 형태를 띠게 되었다. 엔지니어들의 구조기술과 대량생산부재로 인해 건축설계와 계획이 제한을 받기도 하였다.

이러한 문제는 컴퓨터를 이용한 디지털 기술이 발전하면서 해결되기 시작하였다. 건축의 전 과정에 컴퓨터가 사용되면서 설계와 생산, 시공에 걸쳐 디지털 데이터가 공유되고 이로 인해 기존 건축현장에서 불가피하게 발생하던 디자인의 왜곡이나 변형이 점차 해결되었다.

건축설계사무소와 엔지니어링에 컴퓨터 사용이 보편화되면서 CAD(Computer Aided Architectural Design)는 디자인 미디어로서 두각을 나타냈으며, 점차 복잡한 비정형의 디자인도 가능하도록 발달하게 되었다.

디지털 기술의 발달로 인해 종이에서 공간을 다루던 설계자들의 한계를 뛰어넘을 수 있는 도구가 생겨났고 건축가들의 제한적 직관이나 상상력을 초월하여 표현하기 힘든 물리적 · 수학적 부분을 디지털 매체들이 지원할 수 있게 되었다. 이러한 환경은 인간의 자유로운 논리를 펼칠 수 있는 가상의 공간을 설계자에게 제공해줌으로써 비정형 형태의 건축물을 보다 편리하게 디자인할 수 있게 되었다. 또한 공간구성 방법의 변화를 가져와 직각체계를 탈피한 바닥, 벽, 천장 등의 구분이 없는 자유로운 공간의 디자인이 등장하게 되었다.

② 비정형 건축의 특징

먼저 일반건물과는 다르게 비정형 건축물은 외부형태가 불규칙적이어서 외부를 형성하는 곡면을 표현하기 어렵다. 기존의 정형 구조물을 설계할 때에는 초기계획단계에서 건축가는 직관적인 구상만으로 공간계획을 할 수 있었지만, 비정형의 형태를 갖는 건물에서는 건축가의 구상만으로 공간을 파악하거나 계획할 수 없게 되었으며 비정형 외피를 물리적으로 표현하기 위해서도 디지털 매체의 도움 없이는 어렵게 되었다.

둘째, 디지털 건축가들은 기하학적인 수직 · 수평의 공간을 탈피하여 비기하학적인 형태를 갖는 건축물을 디자인하게 되었다. 자연적으로 진화하는 다차원 공간을 창출하기 위해 노력하였으며, 결국 내부공간은 바닥 · 벽 · 천장의 구분이 없는 공간과 내부 윤곽의 파악이 어려운 공간형태가 만들어지게 되었다.

셋째, 유연한 외피를 표현하기 위하여 내부구조물들은 표피를 따라 골격이 움직이는 특징을 갖게 되었다. 구조물은 외부곡면을 재현하기 위하여 내부구조는 외부형태를 지지하는 1차구조물과 2차구조물로 복잡하게 연결되어 원하는 외형을 만들면서 내부계획 의도와는 다르게 내부가 복잡한 구조물로 들어차게 되는 한계를 보여주기도 한다(사진 2.91, 92).

사진 2.91 구겐하임 빌바오미술관, 프랭크 게리

사진 2.92 동대문 디자인플라자, 자하 하디드

2) 친환경건축

디자인의 유형으로 분류할 수는 없으나 최근 이 시대에서 지속가능하고 친환경적인 건축이 아니고서는 건축을 설계할 수 없을 정도로 보편화되고 당연시되었다. 이는 전 세계적으로 탄소배출량 규제와 에너지 절감 이슈에 따라 에너지 소비량의 40% 정도를 구성하는 건축물의 신축에 법적 규제가 점점 더 강화되고 있기 때문이기도 하다.

① 친환경건축의 정의

친환경건축은 지속가능한 건축, 생태건축 등과 비슷한 의미를 지닌 용어로서, 자연환경과 조화되며 자원과 에너지를 생태학적 관점에서 최대한 효율적으로 이용하여 건강한 주거생활과 업무가 가능한 건축을 말한다.

친환경건축의 목적은 첫째, 자원과 에너지 절약과의 순환이다. 건축물의 생산과 유지관리에 필요한 에너지와 자원의 수요를 최소화하고 순환 · 활용하는 것이 초점이 되며 자연, 물 순환체계와 재생가능한 자원을 우선적으로 활용하며, 태양에너지, 실내기후 조절, 식생을 이용한 에너지 활용 등을 이용한 건축이다.

둘째, 자연환경과의 조화이다. 자연경관과의 유기적 연계는 환경부하의 절감, 생물 서식환경과 건축환경과의 조화를 의미하는 것으로 물리적 · 생물학적 측면을 포함한다. 따라서 공기의 오염, 폐열, 폐기물, 폐수량을 줄이고 토양의 포장면적 최소화, 대지 주변에 다양한 종의 동식물 서식이 가능하도록 배려하는 것을 주안점으로 한다.

셋째, 건전한 주생활이다. 이는 건축의 궁극적인 목표로서 협의로는 건축물을 주변환경과 어우러지게 배치하는 것이다. 이를 위해 자연조건과 에너지효율을 고려한 입지 선정, 배치, 건물형태, 재료 선택, 건물 내외부의 기능 연계, 생태계와의 연계 등이 중요하게 고려되어야 한다. 그러나 보다 적극적인 광의로는 인간의 사회 · 심리적 욕구의 충족을 포함한다.

② 친환경건축의 특징

- 에너지 순환체계

  신재생 에너지를 위주로 한 저소비형 건축계획과 미기후를 이용한 냉난방 설계기법 등이 요구되며 단열성, 조습성 등의 효율 증대가 요구된다. 대표적인 방법으로 태양전지를 이용한 외피시스템, 태양열을 이용한 공조시스템 등이 있다(사진 2.93).

- 건축재료적 순환체계

  자연순환적 재료 채택 및 재료생산과 운송 사용 중에 산업에너지를 최소화할 수 있는 재료가 선정된다(사신 2.94).

- 녹지순환체계

  내 · 외부 녹지체계의 통합과 소생태계(비오톱) 구성이 요구되는 설계, 광역 녹지체계와의 연계성 등을 고려한 조경계획이 필요하다(사진 2.95).

- 수순환체계

  물의 공급과 처리는 자연의 순환체계와 연관되어야 하며, 빗물과 오수를 분

사진 2.93 태양광주택

사진 2.94 에코 스테이션

사진 2.95 오사카 시립 센트럴경기장

사진 2.96 환경과학국제센터 : 일본

리시켜 재사용 설비시스템으로 전환하고 외부공간의 우수침투를 유도하여 수순환체계를 확립한다(사진 2.96).

• 대기순환체계

대기와 토양에 부담을 주지 않는 범위 내에서 재료와 시공방법을 채택하고, 에너지 소비에 의한 CO_2 발생을 억제할 수 있는 계획이 요구되며, 내외부에서 식물을 통한 자연적인 공기생산체계를 만들 수 있는 설계가 필요하다.

Chapter 3

건축의 종류

Chapter 3 건축의 종류

3.1 주거관련 건축

3.1.1 주거 개요

우리 생활에 필요한 의식주 가운데 주(住)기능의 하나인 주택은 우리의 생활과 가장 관계가 깊은 건축물이다.

주거는 인류가 가장 필요로 하는 생활장소인 동시에 건축문화의 시조(始祖)라 할 수 있다. 또한 주거는 보다 향상된 생활을 영위하기 위한 인간의 욕구를 충족시켜 주는 가정생활 장소로서, 그리고 외부로부터의 침해를 방지하는 안식처로서 일상생활의 아름다움과 즐거움을 주는 인간 존재의 근거지인 동시에 인간활동을 원활하게 하고 정신적 · 육체적 활력소를 공급하는 기계와 같은 역할을 하는 곳이다.

인간의 생활은 시대, 장소, 민족 등에 따라 차이가 있으며 주택은 시대의 변천에 따라 국민문화와 더불어 발전되고 진화되어 왔다고 할 수 있다. 생활필수적인 주거가 현대에는 도시의 인구집중과 핵가족화, 지가의 상승, 지역편차 현상이 심화되고 있어 사회문제로도 대두되고 있다.

현대의 주택을 개괄하여 본다면 가족의 휴식과 영양섭취, 생식 등의 육체적인 1차적인 욕구와 단란, 유희, 공부, 사색 등의 정신적인 2차적 욕구를 충족시키기 위한 공간이라 할 수 있다. 또한 이러한 공간 외에 이들을 간접적으로 보완하는 목욕과 신체단장을 위한 곳, 식사, 세탁과 같은 가사노동을 하는 곳 등 여러가지 보조공간을 갖는다.

3.1.2 주거계획의 기본방향

1) 생활의 쾌적함 증대

생활수준이 향상됨에 따라 모든 가족구성원은 문명이기의 혜택을 받게 되었으며 건강하고 쾌적한 인간 본래의 생활을 더욱 요구하게 되었다. 또한 정신적 안정과 생활의욕을 고양시킬 수 있는 분위기 조성이 필요하게 되었다.

2) 가사노동의 경감을 위한 동선

현대사회에서 합리적인 가정생활을 영위하기 위해서는 가사노동을 단축해서 주부의 부담을 경감시켜야 한다. 이를 위해서는 동선체계와 이에 따른 공간의 배치가 중요하다.

3) 가족의 화합 및 프라이버시 확립

주택은 주부중심이면서도 가족관계 구성원의 주택이기도 하다. 따라서 가족 전체의 단란과 함께 구성원 각자의 프라이버시도 확보되어야 한다.

4) 유동적 공간

가족의 성장에 따라 고정된 공간이 아닌 유동성 있는 공간으로의 변화를 꾀할 수 있는(flexibility) 합리적인 공간의 요구가 필요하다.

3.1.3 한식주택과 양식주택

우리나라의 전통적인 한식주택은 일상생활이 좌식생활에 적합하게 되어 있고 양식주택은 입식생활에 편리하게 되어 있다.

한식주택은 각 방에서 마당의 출입이 자유로울 수 있게 구성되어 있고 방에는 가벼운 문으로 구획되어 있다. 필요에 따라 문을 트면 하나의 큰 공간으로 사용할 수 있어 하나의 공간이 취침, 응접, 식사 등 생활하는 시간의 변화에 따라 다용도로 사용할 수 있다. 그러나 공간의 독립성은 약하다. 반면에 양식주택은 개인의 생활공간이 보호되고 각 방의 용도가 분명하며 공간적으로 독립된 기능을

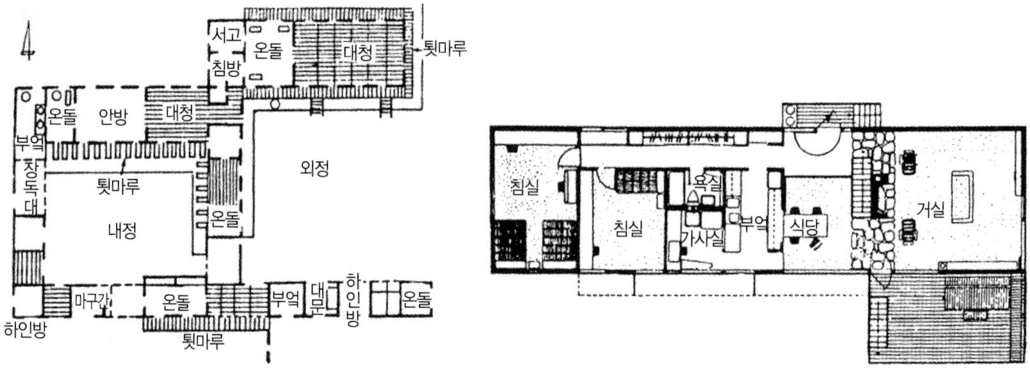

그림 3.1 한식과 양식 평면의 비교

갖는 만큼 많은 면적이 소요된다.

또한 한식주택은 식침(食寢)의 미분화(未分化), 바닥에서의 평면적 생활동작과 작업 등을 들 수 있는 반면에 공간의 전용성(轉用性)과 공간의 수용능력 조절, 그리고 가구류의 설치규모 축소에 따라 입식생활과 동일한 공간기능을 발휘하면서도 방의 규모를 축소시킬 수 있는 장점이 있다. 한편, 양식주택은 이와 반대되는 개념이라 할 수 있다.

그런데 우리의 생활양식이 시대와 환경에 따라 변화되는 것처럼, 주거관이나 생활습관도 좌식생활이 불가피한 점을 고려하여 현대주택에서는 한식과 양식의 절충형으로 나타나고 있다. 대개 침실은 온돌로 된 좌식과 침대생활이며 주방 및 식당은 가사활동이 편리한 입식생활이 되고 거실은 좌식과 입식이 혼용되고 있다(그림 3.1).

3.1.4 일반계획

1) 동선과 공간구성

동선은 일상생활의 움직임을 표시하는 선이며, 동선의 요소에는 빈도 · 속도 · 하중의 세 가지가 있다. 개인, 사회, 가사노동권의 3개 동선이 서로 간섭되지 않아야 한다. 동선이 혼란스러우면 생활권의 독립성이 상실된다.

침실과 같은 사적생활 구역과 거실, 식당과 같은 공동생활 구역을 분리하여 각각의 독립성을 유지하게 하고, 그 사이에 주부가 가장 많이 사용하는 가사공간 구역을 삽입하는 것이 일반적이다. 사적공간 내에 침실과 관련이 높은 위생공간과 드레스 룸을 두고 외부인이 사용하는 응접공간은 현관과 연결시킨다. 세탁실과 부엌, 욕실은 서로 인접시키는 것이 좋은데, 상하수도를 위한 설비공간을 집중시킴으로써 시공 및 유지관리의 편리성을 도모하기 위한 것이다.

2) 향에 따른 배치

재실시간이 길고 일조와 통풍이 양호해야 하는 거실과 침실은 남향이나 동향으로 하고 작업공간이나 위생, 수납과 같은 일조의 필요성이 적은 공간은 북향이나 서향으로 배치한다. 하지만 우리나라의 경우 남향에 대한 절대적인 집착 때문에 주거의 획일성을 초래하였고 주거계획에 부정적인 영향을 끼쳤지만, 요즘에는 조망이 더 중요시되는 추세여서 비록 향이 좀 불리하더라도 조망이 좋은 쪽에 거실이나 침실을 배치하는 경향이 강하다. 또한 가장 오래 집에 머무는 가정주부를 고려하여 주 생활공간인 부엌과 식당 존을 남향으로 배치하는 경우도 있다.

3.1.5 주거 건축의 종류

1) 단독주택

1호의 주거 1동이 단층 또는 중층으로 구성된 단일건물을 말한다. 가족구성에

사진 3.1 뉴 맨우드 주택

사진 3.2 슈투트가르트 주택

적합한 옥내공간과 독립된 정원 및 옥외공간을 갖고 있으므로 주거로서 가장 이상적이라 할 수 있다. 건물은 이웃과 거리를 두고 배치되므로 프라이버시가 좋고, 건물 주위에 공지를 확보하기 때문에 일조와 통풍이 양호하며 각 실의 자연에 대한 개방도를 높일 수 있다(사진 3.1, 3.2).

2) 연립주택

연면적 660㎡를 초과하는 4층 이하의 주택으로 2호 이상의 주호가 2동 이상 연속되어 결합된 건물을 말한다.

연립주택은 단독주택에 비해 토지 이용률이 높고 공사비 및 유지관리비 절감을 도모할 수 있기 때문에 서민들의 주거보급률을 높이려는 취지로 많이 지어졌다. 노후화된 많은 단독주택들이 밀집한 지역이 연립주택으로 탈바꿈하였으나 외부공간의 부재, 주차공간의 협소로 인해 주거단지로서의 쾌적한 환경을 상실해 가고 있다. 이와는 반대로 최근에는 빌라라고 하여 건물 내·외부는 물론 주차와 조경 부분까지 차별화된 단지화, 고급화, 대형화한 형식이 많이 나타나고 있어 대조를 보이고 있다(사진 3.3, 3.4).

사진 3.3 70, 80년대 연립주택

사진 3.4 판교 월든힐스

3) 다세대 주택

연면적 660㎡ 이하, 4층 이하의 주택으로 19세대 이하의 세대수로 구성되며, 2호 이상의 주호가 2동 이상 연속되어 결합된 건물로 단독주택과 연립주택의 중간형이라고 할 수 있다. 다세대주택은 도시지역에서 한 가족이 살 수 있는 주거공간의 일부를 임대해서 사는 세대가 많다. 이들은 대개 임대부분의 주거환경이 하나의 세대가 정상적으로 생활을 영위할 수 있는 주거조건을 갖추기가 어렵다

사진 3.5 디자인된 다세대주택

는 점과 그만큼 주택의 부족현상이 심각하다는 점을 감안하여, 한정된 작은 토지를 유용하게 활용하면서도 주거조건을 갖춘 1가구용 소규모 주거를 하나의 건물 속에 여러 개 집합시켜 주거의 질적 수준을 높임과 동시에 주택의 공급을 증가시킬 수 있다는 데 새로운 주거형식으로서의 의의가 있다(사진 3.5).

다세대주택은 좁은 대지 내에 여러 가구가 모여 살기 때문에 대문, 현관 등 출입동선의 혼란 방지와 프라이버시 유지가 중요한 문제이다. 연립주택과 비교하여 상대적으로 규모가 작기 때문에 좁은 대지를 유용하게 활용할 수 있는 장점이 있지만, 자칫하면 환경이 열악해질 수 있다.

4) 다가구주택

주택으로 쓰이는 층수가 3층 이하이며 1개층의 면적이 660㎡ 이하인 주택으로 소유주가 하나인 단독주택의 확장된 개념의 주택이다. 지난 90년에 정부가 도시주택난을 완화하기 위해 도입한 주택형태이다.

분양이 아닌 임대전용이며 주택 내 가구수가 2~19가구로 제한된다. 그러나 건축법상 단독주택에 포함되기 때문에 각 가구별로 구분등기가 불가능하여 각 가구를 분리해 사고 팔 수 없으며 건물 전체단위로만 매매가 가능하다. 각 가구별로 별도의 방과 부엌, 화장실, 독립된 출입구를 갖춰야 한다(사진 3.6).

사진 3.6 이태원 다가구주택

5) 아파트

5층 이상의 건물에 여러 개의 단위주호를 복도, 계단실 또는 엘리베이터 홀과 같은 공용공간에 연결시켜 배치하는 공동주택을 말한다.

평면형식에 따라 계단실형, 편복도형, 중복도형, 타워형이 있다. 계단실형은 계단 또는 엘리베이터 홀로부터 직접 단위세대로 들어가는 형식으로 프라이버시가 양호하며 각 실의 통풍과 일조가 좋다. 편복도형은 공용복도로 인해 프라이버시가 침해되기 쉽지만 이웃 간에 친교할 수 있는 기회가 많다. 중복도형은 대지의 이용률이 높지만 채광, 통풍이 불리하며 프라이버시가 나쁘다. 타워형은 대지 이용률이 높고 조망권이 좋지만 채광, 통풍이 불리하다.

아파트에서 파생된 또 하나의 주거형태는 주거시설과 상업시설이 결합된 주상복합아파트이다. 아파트는 주거지역에서만 가능한 반면 주상복합아파트는 상업지역에서도 가능한 주거이다. 상업지역은 높은 지가를 형성하고 있으나 상대적으로 높은 용적률이 허용되기 때문에 고층화를 통해 주거의 밀도를 최대한으로 높일 수 있다. 또한 상업지역에 주거지역을 형성시킴으로써 도심공동화현상을 방지할 수도 있다(사진 3.7).

사진 3.7 타워팰리스

아파트는 주거의 종류 중 토지이용률이 가장 높고 상하수도, 전기, 가스 등의 공동화로 공사비와 유지관리비 절감을 기할 수 있는 장점이 있다. 또한 옥외공간을 크게 확보할 수 있어 공동놀이터, 운동시설, 주민공동시설 등 여가활동에 필요한 실들을 주거 가까이에 둘 수 있다. 반면에 단위주호가 밀집해 있으므로 프라이버시 침해의 우려가 있고 동간 배치상 일조와 조망이 나빠질 수 있다.

사진 3.8 판상형 아파트

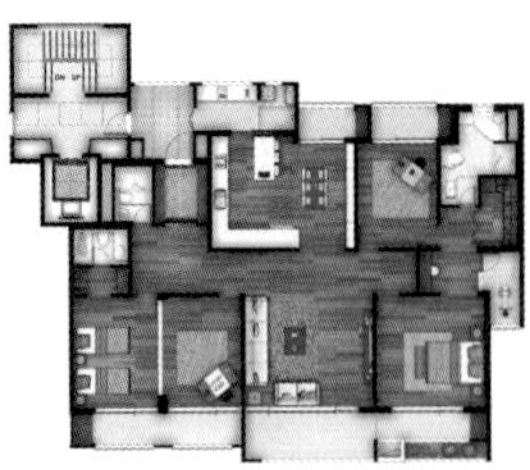

그림 3.2 최근 아파트 평면 예

그림 3.3 타워형 아파트

각 주호는 지면과 떨어져 있기 때문에 단독주택에서와 같은 옥외생활공간의 활용이 불편하므로 거실에 붙여서 발코니를 설치하거나 부엌 또는 다용도실에 붙여서 가사작업용 서비스 발코니를 설치함으로써 준외부공간을 확보해야 한다. 단위주호의 공간구성에 있어서 개인용과 위생공간을 제외한 가족 공용공간의 설비 정도를 고급화하여 오픈 스타일로 구성하면, 동선기능에 유리하고 면적규모와 공사비를 축소시킬 수 있는 효과를 얻을 수 있다(사진 3.8, 그림 3.2, 3.3).

3.2 상업관련 건축

상업건축은 수익을 얻기 위해 만들어진 건축으로 이러한 건축의 제1차적 목표는 수익성에 있다. 따라서 사람이 많이 다니는 대로변이나 도심지역에 밀집되어 있다. 그리고 사람의 주의와 관심을 끌기 위해 고층화, 대형화, 고급화, 차별화되는 경향을 나타낸다. 최근에는 외국의 건축가에게 설계를 의뢰하여 기존의 디자인과 다른 차별화와 브랜드화를 꾀하는 경향이 늘어나고 있다.

상업건축의 대표적인 예로는 사무소, 은행, 백화점, 쇼핑센터, 호텔 등 대형화된 것과 음식점, 상점, 각종 위락시설 같은 근린생활시설을 갖춘 중 · 소형화된 것이 있다.

3.2.1 사무소 건축

사무소 건축은 투자의 규모가 크므로 효과적으로 기능을 발휘하여 소유주에게 투자에 대한 합리적 보상이 이루어지도록 계획되고, 장기간에 걸쳐 수익성이 확보될 수 있도록 설계되어야 한다.

사무소 건축은 관리상 전용사무소와 임대사무소로 구별된다. 전용사무소는 완전한 자기전용 사무소로 (관청도 이에 속한다) 각종 기업들의 소유인 대형 사무소가 있으며 민간에서는 저층의 중 · 소규모 사무소가 많다.

임대사무소는 사무실을 임대해 주기 때문에 임대자들의 편리성이 보장되어야 한다. 대부분 교통이 편리한 대로변이나 상업중심지구(CBD)에 세워지므로 이러한 지구는 지가가 비싸 건물이 고층화되는 경향이 많다. 또한 건축물의 높이가 고층화되기 때문에 사람의 통행이나 모든 설비시설이 수평방향보다는 수직방향으로 생기게 된다. 엘리베이터, 계단, 화장실 및 관련 설비, 전기 샤프트를 한데 모은 부분을 코어(core)라 부르며 이런 시설들을 한 곳에 집약시키고 임대공간의 면적과 일조, 통풍, 조망을 최대한 확보하려고 한다. 사무실 설계는 이 코어의 설계에 따라 질적으로 차이가 많이 나는데, 효율적인 코어의 설계를 통해 쾌적한 전용사무공간 확보가 가능해지며, 기타 동선에 큰 영향을 주기 때문에 전문적인 접근이 필요하다(사진 3.9). 또한 건물의 규모가 크기 때문에 법적으로 공개공지를 확보해야 하는 경우가 많아, 이 공간들이 도심지역에서 시민들에게 휴식의 공간으로 제공된다.

사진 3.9 도심의 대형 오피스

최근에는 외관 디자인에 신경을 쓰는 건물이 늘고 있다. 건물의 규모가 크고, 대개는 대로변에 세워지므로 외관이 도시경관에 미치는 영향이 크다. 고층건축물이 밀집되는 도심에서는 다른 건물들과 구별되는 독창적이고 차별화된 형태가 점점 더 요구된다. 현대 도시에서는 기업의 사옥인 경우에는 건물 자체가 하나의 기업 이미지화되는 경향이 나타나고 건물 자체가 사람들에게 거리의 방향감각을 도와주는 역할을 하기 때문에 위치와 디자인이 중요시되고 있다. 과거와 달리 최근에는 외관을 거의 커튼월 시스템으로 하는 경우가 대부분이며 시대가 변함에 따라 이 커튼월 또한 빠르게 발전하고 있다. 단순한 유리패널에서 이제는 모든 요소 하나하나가 디자인되고 초고층 사무소의 경우에는 바람의 영향을 고려한 커튼월 시스템이 적용되므로 과히 첨단과학의 집약체라고도 할 수 있다.

사진 3.10 강남 포스틸 사옥

우리나라의 경우 사무소 건축설계로 유명한 미국의 KPF사가 설계한 강남 포스틸(Posteel) 사옥은 테헤란로의 많은 사무소군 속에서 또 다른 강한 이미지를 보여준다. 도로에 면한 파사드는 깎아지른 듯한 사선에 의해 상승감을 부각시키며 사람들의 시선을 끌고 있다. 입면을 사선에 의해 양분하면서 방향에 따라 서로 다른 모습을 표현해내고 있으며, 그 사선의 정점에는 헬리포트가 설치되어 상승감을 고조시킨다(사진 3.10). 삼성동에 위치한 현대산업개발 사옥은 다니엘 리베스킨트의 해체주의적 냄새가 풍긴다. 이 현대산업개발이 신사옥 '아이파크타워'는 겉보기에는 낙서 같은 기하학 문양들이 빌딩 전면에 노출되어 있으며,

사진 3.11 강남 현대산업개발 사옥

창호부에 해당하는 원형 부분과 우측 하단에서부터 건물 내부를 사선으로 관통하는 디자인을 쓰고 있는데, 이것은 수학에서 나오는 원과 접선을 상징화하고 있다. 건축가인 리베스킨트는 이를 "땅과 하늘을 연결하는 의미를 담고 있다."라고 밝히고 있다(사진 3.11). 두 건물 모두 이제는 더 이상 직육면체의 오피스 시대는 지나갔으며 기능성이 가장 우선시되어야 할 오피스도 기능뿐만 아니라 개성을 뿜어내는 도심의 주요 건축물로써 변모하고 있는 것이다.

3.2.2 은행 건축

은행은 금전 또는 유가증권에 관계를 갖는 모든 사람에게 여러 가지 제도에 의해 봉사하는 기관이다. 그 업무는 본래 예금, 대부, 지불결재, 증권거래, 상담 및 재산관리 등으로 사회에 공익을 제공하는 업무를 통해 이윤을 추구하는 일종의 공익성 상업건축이라고 할 수 있다. 은행 업무는 능률적으로 신속하게 처리할 수 있는 동시에 고객에게는 신뢰감과 안정감을 주도록 세심한 배려를 해야 하는데, 계획 시 유의할 사항은 다음과 같다(사진 3.12~14).

① 위치는 교통이 편리하고 눈에 띄기 쉬우며 상점가나 번화가에 접하고 있는 곳이 좋다.

② 고객에 대한 서비스가 기본이므로 고객이 편리함과 편안함을 느낄 수 있도록 최선의 시설을 갖추고 냉난방장치와 채광, 조명 등의 설비를 이용하여

사진 3.12 포스코뱅크

사진 3.13 중국은행

사진 3.14 홍콩상하이은행

쾌적한 환경을 조성하도록 한다. 그리고 심리적 안정감을 갖게 하기 위해 넉넉한 넓이의 객장에 안락하고 여유 있는 소파를 비롯한 시설과 실내 조경을 한다.

③ 건물의 외관은 신뢰감을 자아내도록 품위 있고 현대적인 감각을 갖도록 한다. 특히 외장재는 내구성이 높은 재료가 사용된다. 도심이나 상업지역의 경우 많은 오피스 건축물과 함께 건물의 외관은 기념성이 강한 디자인으로 하는 경우가 많다.

④ 휴일에도 고객의 서비스를 위한 자동인출, 자동예금의 기능이 365일 가능하도록 기계장치가 되어 있어야 하며, 이 경우 본장과 자동인출 영역 간의 동선적 분리가 필요하다. 도심에서는 극심한 교통난으로 인해 차를 탄 채로 은행 업무를 볼 수 있는 드라이브 인 뱅크도 필요하다.

⑤ 무엇보다 도난, 화재, 침수 같은 재해에 대한 안전시설이 필수이다. 건축 구조뿐 아니라 각종 기계적 안전장치를 설치하여 안전에 대한 최대의 조치를 강구해야 한다.

3.2.3 백화점 건축

백화점은 영업을 통하여 고객에게 봉사하고 편리함을 도모하며 고객과 더불어 공동이익을 추구하는 이념 아래 고객에게 만족을 주는 곳이어야 한다. 그 안에서는 많은 고객을 맞아들여 되도록 많은 상품을 파는 것이 목적인만큼 건물의 외관부터 상업적 가치를 필요로 한다. 즉 항상 신선한 감을 주고 화려한 모습을 과시할 필요가 있다.

사진 3.15 갤러리아 백화점

사진 3.16 미국 메이시 백화점

사진 3.17 영국 헤롯 백화점

사진 3.18 바니스 뉴욕의 디스플레이

백화점은 상업건축 가운데 가장 변화하며 사람의 움직임이 많은 건축물이므로, 무엇보다 교통이 편리하고 접근이 용이해야 한다.

사람들은 상품을 고르거나 구경하기도 하고 때로는 쉬기도 하므로 항상 여유공간이 있어야 한다. 엘리베이터나 계단은 백화점에서는 부적합하며 많은 사람이 계속해서 위 · 아래층으로의 수직적 움직임을 위해서는 에스컬레이터가 적합한데, 에스컬레이터는 수송량이 많아 엘리베이터의 10배 이상의 용량이 필요하다. 특히 수직이동 시 매장이 한눈에 보이기 때문에 고객으로 하여금 구매욕구를 자극시킬 수 있다. 엘리베이터는 목적한 장소로 직행하는 사람에게만 필요하기 때문에 보조기능을 갖는다.

백화점에서는 고객의 구매심리를 고려하여 상품을 진열하고 고객의 흐름을 원활히 하여 매상이 많이 오르도록 고려해야 한다. 예를 들면 1층은 상품 선택에 시간이 걸리지 않는 소형 상품과 잡화, 오며 가며 관심을 유도하는 화장품류, 2~3층에는 비교적 시간은 걸리지만 많은 사람이 찾는 여성의류 등을 두며, 4~5층에는 이와는 차별화된 남성의류나 아동의류를, 6층 이상에는 넓은 공간을 차지하고 찾는 사람이 많지 않은 가구류나 가전제품류를 둔다.

백화점은 2층 이상의 외벽에는 거의 창이 없다. 상품진열을 주로 하며 햇빛을 피하고 고객이 쇼핑에 집중할 수 있게 하기 위함이다. 그러나 정전이나 화재 때의 비상용 개구부 정도의 창을 만드는 것이 일반적이다.

접객 부분은 밝고 편안하게 냉난방설비 및 방화설비도 갖추고 새로운 상품임을 암시하는 참신한 감각의 디자인이 이루어져야 한다. 이를 위해서 판매장은 영구적으로 고정된 디자인이 아니라 2~3년마다 새롭게 바뀔 수 있도록 배려할 필요가 있다.

최근에는 판매뿐만 아니라 문화센터, 전시, 공연 등을 통하여 고객 유치에 더욱 힘을 기울이며 역사(驛舍) 주변에 위치한 백화점은 몰의 성격으로까지 확대되고 있다. 우리나라의 경우 영등포 역사에 위치한 롯데백화점이나 잠실역에 위치한 롯데 잠실점의 경우가 몰의 성격으로까지 확대된 사례이다.

한편, 백화점의 판매장 및 접객시설은 많은 수의 사람이 모이는 곳이므로 그들을 위해서는 화재 및 기타 비상시의 피난방법과 재해대비계획 등이 고려되어야 한다(사진 3.15~18).

3.2.4 호텔 건축

우리나라 숙박시설은 크게 호텔과 여관으로 분류된다. 호텔과 여관의 구별은 명칭에 따른 것이 아니라 시설내용과 그에 수반되는 경영방식에 따라 구분하고 있다.

호텔은 여행자에게 안락하고 편리한 환경을 제공하며 수익을 올리는 고급 상업건축이다. 호텔의 구비조건은 로비와 식당을 두고 중앙난방의 설비와 객실에는 자유로운 목욕시설을 갖추고 있어야 한다.

호텔은 지역과 위치에 따라 시티 호텔과 리조트 호텔로 나누어진다. 시티 호텔은 교통 및 상업의 중심지인 도시에 위치하여 일반 관광객 외에 상업, 사무 등 각종 비즈니스를 위한 여행자에 대한 최대한의 편의를 제공하는 시설을 갖추고 있다. 리조트 호텔은 각종 관광지에서 관광객을 대상으로 하고 있으며, 대부분이 광대한 공공공간(public space)을 갖추고 있다.

사진 3.19 버즈 아랍(Burj Arab) 호텔

사진 3.20 주메이라 비치(Jumeirah Beach) 호텔

사진 3.21 San Re 호텔

사진 3.22 포시즌(Four Seasons) 호텔

현대의 호텔은 숙박뿐만 아니라 연회장, 예식, 고급 레스토랑 등의 공간과 베이커리, 기념품 등의 다양한 공간이 배치되어 숙박객 외의 사람들이 활용할 수 있도록 되어 있다. 한때 호화 예식이 문제가 된 적이 있었고 몇 년 전부터 연예인을 비롯한 정재계 자녀들의 예식장소로 각광을 받고 있는 이유는 최고급이라는 이미지와 그에 걸맞은 시설과 서비스가 제공되기 때문이다. 최근에는 국제적 행사와 각종 세미나, 콘서트 등을 많이 하고 있다.

호텔의 저층부는 위와 같은 숙박 이외의 용도로 사용되며 상층부는 객실이 배치되는데, 도심 호텔의 최상층은 스카이라운지라 하여 고급 레스토랑이나 바 등이 위치하여 전망과 분위기를 찾는 고객의 욕구를 만족시켜 준다.

호텔의 외관은 객실창이 디자인의 주조가 되는데, 최근에는 전부 커튼월로 마감한 경우도 많으며 호텔 내부는 최고급 자재의 마감재와 가구재를 사용하여 고객에게 특별함과 만족감을 느끼게 한다(사진 3.19~3.22).

3.3 교육관련 건축

교육과 관련된 건축으로 가장 보편적인 것이 학교이다. 초등학교부터 중학교, 고등학교, 대학교는 각각의 특징과 기능이 조금씩 다르다. 이와는 별도로 유아들을 대상으로 하는 어린이집과 유치원이 있다.

3.3.1 학교

학교는 학생들 통학구역의 중심에 위치해야 하며, 교통의 요로(要路)나 번화가의 소음에서는 되도록 멀리 해야 한다. 따라서 주로 주택가 주변이나 아파트 밀집지역에 위치한 경우가 많다.

학교의 배치계획은 교사, 체육관, 교정, 코트 등 각각의 환경을 잘 확보하는 것이 중요하며 부지형태나 규모, 각 교사의 위치와 상호관계, 주변에 대한 영향, 접근 등이 검토되어야 한다. 배치계획상으로 폐쇄형, 분산병렬형, 집합형, 클러스터형으로 나뉜다.

사진 3.23 이우학교

학교 운영방식에 따라서는 종합교실형(U형), 일반+특별교실형(U+V형), 교과교실형(V형), 플래툰형(P형), 달톤형(D형), Open School형이 있다.

초등학교, 중학교, 고등학교의 배치계획에 대한 원칙은 학년단위로 구성하는데, 저학년 블록과 고학년 블록으로 나누어 위치를 선정한다. 초등학교 저학년은 U형, 초등학교 고학년은 U+V형이 효과적이다.

학교는 크게 교사동과 강당 및 체육관, 도서관, 식당 등의 건축물과 운동장, 코트, 파골라 등의 옥외공간으로 구성된다. 요즘에는 학급당 학생수를 30명 내외로 계획하므로 기존의 학교는 교사면적이 부족하여 자꾸 증축하다 보니 운동장 면적이 줄어드는 결과를 가져오게 된다.

3.3.2 유치원

유치원은 계획 전에 어린이들의 특수한 신체조건 및 유아심리 상태, 유아교육의 일반적 일정표 등을 이해할 필요가 있다. 이는 단지 건축을 하나의 완성된 구조물이 아니라 어린이들의 행동을 수용하는 그릇으로 볼 것을 요구하며 교육방법 및 장래변화에 대응할 수 있는 시설이 되어야 함을 의미한다.

초등학교에서는 일정한 교육계획에 따라서 시간배당이 되어 그 시간마다 교과교육이 실시되고 있으나 유아교육은 강제적으로 부과되는 학습이 아니라 어디까지나 자발성에 따르는 놀이가 중심이 되고 그 놀이를 통해서 교육되어 지식이나 사회성을 체득해 나가는 것이다. 따라서 다음과 같은 계획목표가 추론될 수 있다.

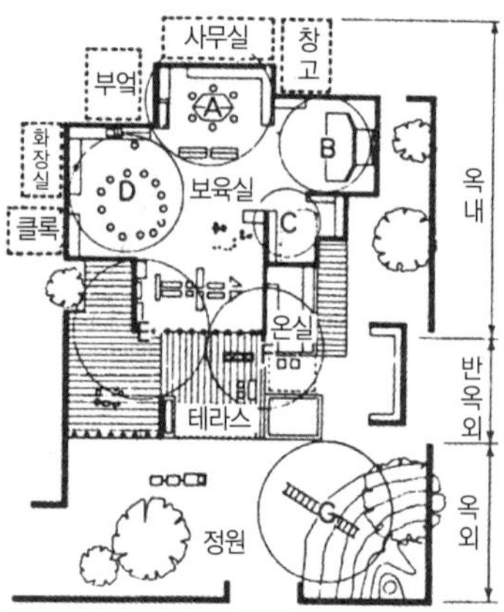

그림 3.4 놀이공간과 교실의 구성 예

① 유아의 풍부한 상상력을 자극할 수 있도록 평면계획은 단조로운 것을 피해 여러 가지 알코브를 고려하며, 입면 및 색채계획도 통일성을 해치지 않는 범위 내에서 보다 다양한 구성이 되도록 한다.

② 유아의 생활범위를 확대하기 위해 옥외공간계획을 염두에 둔다.

사진 3.24 성민유치원

사진 3.25 일산 푸르니 어린이집

유치원의 입지는 주위의 사회문화적 환경, 물리적 환경, 통원거리 등을 고려하여 선정되어야 하며, 특히 위생상의 문제는 일조, 통풍, 미관 등과 관련하여 중요하다. 요즈음은 가까운 거리도 자체적으로 버스를 이용하여 통원시키는 것이 일반적이다.

유치원은 크게 교사와 유원장으로 나누어지며, 유원장은 주로 운동장과 건물 사이의 공간을 포함한 것으로 운동장, 놀이디, 자연학습장 등으로 구성된다. 교사는 원칙적으로 단층으로 하되 2층으로 할 때에는 교실, 유희실, 화장실 시설은 1층에 배치하도록 한다. 교사의 평면형은 1실형, L사형, 중정형, 독립형, 십자형 등이 있다.

계획 시에는 유아의 치수에 맞는 가구 및 화장실 변기 등이 고려되어야 하며 무엇보다 안전이 최우선되어야 한다(그림 3.4, 사진 3.24, 3.25).

3.4 문화관련 건축

문화란 말은 매우 포괄적이어서 단순하게 정의내리기가 어렵다. 인간은 사회적 · 경제적 동물로서 인간과 인간의 관계 속에서 삶의 영위를 위한 경제적 활동을 지속하지만, 이것만으로 인간다운 삶의 충분조건은 되지 못한다. 이런 의미에서 문화란 우리의 심리적 · 정신적인 자극을 통하여 부족한 그 무엇인가를 채워주는 가치를 가지고 있다. 미술품, 조각품 등에 대한 미적 가치의 추구, 공연 등을 통한 감정의 고조, 새로운 지식의 습득을 통한 진보적인 자아 추구 등 문화와 관련된 많은 형태는 인간이 이성적이면서도 또한 감성적이고 낭만적인 존재임을 말해주고 있다.

3.4.1 미술관(박물관)

현대예술은 과거 어느 때보다도 문화적 · 지리적 제한을 초월하여 예술의 빠른 교류와 영향으로 세계적 창조를 전제로 결합되어 왔다. 미술관이 귀족사회의 전유물이었던 시대는 이미 지났고, 이제는 사회에 필요한 필수적인 시설물로서 일반인의 자유로운 예술 감상에 이바지하고 있다.

사진 3.26 국립중앙박물관

미술관(박물관)은 이에 대한 제도적 시설로서 역사, 예술, 민속, 자연철학 등에 관계되는 모든 자료들을 수집, 보관, 전시함으로써 교육적 배려하에 일반인들이 이용할 수 있도록 하는 데 목적을 두고 있다. 따라서 미술관은 인류의 문화적 산물과 유산을 후세에 전승하기 위해 그것들이 가지고 있는 가치들을 조사하는 '연구기능'과 일반인에게 감상의 기회를 부여하는 '전시기능', 그리고 이를 통해 문화적 안목을 높일 수 있는 '교육기능'을 동시에 지니고 있어야 한다.

미술관의 공간과 기능은 그 속에 전시되는 작품들이 돋보이도록 겸손하고 간명하게, 작품과 더불어 건축공간이 빚어내는 하나의 종합예술을 창조해 나가는 전당이어야 한다는 점이 중요하다. 또한 미술관은 전시를 교차점으로 하여 관객을 위한 시설과 운영관리를 위한 시설의 접촉관계를 말한다. 전시방법은 주입식 방법의 가르침이 아니라 일반인이 예술작품에 가까이 함으로써 자발적인 흥미를

사진 3.27 로뎅미술관

불어넣어 주는 역할을 해야 한다.

미술관은 건축적인 기법과 동시에 효과적인 전시공간도 충족시켜야 하며, 관람자를 유도함으로써 작품과 그 속에 숨어 있는 인간에 대한 관심이 자연적으로 용솟음치게 할 수 있도록 일반인의 교육과 전문가의 연구기관이 되어야 한다. 이러한 문제들을 건축공간적인 기법으로 충족시켰을 때 미술관 건축은 그 의의를 가질 수 있다.

사진 3.28 서울대미술관

국제박물관회의(ICOM)는 현대적 미술관의 개념으로서 다음의 조건들을 제시하고 있다. "현대적인 미술관은 단순히 수집품의 보존과 진열에 그치는 것이 아니라, 수장한 미술품과 역사적 유물자료들을 깊이 연구하고 그 문화적 · 예술적 가치와 내용을 잘 이해해야 하며, 관람객들의 심리적 · 정신적 기쁨과 사회교육

사진 3.29 청계천문화관

사진 3.30 헬싱키 미술관

에 효과적으로 이바지하도록 전시하고 관리하는 항구적 시설이다." 즉 현대미술관의 경우에는 현대미술의 한 특징인 상황과 퍼포먼스의 연극적, 음악적, 체험적 작품행위를 마땅히 포용해야 한다는 것이다. 그러므로 미술관의 기능은 과거의 컬렉션이나 보급 및 전시의 범위에 그쳐서는 안 되며, 사회교육적인 측면에서 연구와 보급의 차원으로 이루어져야 한다. 이것이 대중과 미술관 사이의 거리를 좁히는 방법이며 미술관이 사회적 책임을 수행하는 길인 것이다(사진 3.26~30).

3.4.2 도서관

도서관은 일반적으로 인류의 사상과 지식의 전달자료를 수집, 정리, 보존해서 이용할 수 있도록 하는 일종의 교육시설이라고 생각할 수 있다. 그러나 현대에 이르러 도서관이 취급하는 전달자료의 내용은 단순히 도서나 기록만이 아니라 사진, 회화, 도표, 지도, 포스터, 슬라이드, 테이프 레코더, 텔레비전, 기타 모형이나 표본에 이르는 소위 시청각 문화 전반에 걸친 모든 기록과 재현의 수단방법을 표현한다. 즉 오늘날의 도서관은 다만 보존적 기능을 갖던 시대에서 이용을 중시하는 현대적 도서관으로 발전해 오고 있기 때문에 그 목적도 단순히 교육시설, 연구시설로 그치는 것이 아니라 커뮤니케이션, 레크리에이션으로 이어지는 문화활동의 중핵으로 폭넓게 사용하기에 이르렀다. 이러한 현대적 추세로 볼 때 도서관은 교육시설이나 연구시설보다는 문화시설로 분류하는 것이 더욱 설득력 있어 보인다.

도서관의 일반적인 기능을 분류하여 정의하면 다음과 같다.

① **관내 열람기능** : 열람자가 구하는 도서관 자료를 관내에 두고서 직접 열람하도록 하는 서비스를 말한다.

② **관외 대출기능** : 미리 등록된 사람이 일정 기간 도서를 대출해서 관외에서의 편리한 열람을 도모할 수 있도록 한 서비스를 말한다.

③ **참고봉사기능** : 관원이 이용자의 조사연구 상의 의문사항이나 질문에 대해 적절한 자료를 제공해서 그 해결을 돕는 서비스를 말한다.

④ **관외 활동기능** : 공공도서관에 있어서 지리적 · 시간적 제약으로 도서관에 오기 어려운 사람들을 위해 지역사회의 중심에 배분소나 북 모빌(book mobile) 등의 방식을 통해 간접적인 도서관의 문화적 혜택을 제공하는 서비스를 말한다.

⑤ **시청각 활동기능** : 영화회, 슬라이드 전시회, 음악감상 등의 시청각 자료를 활용할 수 있도록 제공하는 기능을 말한다. A.V(audio-visual)라고 한다.

⑥ **집회 및 P.R. 활동기능** : 집회활동, 독서회, 연구회, 감상회, 전시회, 각종 문화활동의 서비스를 제공하는 것을 말한다.

⑦ **자료제공 서비스기능** : 현대에 와서 매우 활성화된 기능으로 연구자 또는 연구기관이 구하는 자료를 손쉽게 받아볼 수 있도록 복사나 인터넷 포털 사

사진 3.31 과천 정보과학도서관

사진 3.32 노원 어린이도서관

사진 3.33 파리 국립도서관

이트 등을 제공하는 것을 말한다.

⑧ **상호협력 기능** : 본관과 분관 사이에는 물론이고 다른 도서관과의 네트워킹을 형성하여 자료의 수집, 대출, 복사, 레퍼런스 등의 정보를 공유하는 것을 말한다.

도서관의 기본계획에서는 위의 기능을 포함한 여러 면을 고려해야 하지만 특히 도서관의 성장에 대한 문제, 즉 30~40년 장래에 대한 충분한 여유를 고려할 필요가 있다. 왜냐하면 보통 도서관의 장서는 20년에 약 2배로 증가하는 것이 일반적이기 때문이다. 현 시점만을 생각하기보다는 점차 성장하고 진화하는 시각으로 도서관을 바라볼 때 기능적으로나 물리적으로 적절한 계획을 할 수 있을 것이다(사진 3.31~33).

3.4.3 공연관련 시설

연극이나 영화는 현대생활에서 빼놓을 수 없는 문화생활의 일부분으로 되어 왔다. 극장은 대중들이 연극이나 영화를 감상할 수 있는 시설로서 중요한 사회적·문화적 의의를 갖는다. 타인에 의해 연출되는 연기를 눈으로 직접 보거나 듣고 싶어하는 욕망은 본능적인 것으로서, 현대의 기계문명이 발전하면 할수록 복잡한 현실 속에서 정서를 순화할 수 있는 방법의 하나로 영화나 연극은 더욱 중요한 의미를 갖는다.

극장은 계획적으로 진행되는 연극을 행하고, 관객들이 그 공간 내에서 그 연기를 접하거나 기 제작된 영화필름을 스크린을 통해 감상하는 시설이다. 그러므로 극장건축에서는 고도로 발전된 연출방법을 가능하게 하고, 관객으로 하여금 연극, 영화를 충분히 감상할 수 있게 하는 공간이 요구된다.

사진 3.34 충무아트홀

사진 3.35 아트레온

극장의 종류로는 고전극, 현대극을 포함해 연극을 위주로 하는 일반극장이 있을 수 있다. 이때 고려되는 요소로는 시각적 요소와 청각적 요소로 구분된다. 시각적 요소로는 배우의 연기, 표정, 분장, 의상, 무대장치, 조명 등이 있고 청각적 요소로는 배우의 대사, 효과음, 반주음악 등이 있다. 오페라극장은 음악과 연극이 융합된 형식이다.

관현악은 단지 가곡의 반주만이 아니라 등장인물의 성격이나 감정 등을 나타낸다. 시각적 요소로는 연기자의 율동적 동작, 화려한 무대장치, 관현악의 지휘와 연주 등이며 청각적 요소로는 독창, 합창, 중창 등이 관현악 연주와 함께 행해진다. 뮤직홀(Music Hall)은 음악과 무용이 주요 요소가 되고 이 연기자들이 융합되어 무대예술을 행하는 극장형식이다. 콘서트홀은 뮤직홀과 유사하나 음악연주가 주로 행해진다. 마지막으로 영화관은 스크린과 확성기, 그리고 간단한 무대로 형성되는데, 최근에는 와이드 스크린의 채용으로 무대폭과 높이가 스크린의 비례에 따라 대형화되는 추세이다. 확성기에 의해 모든 음이 발생하며 그 음의 분포는 기계적으로 조정되므로 음향적 조건은 비교적 용이하다. 기술의 발달로 3차원적인 영상효과 보급이 가능하게 되어 더욱 현실감 있는 감상이 이루어질 수 있다(사진 3.34, 3.35).

3.5 종교관련 건축

3.5.1 교회건축

기독교는 하나님, 즉 예수 그리스도를 믿는 세계 최대의 종교이다. 교회란 이러한 기독교의 예배의식이 이루어지고 신자들의 여러 가지 활동이 행해지는 모임의 장소이다.

일반적으로 생각되는 교회건축의 전형적인 양식은 초기 그리스도교 양식에서 시작하여 로마네스크, 고딕으로 이어지는 고전적인 양식으로서 지고한 장소로서의 성스러움과 신비함, 그리고 초인간적 권위를 느낄 수 있도록 구성되었다.

그러나 오늘날의 교회는 단순히 예배만을 위한 장소뿐 아니라 주변 지역사회의 여러 가지 활동을 뒷받침해주는 공공·사회적 역할까지도 담당하게 되었다.

도심 내의 제한된 대지에서의 교회건물은 대부분 옥외공간이 매우 협소하다. 그러나 어떻게 해서든지 옥외공간이 확보된다면 이는 신자들의 출입뿐 아니라 각종 행사, 결혼식, 장례식 등의 사회적 기능이 충족될 수 있으므로 교회건축의 지역사회에 대한 개방화가 증대될 것이다. 이것은 현대 교회건축에 부여된 새로운 역할로서 다양한 기능을 수용하는 다목적 공간으로서의 예배공간 활용과 지역사회가 요구하는 교육공간, 휴식공간, 문화예술공간 등으로 이용될 수 있는 다기능의 교회가 계획되어야 한다. 또한 무엇보다도 신자들을 위한 넓은 주차장은 기능상 필수적이다.

사진 3.36 서산 명지교회

사진 3.37 순복음 새소망교회

사진 3.38 안양 새중앙교회

평면의 기본적 결정요소는 제단석과 회중석 간의 관계이다. 예배의식을 진행하는 동안은 신자들로 하여금 어떠한 방해도 받지 않고 엄숙한 분위기 속에서 예배의식에 몰입할 수 있도록 제단과 회중석의 배치가 이루어져야 한다. 설교는 예배의식의 중요한 부분이므로 설교자가 신자들과 시각적 접촉을 지속할 수 있도록 배려하는 것이 중요하다. 따라서 원형의 극장형태는 적합하지 못하며 구조상 예배공간 내에 기둥이나 피어가 필요한 경우에는 시선이 차단되지 않도록 주의가 필요하다.

교회건축의 평면형은 장방형, 십자형, 중심형, 복합형, 복합중심형, 평행좌석형, 부채꼴형 등이 있다. 피아노나 오르간과 성가대석의 위치도 중요하다. 제단배면, 제단 전면, 교회당 배면, 성가대 알코브, 교회좌석 일부 형이 있는데 어떤 배치형이건 피아노나 오르간의 위치는 연주자가 성가대는 물론 제단도 잘 볼 수 있는 곳에 있어야 한다.

현대 교회건축은 음향이 중요한 요소를 차지한다. 큰 교회에서는 대규모 집회나 콘서트가 열리기도 하기 때문이다. 아울러 공기조화와 채광, 그리고 인공조명도 분위기를 좌우하는 중요한 역할을 한다.

교회는 구교인 천주교회와 신교인 장로교회, 그리고 그리스정교회, 성공회 등의 교리가 다른 만큼 교회의 평면이나 기능이 조금씩 다르다(사진 3.36~38).

3.5.2 불사건축

불교는 원래 사리를 봉안한 탑을 숭배하기 위한 목적으로 시작하였기 때문에 특별히 정해진 사찰의 형태가 없이 포교되는 지역에 따라 독특하게 발전되었다.

인도는 불교의 발생지로 탑을 중심으로 사찰이 세워졌고 후기에는 탑 형식에서 유래된 사찰과 석굴사원이 주종을 이루고 있다.

중국은 인도의 불교를 수입하면서 부처와 왕은 동일하다는 개념 아래 인도와는 달리 불사건축에 왕궁 형식을 빌려 건축하였고 석굴사원도 함께 건조하였다.

한국은 중국의 사찰형식을 빌려 왔으나 풍수지리, 토착신앙, 자연환경 등에 맞추어 독특한 양상으로 발전하였다.

사찰배치는 크게 3금당 1탑식 배치, 1탑식 배치, 쌍탑식 배치가 있는데, 산지

사진 3.39 조계사 능인서원

사찰이 있는 각각의 건물들은 예불, 집회, 수도생활을 위한 불당, 법당, 승당을 중심으로 배치한다. 불당, 법당, 승당의 중앙에는 중정이 오며 중정은 불당의 연장된 공간으로 불교행사와 의식을 위한 공간의 역할을 하도록 계획되어야 한다. 또 화장실과 부엌은 승당 뒤에 배치하고 주차장은 지형과 사찰의 실정에 맞게 배치하며 일주문 밖에 두는 것이 일반적이다.

현대 불사건축의 배치는 전통적 불사건축과는 달리 여러 불당들의 기능을 하나로 묶은 단불전(單佛殿)형식을 취하고 있다. 전통불사의 수평적 분산배치가 단일동에 수직으로 함축 구성되는 것이다. 이것은 전통 사찰이 산지에 위치하는 데 반해서 현대 사찰은 신도들이 쉽게 접근할 수 있는 도시의 좁은 대지에 건립되기 때문이다(사진 3.39).

3.6 의료관련 건축

3.6.1 병원건축

병원 등의 의료관련 시설의 설계는 기능적인 면을 많이 요구하기 때문에 어렵다. 내과, 외과 등 많은 영역이 분화되어 있으며 각기 전문적인 기능을 요구하고 있기 때문에 건축가가 이것을 충분히 이해하기란 쉬운 일이 아니다.

병동설계에서 가장 어려운 문제 중 하나는 의료·간호적 측면에서의 기능적인 부분과 환자로부터의 생활 부분을 어떻게 조절해 나가는가 하는 것이다. 하나의 간호단위 속에 중환자와 일반환자가 섞여 있을 경우 양자를 만족시키기는 어려운 일이다. 그래서 고안한 것이 PPC(Progressive Patient Care)이다. 환자를 병의 상태에 따라 단계적으로 간호한다는 것으로 중환자만을 위한 ICU (Intensive Care Unit), 자신을 돌볼 수 있을 정도의 환자들을 위한 SCU(Self Care Unit) 등으로 구성하자는 것이다. 이 분류에 따라 여러 제약 속에서도 각각의 단위에 대응한 최저수준이 확보될 수 있고 건축의 밀도를 높일 수 있다.

병원은 크게 외래부, 병동부, 부속진료부로 나눌 수 있는데, 이 세 군의 배치

사진 3.40 리즈/마리안 병원

사진 3.41 허유재 병원

형태에 따라 분관식과 집중식으로 구성할 수 있다.

의료기술이 고도화됨에 따라 병원은 기능면에서 건축에 요구되는 조건이 더 까다로워지고 있다. 수술공간은 무균상태를 요구하며 대량의 방사선으로 치료하는 암치료실 등은 특수구조와 시공기술을 요하는 부분이다.

이에 반해 병원의 분위기는 더 따뜻하고 편안하며 쾌적한 환경을 요구한다. 병에 대한 고통을 가지고 있는 환자를 위한 배려가 더욱 필요한 것이다(사진 3.40, 3.41).

3.6.2 재활시설

재활시설(rehabilitation)은 외부의 도움으로 잃었던 능력을 회복시키는 것이 아니라 장애인 자신의 잠재적인 능력을 자각시켜 그 가능성을 주체적으로 추구하기 위한 수단을 강구하는 것이다.

재활은 의학적 재활과 직업적 재활로 구분된다. 의학적 재활은 물리요법, 마사지, 각종 운동요법 등으로 기본적 기능회복을 돕는 이학요법과 목공, 수공예 등의 응용적인 기능회복을 돕는 작업요법으로 나누어진다. 또 일상생활의 동작 훈련으로서 외출동작, 침대 위에서의 동작 등 훈련을 통한 열등감과 불안감을 제거하며 새로운 상황에 대응하게 하는 심리치료 등이 포함된다. 직업적 재활은 사무 · 인쇄 · 공예 · 양재 등의 기술습득을 위한 기술훈련, 언어훈련 외에 직업상담, 직업알선 등이 포함된다.

우리나라의 재활치료 분야는 선진국에 비해 뒤떨어져 있다. 그러나 근래 들어서 장애인관련법이 제정되고 이에 따라 각종 시책이 의무적으로 시행되어 가고 있다. 이와 관련된 시설로 자립이 어려운 중증의 장애인을 위한 지체부자유자 갱생시설, 실명자 갱생시설, 정신박약아 갱생후원시설 등이 있다.

재활시설의 종류는 다양하여 건축계획을 한마디로 언급하기는 어렵다. 건물을 부분별로 나누면 관리 부분, 병실 부분, 재활치료 부분, 검사 부분으로 나눌 수 있다. 그중 중심이 되는 재활치료 부분은 이학요법제실(수치료 포함), 작업요법제실, 일상생활 동작훈련실, 언어치료실, 평가실 등으로 구분되며, 이들은 가능한 한 한 곳에 집중 배치하는 것이 좋다.

재활시설은 장애인의 생활에 편리한 설비와 구조가 되어야 한다. 장애인법률에 제정된 치수 등을 적용하여 생활 자체의 불편함을 해소해 주는 것은 물론 심리적인 부분까지도 하나하나 신경써서 배려해야 할 필요가 있다.

3.7 기타 건축

사실 지구상뿐만 아니라 우주공간에서 인간이 만들어내는 모든 인공조형물은 건축과 관련된다고 볼 수 있다. 이러한 점에서 건축물의 종류는 무궁무진하며 어떤 한계가 없는 것 같다.

앞에서 분류되고 설명한 시설 외에도 각종 스포츠경기를 수용하는 스포츠 시설, 공항을 포함한 각종 교통관련 시설, 그리고 공장건축 등 매우 다양한 건축 시설들이 있으며, 또한 우리는 이러한 시설들을 거의 매일 일상생활 속에서 접하고 있다. 또 어떤 경우에는 이러한 영역화된 시설들이 서로 결합하여 새로운 형태의 건축영역을 만들기도 한다. 이러한 예로 최근 유행하고 있는 주상복합건축물을 들 수 있다. 성격이 전혀 다른 주거의 기능과 상업의 기능이 합쳐진 것이다. 이러한 복합용도개발(mixed-use development)은 현대사회의 복합성, 복잡성의 기능을 반영한 것으로 주거와 상업의 분리가 과연 이상적인 도시환경을 이룰 수 있는가 하는 사회 · 경제적 관점에서의 논쟁이 필요 없게 되었다. 토지 이용의 다양화를 통해 도시환경의 단조로움을 막고 오히려 조형화된 개발을 계속할 수 있기 때문이다.

Chapter 4

건축가와 건축관련 분야

Chapter 4 건축가와 건축관련 분야

4.1 건축가란 누구인가?

Architect는 원래 기술을 총합하는 사람이었다. 로마의 비트루비우스 시대에 건축가는 천문, 지리, 의술 등 여러 가지 기술을 다루었다. 그 후에 세상이 발달하고 기술이 다방면으로 분화해 나가기 시작하면서 건축가는 집을 짓는 것만이 전문이 되었다.

그런데 오늘날의 건축가는 전기의 경우와 다른 의미에서 다시금 "총합하는 사람"으로서 요구되고 있다. 건축가의 목표는 다양한 요소가 일관성을 지닌 구조적 합일체를 이루도록 합성시키는 것이다. 건축가는 추상적인 관념과 상징을 취하여 그것들이 실체화되도록 돕는 역할을 한다. 건축가는 문제를 해결하는 사람이다(그림 4.1).

그림 4.1

건축가는 환경적 · 인간적 제한 속에서 작업하여 하나의 건축물을 그것의 전체적인 맥락에 따라 창조해내야 한다. 오늘날에는 문화의 각 방면에서 전문화, 분업화가 고도로 발달하여 전문화된 서로 간의 연결이 단절되는 경향이 있다. 전문성은 각 분야에서 점차 깊이 연구되어 가지만 상호 간의 관계는 점차 흐트러져 이를 총합하고 조정하는 역할이 필요하게 되었다.

이런 의미에서 오늘날의 건축가는 단순히 건물을 세우는 것이 아니라 현대의 생활을 만드는 사람이라고 할 수 있다. 각 방면에 흐트러져 있는 고도의 기술이나 사회적 · 물리적 환경을 가치 있는 환경형태로까지 이르게 하여 질서와 기능의 통일성을 발휘시키는 일을 한다.

4.1.1 건축가의 역할

우리가 사는 땅의 반은 자연에 의해, 반은 건축가에 의해 만들어졌다. 자연은 들과 언덕과 호수와 하늘을 만들었으나, 인간은 그 주어진 땅에 만족하지 않고 더욱 적합하고 더 나은 것을 짓기 위해 그 언덕과 들판 위에, 그리고 강과 바다와 호숫가에 건축을 창조하였다.

건축은 모든 예술 중에서 우리와 가장 친밀하다. 우리가 원하기만 하면 다른 것으로부터는 벗어날 수도 있고 피할 수도 있다. 그러나 건축은 우리가 피할 수 없는 예술이다. 그것은 항상 우리 주위에 있다.

건축은 사회적이다. 즉 우리는 건축을 단독으로 보지 않고 항상 도시구조의 다른 구성체들과 함께 또는 자연과 함께 공동체 속에서 건축을 보고 있다.

이런 의미에서 건축가가 설계를 할 때에, 그는 단지 건물만을 설계하는 것은 아니다. 그는 현재, 그리고 미래에 보일 그의 사회를 묘사하고 있는 것이다. 즉 건축가는 그 시대와 그 사회의 역사가이면서 동시에 그 사회에 형태 및 특성을 주고 그 사회를 형성하는 데 비평적이면서도 또한 적극적인 힘이 된다. 모든 도시의 건물은 그들의 연필로부터 시작될 수 있기 때문이다.

과거의 건축은 그 당시의 정치체제가 누렸던 영화로움의 표현이었다. 건축은 왕궁과 신전, 분묘와 성채, 탑과 요새 등의 모습으로 나타났다. 역사적인 의미에서 건축은 대부분 승리자를 찬양하는 데 쓰였고 하나의 부산물에 불과했다. 그것은 기념물의 형태로 계승되었다.

계급제도에서 건축은 최고의 표현수단이었다. 왕과 고위 성직자, 그리고 귀족들과 건축은 그 양식과 형태에 있어서 그들의 명성을 나타냈다. 건축은 건축가가 아닌 집권자들에 의해 이끌려졌다.

오늘날 현대건축은 자율적이며 독립적인 분야가 되어 가고 있다. 이제 건축은 정치체제의 표현이 아니라 오직 그 자체의 정책, 즉 건축의 법칙만을 추구할 뿐이다. 건축가가 외부로부터의 권위에 복종하는 것이 아니라 그 자신의 자유의지로, 그리고 창의력으로 복종하는 것이다.

현대의 건축가는 고객 한 사람만을 위한 것이 아니라 사회적 기능을 맡고 있다. 그는 이전의 형태에서가 아닌 완전하고 확실한 완성품에 의해서만 하나의 전통을 세우게 된다. 예전에 전적으로 사용되었던 법칙 대신 기술적이고 경제적이며 생산적인 종류의 법칙을 사용한다. 그의 건물들은 아름다우면서도 경제와 생산 면에서, 그리고 기술적으로 정밀해야 한다.

이와 같이 전문직으로서의 건축가는 기능 면에서, 기술 면에서, 생산 면에서, 그리고 경제 면에서 내일의 사회에 반드시 봉사해야 한다.

건축은 코르뷔지에가 말했듯이 노래를 읊어야 하며 우리를 매혹시켜야 하고 우리로 하여금 반하도록 해야 한다.

4.1.2 건축가의 자질

건축은 바로 우리 모두의 삶의 무대이며 기반이다. 그러므로 건축은 모든 사람을 위한 것이어야 하고 이상적인 건축가는 모든 사람을 위한 건축물을 창조하는 사람이라고 할 수 있다. 그러므로 훌륭한 건축가란 사람들을 위하여 최선을 다하는 사람이다. 건축주를 위해서도 아니고 시공자를 위해서도 아니고 건축가 자신을 위해서도 아니다. 결국 건축가는 사람을 사랑하는 사람이어야 한다.

건축가는 미학보다는 그 속에서 살아갈 사람들에게 많은 신경을 써야 한다. 그렇게 함으로써 그는 탁상공론만이 아닌 올바른 미학적 형태와 인간적 형태를 추구함으로써 영원한 가치의 미학에 이르게 될 것이다.

건축작품이 하나의 예술품이듯, 건축가는 예술가이다. 진정한 예술가는 몽상가가 아니라 꿈을 현실로 바꾸는 현실주의자들이다.

건물을 세울 때, 건축가는 거기에 세워질 벽면과 공간, 그리고 그 속에서 살아가게 될 사람들을 상상해보아야 한다. 건물을 지은 후의 평가보다는 공간에서 일어날 모든 것을 미리 상상해 봄으로써 하나하나 형상화해 가는 것이다. 결국 이러한 상상력을 갖추고 시각화할 수 있는 능력이 진정한 건축가의 자질일 것이다. 사용되는 재료들을 통해 건물의 감촉을 미리 느껴보고 빛의 밝고 어두움 등 모든 변화 가운데 그 건물을 미리 세워보아야 한다. 또한 세워질 건물 주변의 변화도 감지할 수 있어야 하는 것이다.

건축가가 만들어낸 건축물은 앞으로 오랫동안 존속하기 때문에 상상력과 꿈이 풍부해야 하며 장기적인 안목을 가져야 한다.

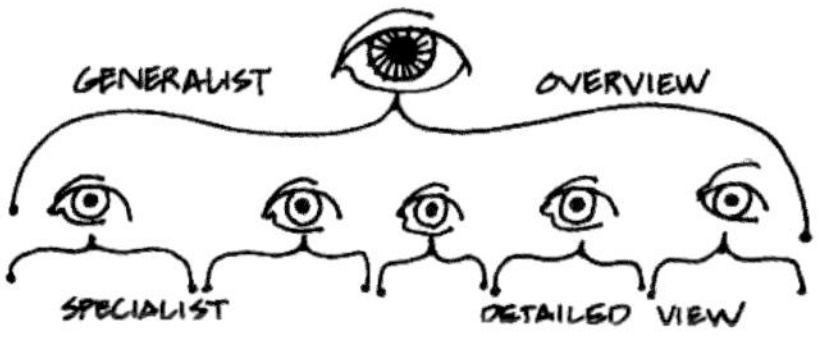

그림 4.2

그림 4.3

건축가는 경제적 해결책에 맞는 경제적 디자인을 창출하기 위해 경제적 프로세스에 대한 이해를 갖고 있어야 한다. 또한 부과된 금융의 한도 내에서 최적의 건축적 해결책을 찾아내야 한다. 일반적으로 건축주는 추진하는 프로젝트에 대해 적합하거나 풍부한 자본을 제공하는 경우가 매우 드물다. 이에 대해 건축가는 부정적인 접근보다는 이를 긍정적으로 해결하려는 마음과 실질적인 해결책을 찾아 건축주에게 제공하려는 적극적인 자세가 필요하다.

건축가는 디자인의 입안과 전개에 있어 환경적으로 명쾌한 접근방식을 사용해야 한다. 건축물은 조그마한 물건이 아니라 사람들의 삶을 담는 거대한 그릇이다. 환경적인 명쾌한 해답 없이는 결코 이 거대한 그릇이 존립할 수 없기 때문이다.

건축은 협동작업의 결과이다. 건물형태와 기술이 복잡해지고 있는 시대에서 건축가 혼자서 이 모든 것을 감당할 수는 없다. 하나의 건축물이 완성되기 위해서 건축가는 여러 가지 전문지식을 가진 기술자 등과 함께 팀을 구성하여 작업해야만 한다. 팀은 필요성에 따라 서로 협력하지만 종종 우선권 및 중요성의 문제로 마찰을 빚기도 한다. 건축가는 이들 사이에서 각자가 힘을 발휘하여 하나의 건축물을 완성할 수 있도록 조정하는 역할을 해야 한다. 그렇다고 이것이 결코 상하관계를 의미하는 것은 아니며, 건축가의 역할이 가장 중요하고 나머지 전문가들은 덜 중요하다는 뜻은 더욱 아니다. 작업의 특성상 건축가가 하나의 리더로서 역할을 담당하는 것이고, 작업에 관계되는 모든 전문가의 역할 없이는 결코 훌륭한 건축물을 만들어낼 수 없다(그림 4.2, 4.3).

건축가가 협동하고 때로는 그들의 지도자가 되어야 할 사람들은 다음과 같다.

- 전기 · 설비기술자
- 측량사
- 도시계획 및 지역계획가
- 조경가
- 색채 및 조명전문가
- 현장소장
- 구조기술자
- 공학기술자
- 인더스트리얼 디자이너
- 인테리어 디자이너
- 조직체 건축담당자 및 임직원
- 그래픽 디자이너 및 미술가

• 설계명세서 작성자 • 컴퓨터 그래픽(CG)관련 디자이너
• 목수 등

결국 위에서와 같이 많은 전문가와 협업하기 위해서 건축가는 조정능력과 통솔력, 그리고 인화(人和)를 이루어낼 수 있는 이해심 있는 따뜻한 인격의 소유자여야 할 것이다.

또한 건축가는 다음과 같은 폭넓은 자질도 갖추어야 한다.

• 스케치 능력과 도면작성 능력
• 전체 건축물을 시각화할 수 있는 능력
• 건축과정에 대한 이해
• 자재 및 자재의 형태와 기능에 관한 지식
• 디테일을 살필 수 있는 명석한 두뇌
• 공간적 원근감각
• 적절성에 대한 판단능력
• 과학적 · 수학적 능력
• 인내심
• 압박을 받으면서도 일할 수 있는 능력
• 다른 사람들과 어울릴 수 있는 능력
• 다른 사람들을 감독할 수 있는 능력
• 훌륭한 상상력 등

이처럼 건축가는 제너럴리스트(generalist)로서의 관점을 지니면서 또한 전문가(specialist)로서 전문 분야에 통달하고 있어야 한다. 결국 건축가란 서로 다른 악기가 하나의 아름다운 하모니를 이루는 음악으로 어우러질 수 있게 만드는 지휘자와 같은 존재이다.

건축은 예술 차원으로 승화된 건물이므로 건축가는 항상 아름다운 경치를 만들어나가기 위해 노력해야 하는데, 그러려면 당연히 미에 대해 평균수준 이상의 감각과 시각예술에 소질을 가지고 있어야 한다.

건축가는 기술자나 예술가들이 큰 관심을 갖지 않는 경제적 실용성과 구조적 안정성도 검토하여 현실적으로 판단해야 하며 사회나 환경에 대해서도 책임을

져야 한다. 예컨대, 건축은 예술과 기술의 종합이요 인문과학과 사회과학의 종합이며 미, 기능, 구조를 조합하고 종합하는 학문이다.

결국 건축가에게는 다방면에 깊은 관심과 소질을 가지고 이것을 종합하고 구성하는 역할을 하는 능력이 요구된다.

4.2 건축가가 고려해야 할 요구들(needs)

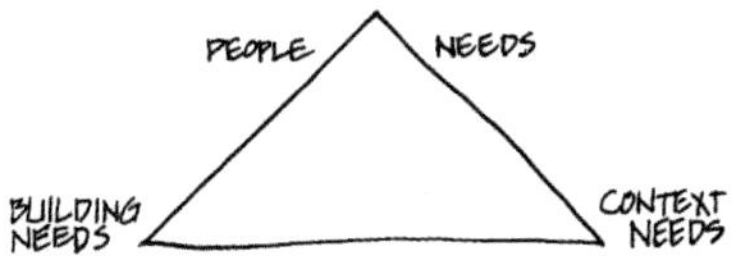

그림 4.4

건축가는 디자인을 전개해 나가는 과정에서 세 가지 영역의 요구를 고려해야 한다. 즉 건축물을 사용할 사람들의 요구, 건축물 자체의 구조적 요구, 그리고 건축물이 위치하는 맥락(context) 등이다. 이 세 가지 영역은 거의 상충하게 되므로 건축가는 절충을 통하여 타당한 해결책을 강구하지 않으면 안 된다(그림 4.4).

더욱이 문제를 어렵게 하는 것은 그 요구들이 동적이며 부단하게 변화한다는 사실이다. 건축물을 사용하게 될 사람들이 바뀌고, 그들이 그 건축물을 사용하는 목적 또한 바뀔 수도 있다. 시간이 지남에 따라 건축물의 주위환경도 바뀌는데, 그 바뀌는 것의 상당 부분이 건축가가 아직도 설계를 진행하고 있는 동안에 일어나는 경우도 드물지 않다.

그러므로 건축과 요구충족의 동적 성격을 항상 염두에 두고 계획을 세우도록 한다. 그리고 건축가가 요구의 한 가지 요소만을 강조할 때에는 그것이 건축에서의 다른 요구들을 희생시킬 것이라고 판단한 후 의식적인 선택에 의해 그렇게 해야 한다.

4.2.1 사람들의 요구

결국 건축물이란 우리의 피부를 확장시킨 것에 지나지 않는다. 건축물은 또한 의복과 마찬가지로 우리가 지배하는 환경을 확장시킨다. 건축가는 기본적인 요구를 고려하여 그것을 충족시키도록 해야 한다.

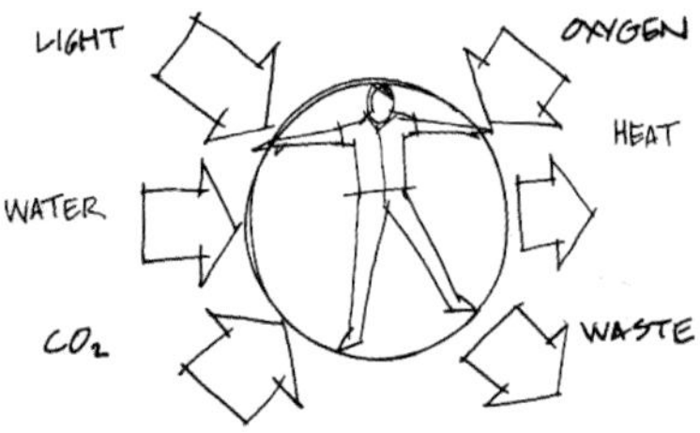

그림 4.5

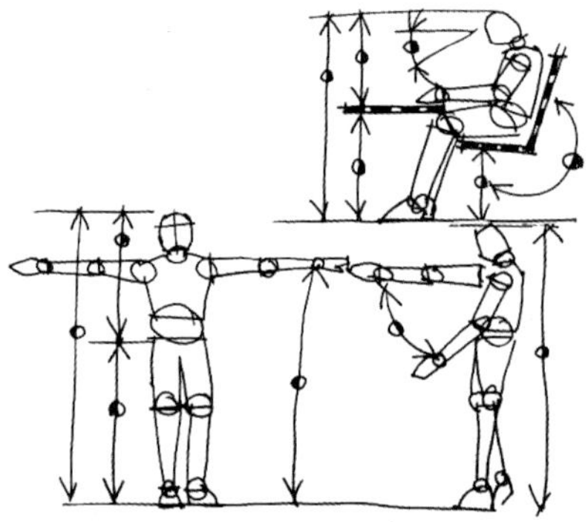

그림 4.6

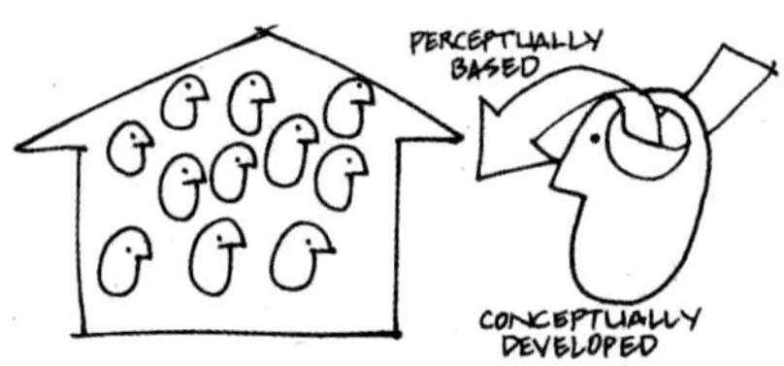

그림 4.7

건축물을 이용할 가능성이 있는 여러 사람의 의견을 고려해 보는 것도 중요하다. 그들이 건축물을 이용하려는 목적은 어디에 있을까? 그 구조물에 대한 그들의 태도는 어떠한가? 그들의 견해는 사람과 그 사람의 요구에 따라 다양할 것이다.

건축가는 우선 생리학적으로 적절한 공기, 생활하기 알맞은 온도, 쓰레기 제거, 급배수 등을 갖추어 인간생활의 균형을 유지하도록 해야 한다. 감각적인 면에서 적절해야 하며 소음, 광선, 온도, 습도, 환기 등의 측면에서도 안락감을 줄 수 있도록 디자인되어야 한다(그림 4.5).

또한 사람에게 적합한 크기, 즉 휴먼 스케일(human scale)로서 인체공학적으로 적재적소에 맞는 크기가 적용되어야 한다. 계단의 높이와 폭, 난간의 높이, 안방의 크기, 거실의 크기 등 모든 것이 인간의 치수에 적합해야 할 것이다(그림 4.6).

인간은 이성과 감성을 동시에 지닌 아주 복잡한 동물이다. 즉 충분한 공간과 프라이버시를 마련해 주어야 심리학적으로 안전감과 편안함을 느낄 수 있다. 더 나아가서 자아와 자존감을 키워주도록 한다. 결국 그 속에서 생활하고 작업하는 건축물에 대한 그의 이미지로써 최소한 부분적으로나마 건축주 자신에 대한 이미지가 표현되는 것이다.

인간이란 결코 혼자 이 세상을 살아갈 수 없다. 하나의 사회를 형성하고 서로의 관계를 통해 자신의 존재가치를 확고히 할 수 있기 때문이다. 다양한 관계를 맺는 사회적 동물인 인간은 성장 · 발전하는 것이다(그림 4.7).

대부분 우리 인간들의 사회적 요구는 다른 사람들을 통하여 충족되는데, 이를 위해 건축가는 다양한 공간들을 적절히 배분하고 질서를 부여함으로써 다른 사람들과의 상호작용을 도모하도록 해야 한다. 예를 들어 공용공간(public space)뿐만 아니라 사적공간(private space)을 마련하여 각각의 공간 성격에 따라 적절한 인간의 행위가 전개될 수 있도록 해야 한다.

4.2.2 건축물의 요구

건축물 자체의 요구를 다룰 때에는 서로 다른 여러 가지 요소를 고려하지 않으면 안 된다. 우선 건축물 내에 있는 사람들과 내용물을 보호해야 한다. 화재나 지진 같은 것에 대한 저항력도 갖고 있어야 하고 물, 추위, 더위 등의 기후에 대해 보호해 주는 힘을 갖추어야 한다. 이때 중요한 것은 평균치가 아니라 극한치를 고려해야 한다는 것이다. 겨울철 평균기온보다는 가장 추운 경우의 극한온도가 더 큰 의미와 중요성을 지닌다.

외부적인 힘뿐만 아니라 근본적으로 건축물은 그 건물 자체의 무게와 건축물 내의 내용물 무게를 지탱해야 한다. 이 문제는 구조기술사 등과 같은 구조전문가가 해결해 주는데, 이때도 중요한 것은 평균치가 아니라 극한치를 고려해야 한다는 것이다. 건축물 내에서는 사람이 부동의 상태로 있는 것이 아니라 뛰고 구르며, 심지어는 높은 곳에서 뛰어내리는 경우도 있기 때문이다. 이러한 기초적인 저항력은 간혹 예상치 못한 경우도 발생하기 때문에 항상 안전치를 반영해야 한다(그림 4.8).

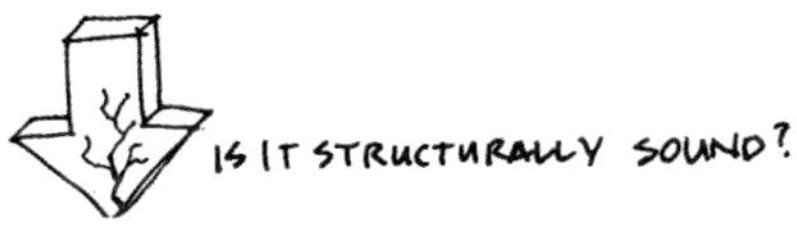

그림 4.8

이 외에도 건축물은 적절한 조명, 기온, 쾌적감을 주는 습도 등을 위해 합리적인 설비를 요구한다. 이것은 사람의 매우 기본적인 안락감, 편안함과 직결되는 문제이다. 또한 에너지, 정보, 각종 물건 등이 배분될 수 있도록 적절한 내부구성으로 이루어져야 한다(그림 4.9).

그림 4.9

현대적인 건축물은 모든 공간이 그 기능과 용도에 따라 분할되어 있다. 이 경우 사람과 자재의 흐름이 원활할 수 있는 적절한 동선(circulation)이 요구된다. 수직·수평의 흐름이 막힘 없이 가장 합리적이고 효율적으로 이루어져야 할 것이다(그림 4.10).

그림 4.10

4.2.3 맥락(context)의 요구

맥락을 고려할 때는 건축물의 주위환경을 상세하게 분석해야 한다. 그런 다음 그 환경이 향후 몇 년 동안 어떻게 변화할 것인지를 점검해야 한다. 교육을 받은

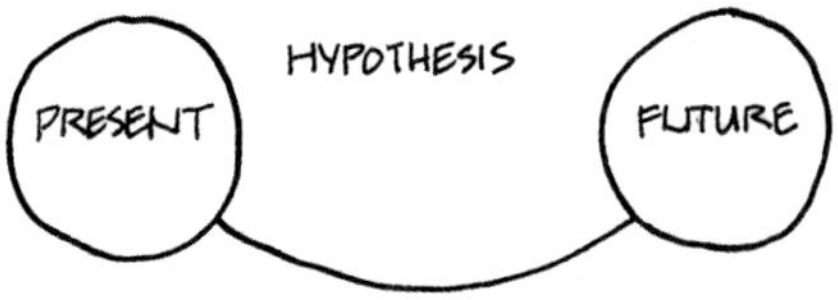

그림 4.11

사람이 추측을 하더라도 그것은 여전히 추측일 뿐이지만, 교육의 결과라면 디자인하고 있는 건축물의 맥락이 갖는 요구를 결정하는데 상당히 유익한 정보를 제공할 수 있을 것이다(그림 4.11).

문화적 맥락은 역사적 · 종교적 · 정치적 제요소와 함께 건축물이 세워지는 지역에서의 지배적인 문화를 포함한다. 환경적 맥락은 건축물이 그것의 주위환경과 분리될 수 없으며, 만약 서로 어울리지 못한다면 그 건축물은 주위환경을 저해하게 됨을 의미한다.

시간적 · 지역적 · 공간적 맥락은 물론 전력 · 전화선 · 하수도 · 운송수단 등과의 연결, 건축물의 유지에 드는 비용이 경제적이어야 하는 경제성, 요구가 변하는 데에 따라 변화할 수 있도록 디자인되어야 하는 유연성 등도 모두 맥락의 요구에 포함시킬 수 있다.

4.3 건축관련 분야

건축은 협동작업의 결과물이다. 그러므로 건축설계뿐만 아니라 이를 뒷받침하는 여러 분야의 전문가들로 구성되어야 하며, 이들은 각각의 분야로 인정받고 있는 사람들이어야 한다.

4.3.1 구조

구조는 건축물의 뼈대를 구성하는 부분이다. 구조는 건축물에 머무르는 사람의 안전과 직접적으로 관련이 있기 때문에 아주 중요한 분야라 할 수 있는데, 몇 년 전 삼풍백화점이나 성수대교가 무너지는 어처구니없는 사건은 구조의 중요성을 단적으로 보여주는 사례라 할 수 있다(사진 4.1, 4.2).

건축가는 자기가 설계하는 건물이 적절한 강도와 안정을 지닐 것이라고 확신하기 위하여 구조의 도움을 받아야 한다. 모든 재료와 그 재료를 구사하는 설계는 구조공학의 원리들에 근거하고 있다.

사진 4.1 삼풍백화점 붕괴현장, 1995

사진 4.2 성수대교 붕괴현장, 1994

이 분야는 건물의 안정성을 고려하는 것이며 하중, 응력, 기후 및 환경조건, 재료의 강도, 이점에 대한 비용의 비율, 건물의 기능, 특별히 요구되는 시설, 기능적으로 특별히 요구되는 것, 환경의 영향, 지지문제, 새로운 재료와 그것의 용도, 요구사항, 비용 등을 살피는 역할이다.

건축물의 기본설계가 어느 정도 갖춰지면 구조전문가가 규모를 검토하고 적절한 기둥간격과 크기를 계산해낸다. 이것은 디자인에 많은 영향을 미치는데, 예를 들면 어느 공간은 기둥 없이 디자인한다는지 어느 부분은 캐노피를 길게 빼내는 디자인이 필요한 곳에 얼마만큼 구조적으로 안전하게 건축가의 요구를 만족시켜 주느냐가 중요하다.

한마디로, 어떤 형태의 디자인이 됐든 얼마만큼 건축가의 디자인 의도를 반영하여 구조적으로 가능하도록 해석해 방안을 찾아내는가가 관건이다.

또한 경제적이고 합리적으로 설계를 하는가도 구조전문가의 역량에 달려 있다. 너무 과도하지 않게 법적인 조건을 만족시키면서 설계를 해내는 과학적인 설계기법이 필요하다. 이러한 구조전문가를 구조기술사라고 하는데, 대학졸업 후 일정 기간의 실무경력을 거쳐야 시험 볼 수 있는 자격이 주어진다.

이상적인 설계를 창출하기 위해서 건축가는 구조공학자와 시공업자와의 밀접한 관계를 유지하면서 작업하게 된다. 하나의 건물에는 끊임없이 여러 가지 힘이 작용한다. 건물의 설계는 이러한 힘이 지탱할 수 있도록 세심하게 이루어져야 한다.

현 시대에 들어서부터 건물에 각종 첨단설비를 정착하도록 되었으며, 이제는 건축 총공사비에서 각종 설비가 차지하는 비중이 커짐에 따라 구조기술은 이들을 수용하기 위한 보조수단으로 그 자리를 바꿔가고 있다. 즉 옛날 집들은 추우면 난로나 방열기 정도로, 더우면 선풍기나 에어컨으로 만족했으므로 건축설비는 건축에 부수되는 편의시설에 불과했으나, 오늘날에는 차츰 주택의 편의개념이 바뀌고 있다는 뜻이다.

국민생활의 향상으로 유흥, 오락, 스포츠 시설 및 주거 이외의 대형 구조물의 필요성이 증대되었고 구조기술의 다양성과 구조재료의 끊임없는 연구가 활발해졌다. 그리고 컴퓨터의 보급은 다양한 구조방식을 손쉽게 비교 · 검토할 수 있게 되었고 교통수단의 발달로 다국적 전문인의 활동을 손쉽게 유도하고 있다. 규모가 크거나 공사비의 여유가 있는 건물은 국제현상설계로 외국인을 끌어들이는 반면 우리나라 기술자들 또한 외국에 나가서 건설업을 운영하는 실정이다.

즉, 구조기술은 이제 국제화시대를 맞이하게 된 것이다. 도시의 인구집중 현상으로 지가가 올라가면서 건물은 지하로 더욱 깊이 내려갔고 주변 흙막이공법과 지하수에 대한 부력처리 문제가 큰 연구과제로 등장하게 되었다.

주차장 확보 기준과 기계, 전기실, 대피호 용도는 물론 지하판매시설의 유행 등 지하면적, 층수의 증가는 날이 갈수록 심각해지고 있다. 따라서 오늘날 건축기술은 건축을 공부한 사람들만의 것이 아니라 여러 분야의 기술을 종합한 '종합기술'로 정착되어가고 있다.

구조기술의 국제성 요구에 따라 다국적 공통규준 또는 법규제정이 이루어질 것이며, 이로 인해 구조기술의 국제화가 더욱 빨라지게 될 것이다. 서민주택, 아파트, 사무실, 기숙사 등 표준화가 가능한 집들은 대량생산, 기성제품으로 상품화하여 원하는 장소에 옮겨놓는 양식으로 발전해 나갈 것이다. 또한 시멘트, 철강재 제품에 이어 플라스틱 제품 등 각종 신소재를 주재로 한 조립식 건물이 양산될 전망이다.

그런데 각종 편의시설과 기술발달의 가속화는 오히려 건물수명을 단축시키고 있다. 다시 말하면 오늘날 거의 모든 공산품은 낡아서 못쓰는 것보다는 보다 편리한 새로운 제품을 갖고자 하는 욕망 때문에 헌 것을 버림으로써 수명단축이 더 두드러진다.

그 뒤를 이어 한 번 지어놓으면 부동산 개념으로 수십 년 간 대를 이어 사용하거나 그 시대 문화유산으로 취급되던 건물들이, 이제는 점점 그 적정 사용기간이 줄어들고 있어서 건물이 마치 내구성 소비재인 것처럼 탈바꿈해 가고 있다.

건축가가 구조체를 디자인할 때에 선택의 범위는 매우 폭넓게 주어진다. 구조체의 종류에 따라 기능도 달라지기 때문에 상황에 따라 구조체를 선정해야 한다. 구조체의 종류는 매우 다양하지만 대략 다음과 같이 분류할 수 있으며, 많은 건축가들은 이들 중 어느 하나 또는 혼합된 형태의 구조체를 채용하고 있을 것이다.

1) 기둥 · 보 시스템(Column & Beam System)

구조체로서 가장 일반적으로 쓰이는 것으로, 하중을 보를 통해 수평으로 전달하고 다시 기둥을 통해 수직으로 전달하는 구조체이다. 간단한 구조체로서 보통 일직선의 형태를 취하기 때문에 모듈화가 쉬운 반면, 스팬의 길이에 비해 무게가 무겁기 때문에 스팬의 길이가 제한되는 단점이 있다. 물론 재료에 대한 새로운 기술이 나옴으로써 스팬의 길이를 확장하는 것이 점차 가능해지고 있다.

2) 슬래브 · 월 시스템(Slab & Wall System)

일명 벽식구조체라 하여 보와 기둥 대신에 슬래브와 벽이 직접 하중을 해결하는 방식이다. 과거에는 보와 기둥의 구조체가 개발되지 못하여 주로 이 방법을 채용하였다. 그러나 우리나라 아파트의 경우 아직도 이 방식의 구조체를 주로 사용하고 있는데, 그 이유는 기둥에 의한 모서리 공간처리에 제약이 없고 보의 깊이에 의한 층고의 증가를 피할 수 있으며, 무엇보다도 공사비가 많이 절약된다는 장점 때문이다. 그러나 지하주차장이 있을 경우 매우 불리하여 결국 지하공간의 구조체로 보와 기둥의 방식을 혼합하여 사용하기도 한다.

3) 트러스 시스템(Truss System)

바닥이 기둥이나 벽 등의 방해를 받지 않는, 일명 무주(無柱)공간의 처리에 매우 유리한 구조체이다. 하중은 삼각형의 부재에 의해 효과적으로 분배되고 각각

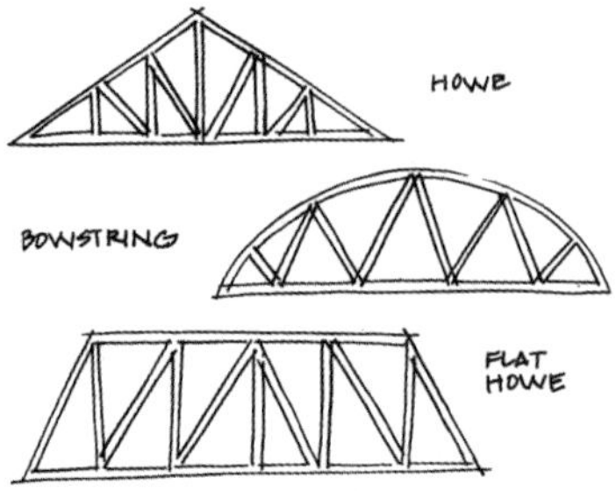

그림 4.12 트러스구조

사진 4.3 함부르크 터미널 내부

의 부재들이 매우 가볍기 때문에 기둥 없이도 장스팬의 처리가 가능한 것이다. 트러스는 옆으로 하중이 가해질 때 구조체가 안정되도록 대각재(cross bracing)와 함께 여러 개를 계속 사용함으로써 체육관 등의 넓은 공간을 기둥 없이 처리할 수 있다(그림 4.12, 사진 4.3).

4) 스페이스 프레임(Space Frame)

스페이스 프레임에 대한 연구와 디자인을 처음으로 확립한 사람은 콘라드 왁스만(Konrad Wachsmann)이다. 트러스를 3차원적으로 결합시킨 것으로, 2차원적 트러스보다 재료가 적게 들지만 짧고 가느다란 부재들이 단단하게 결합되어 장스팬의 넓은 공간의 처리에 매우 경제적이다. 프레임은 섬세하며 무게가 가벼운 조립식의 단순한 부재로 구성되어지고 접합부(connecting joints)는 디

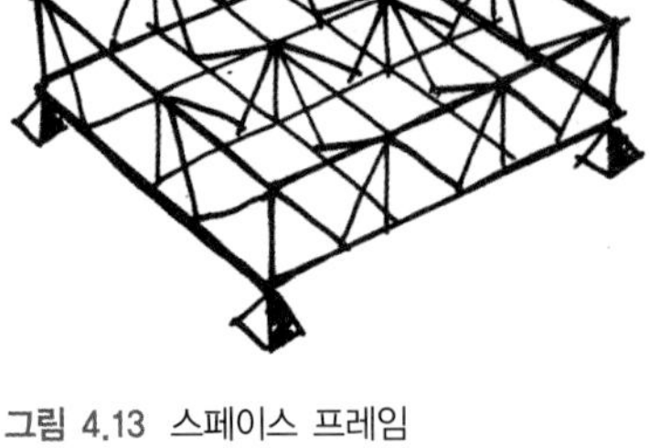

그림 4.13 스페이스 프레임

사진 4.4 라이프찌히 전시장

자인과 시공에서 섬세하게 다루어져야 한다(그림 4.13, 사진 4.4).

5) 지오데식 돔(Geodesic Dome)

버크민스터 풀러(R. Buckminister Fuller)에 의해 처음 개발된 이 구조체는 곡면을 이룬 트러스구조라고 할 수 있다. 격자를 삼각으로 나눈 것으로 부재는 짧고 단단하여 구조는 가벼우나 아주 튼튼하다. 이러한 면 때문에 이것 또한 내부의 지지부재 없이도 광범위한 영역을 둘러쌀 수 있다. 구조체 자체의 매력적인 형태 때문에 기념성이 필요한 건축물에 자주 사용된다(그림 4.14, 사진 4.5).

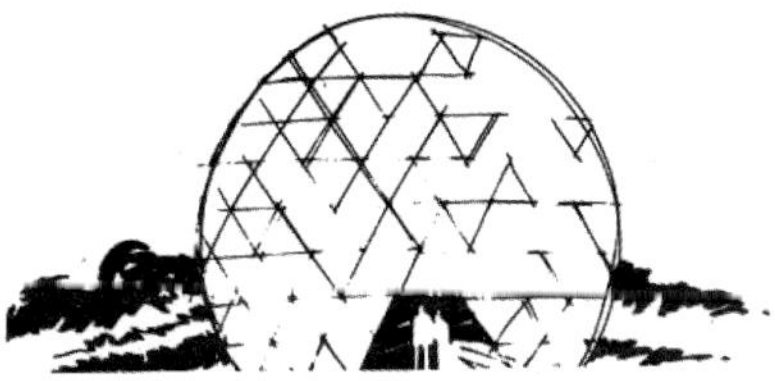

그림 4.14 지오데식 돔

사진 4.5 몬트리올 만국박람회 미국관

6) 아치 시스템(Arch System)

초기의 로마인들에 의해 개발되었으며, 돌로 된 블록을 잘라내어 둥그스름한 형태를 취한다. 아치를 단단히 받쳐주는 데 필요한 압축과 마찰을 안정시키는 쐐기돌이 매우 중요하며, 아래 양쪽을 단단하게 고정함으로써 하중을 받을 수

그림 4.15 아치구조

사진 4.6 아치구조의 철교

있도록 해야 한다. 미관상 아주 좋은 구조이지만 많은 기초작업과 석공을 필요로 하며, 팽창과 수축에 의해 생기는 부수적 응력을 받게 되는 단점이 있다(그림 4.15, 사진 4.6).

7) 돔 시스템(Dome System)

아치와 볼트처럼 압축의 원리에 근거하고 있는 돔은 아치를 원형의 평면에 빙 둘러 회전시킨 것이다. 고전 건축물들은 이러한 돔으로 넓은 공간의 스팬을 확보할 수 있었으며, 또한 그 자체의 아름다운 형태 때문에 공간의 신비함을 창출해낼 수 있었다. 기초가 튼튼해야 하며 굵은 원형의 버팀벽(drum)이 필요하다(그림 4.16).

그림 4.16 돔구조

사진 4.7 성 베드로(St Peter)성당

사진 4.8 로마 판테온(Pantheon) 내부

8) 궁륭형 시스템(Vaulted System)

아치와 같이 압축원리에 근거를 둔 것으로서 돌로 만든 블록을 쌓아 길이가 긴 아치 모양을 이루는 것이다. 다소 차이는 있으나 오늘날의 터널은 가장 단순한 궁륭(vault)의 구조체이다. 블록 사이에는 엄청난 압축력과 마찰력이 생기는데, 궁륭의 척추를 따라 박혀 있는 쐐기돌(keystone)은 이를 단단하게 결합시키

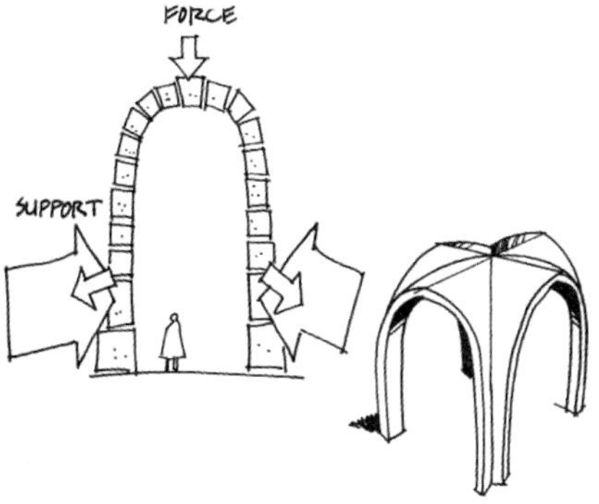

그림 4.17 볼트구조

사진 4.9 성 생포리엔(St Symphorien)성당 내부

는 데 중요한 역할을 한다. 부벽(flying buttress)은 궁륭의 수평 압축력을 견디기 위한 장치이다(그림 4.17, 사진 4.9).

9) 인장 시스템(Tensile System)

기본적으로 천막의 형태를 띠는데, 수직으로 세워진 기둥 위로 유연성 있는 섬유나 케이블을 늘어뜨리고 바닥에 고정한다. 이 기능은 섬유와 케이블을 잡아 당겨줌으로써 아주 넓은 공간을 씌울 수 있으며 가볍고 운반 또한 용이한 구조체이다. 이 천막구조는 오늘날 재료 및 공학의 발달로 더욱 세련되고 안전한 형태로까지 발전하였는데, 일례로 상암동 월드컵경기장을 들 수 있을 것이다(그림 4.18, 사진 4.10, 4.11).

그림 4.18 텐트구조

사진 4.10 뮌헨 올림픽경기장

사진 4.11 몬트리올 만국박람회 독일관

10) 케이블 시스템(Cable System)

양끝이 고정된 케이블이며 단단하지 않고 유연하다. 케이블은 스스로를 지탱하며 단순한 인장응력을 통해 외부의 정상적인 하중을 굴곡진 부분으로 이전시킴으로써 공간의 양쪽을 이어준다. 스팬의 길이에 비해 중량이 가벼우므로 스팬의 길이가 긴 경우에 아주 경제적이다. 오늘날 이 케이블구조는 형태가 매우 high-tech적이기 때문에 부분적 또는 전체 건물의 이미지를 부각시키는 데 자주 사용되고 있다(그림 4.19, 사진 4.12).

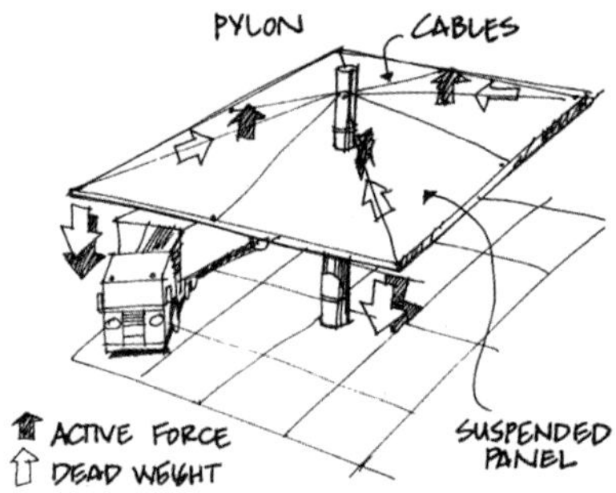

그림 4.19 케이블구조

사진 4.12 생 헤블랑(St Herblain) 상업센터

11) 절판 시스템(Folded Plate System)

보통 얇은 콘크리트와 철이 보강된 그물로 만들어지는 구부러진 표면을 갖고 있다. 구부러진 형태 때문에 견고하고 강도가 높으며 적은 재료로 스팬을 길게 할 수 있다는 장점을 가지고 있다. 또한 접혀지는 부분의 기하적인 형태는 미적으로 강한 인상을 주기 때문에 현대건축에서도 자주 이용되고 있다(그림 4.20).

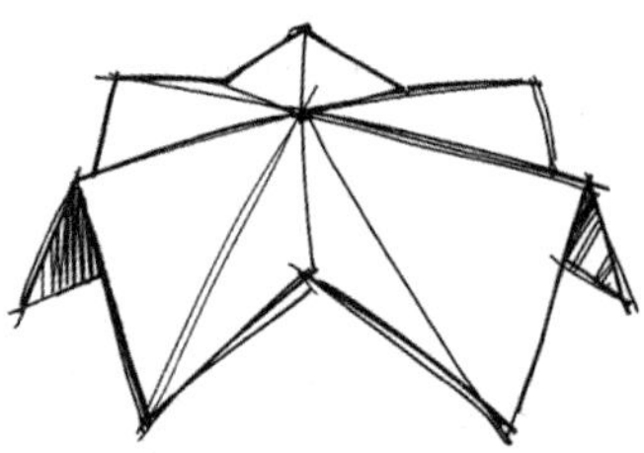
그림 4.20 절곡구조

12) 박판 시스템(Thin Shell System)

달걀껍질의 원리에 근거하며, 보통 철재를 보강한 그물 위에 콘크리트를 입힌 부재로 만들며 얇은 데도 스스로 지지되는 구조체이다. 조가비 모양의 형태에서 그 곡면을 뚜렷하게 하면 할수록 구조는 보다 안정을 갖는다. 스팬이 긴 구조에 효율적이며, 자유로운 형태를 지닐 수 있고 미적으로 매우 호기심을 자아내기 때문에 상징적인 건축물에 유용하게 사용된다(그림 4.21, 사진 4.13).

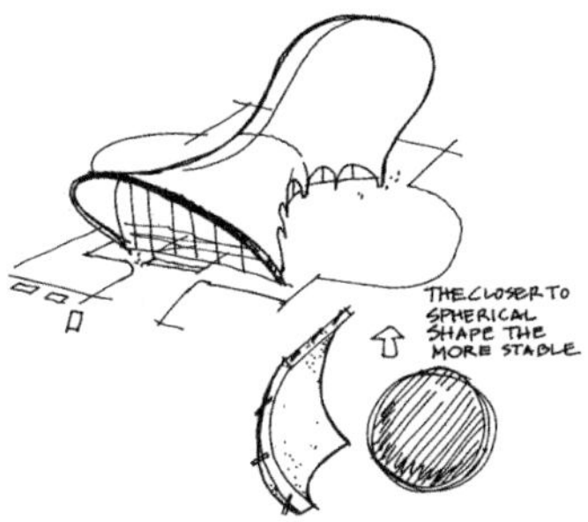

그림 4.21 쉘구조

사진 4.13 TWA터미널

13) 공기막 시스템(Pneumatic System)

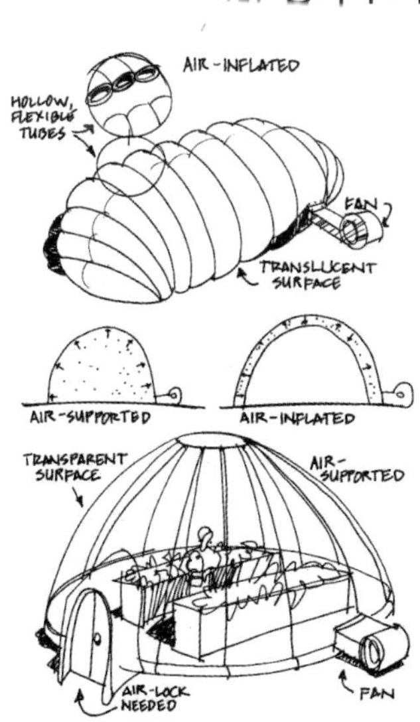

그림 4.22 공기막구조

원래 미공군의 레이더기지의 막사 덮개로 개발되었던 것으로, 일명 공기막구조체라 하여 공기와 같은 유체가 채워진 구조이다. 보통 공기가 팽창된 것과 공기가 지지해 주는 것 두 종류가 있는데, 공기가 팽창된 것은 내부의 기압에 의해 브레이싱된 섬유의 관이나 렌즈 모양 같은 것으로 만들어진다. 공기가 지지해 주는 것은 내표면에 가해지는 기압에 의해 섬유가 직접 지지를 받는다. 가벼우며 유연한 공기가 밀폐된 부재에는 플라스틱, 비닐, 테플론이 코팅된 파이버 글라스(fiber glass)를 사용하는데, 이것은 내외부의 미세한 기압 차이에 의해 지지된다. 바람에 약한 단점이 있으나, 오늘날 기술의 발달은 이러한 문제를 해결함과 동시에 매우 매력적인 형태의 조형물을 가능케 해 주고 있다(그림 4.22, 4.23).

그림 4.23 National Space Center

4.3.2 설비

하나의 건물은 사람과 마찬가지이다. 사실 사람은 스스로를 확장시킴으로써 여러 가지 구조물을 창출해 왔는데, 그 이유는 자기들의 육체가 여러 가지 요소에 대하여 적절한 방어를 할 수 없었기 때문이다.

사람은 피부를 가지고 있고 건물에는 외부 마감재가 있다. 사람에게는 신체에 골고루 피를 순화시켜 주는 심장이 있고 건물에는 난방장치가 있다. 사람은 폐를 통해 숨을 쉬며 건물에는 통풍장치가 있어 신선한 공기를 공급한다. 사람에게는 신체의 각 부분의 기능을 통제하는 신경이 있고 건물에서는 전기배선이 그 역할을 한다. 사람에게는 소화기관과 배설기관이 있다. 배관과 하수도 시설이 있는 건물도 마찬가지이다. 사람에게 개성이 있듯이 건물에도 개성이 있다.

인체와 건물은 모두 평형상태, 즉 균형 유지를 주된 목적으로 하며 외부의 극한적인 것으로부터의 보호를 목표로 한다. 두 가지 모두 외부의 요인들 – 바람, 기온, 태양, 비, 방향, 노출상태, 표면, 개구부 등 – 에 영향을 받는다. 사람이나 건물은 균형을 유지하고 극한적인 것으로부터 보호하기 위하여 일체화되어 작용하는 조직적인 시스템이라 할 수 있다.

건축설비는 인체에 있어서 신경계통과 같은 역할을 담당하는 중요 기능으로서, 현대건축에서는 설비의 여부에 따라 건물의 성능과 질을 판단하는 요소로 대두되고 있다. 건물의 균형을 유지하는 설비에는 다음과 같은 것들이 있다.

1) 난방

난방장치는 필수적이다. 난방장치는 대기의 온도, 건물 표면의 온도, 대기의 습도, 공기의 순환, 냄새, 대기 중의 먼지량, 건물 내에 있는 사람들의 정신상태와 안락감을 조절한다. 난방은 복사열난방, 대기가열난방, 증기난방, 열펌프난방, 온수난방, 연소난방, 태양열난방 등 여러 가지 장치 가운데 한 가지 방법으로 이루어진다.

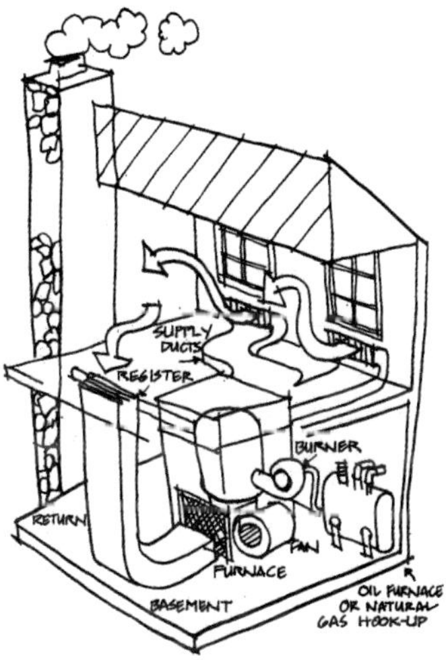

그림 4.24 대기난방

① 대기가열(warm air) 시스템은 방 안의 대기량을 조절하는 동시에 온도를 조절한다. 공기는 건물 전체를 통하여 부단히 반복 배분된다. 일반적으로 대기는 중앙집중식으로 가열된 다음 건물 전체에 배분된다. 대기가열장치는 다른 장치들보다 공기를 순환시키는 데 좋은 방법이다. 이 방법을 이용하면 더운 기류와 찬 기류의 층이 생기는 것을 피할 수 있다. 이 시스템에 신선한 공기를 추가시킬 수도 있으며 습도, 통풍, 에어컨의 조설도 통합시키는 것이 가능하다. 그러나 이 장치에는 먼지와 꽃가루까지 날아다니며 환기통이 가득 차고 물과 복사열을 이용하는 장치들보다 시끄러운 것이 흠이다(그림 4.24).

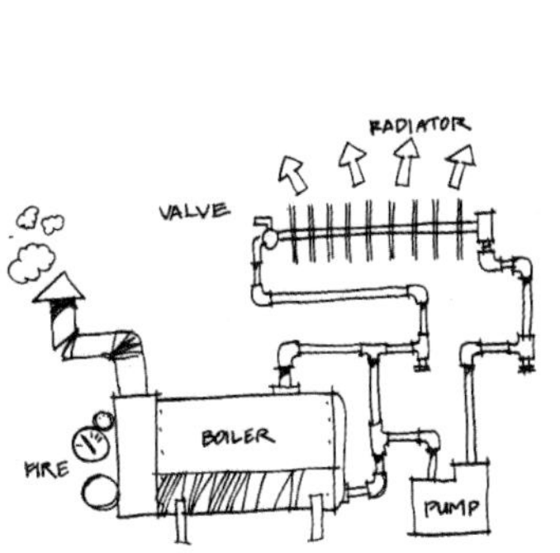

그림 4.25 증기난방

② 증기열(steam heat) 난방은 보일러를 이용한다. 거기서 생긴 증기는 압력이 가해지고 단열이 이루어진 파이프를 통해 전달된다. 증기가 라디에이터에 도달하면 증기는 압력이 가해지고 열이 대류를 통하여 방 안으로 퍼진다. 압축된 물은 파이프를 통해 보일러로 되돌아간다. 증기난방을 이용하는 경우 정밀하게 온도를 조절하기는 어렵다(그림 4.25).

③ 온수열(hot water heat) 시스템에서는 데워진 물이 파이프를 통해 전달된다. 열은 물의 온도와 물의 유통량으로 조절된다. 이 시스템은 소리가 나지 않으며 열의 조절이 상당히 용이하

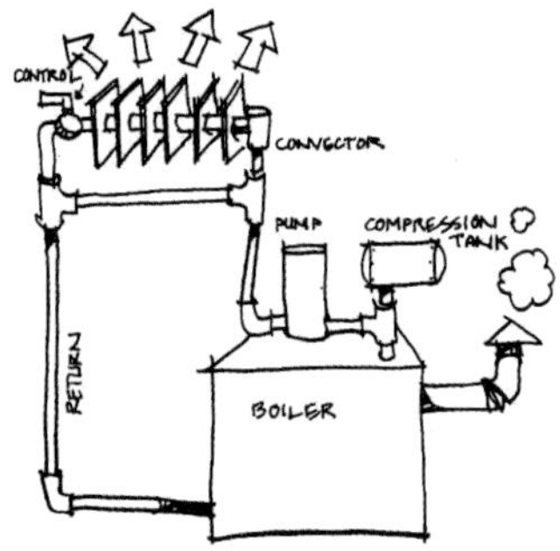

그림 4.26 온수난방

지만 가끔 부식작용이 문제가 된다. 또한 온수난방은 부분적으로 이용이 가능하다. 이 장치가 방에 설치될 경우 파이프를 바닥에 매설하고 그 속으로 온수를 보냄으로써 난방을 하게 되는데, 이때 찬 기류와 더운 기류의 층이 생기기 쉬우며 한 번 매설된 파이프는 보수가 매우 힘들다는 단점이 있다(그림 4.26).

④ 복사열(radiant heat)은 온수 또는 전기에 의해 만들어진다. 온수를 사용하는 경우 물은 보일러에서 데워진 다음 파이프를 따라 패널이라고 부르는 표면으로까지 운반된다. 온수는 패널 속에 평행을 이루고 있는 관을 따라 흐른다. 전기를 이용하는 경우에는 가느다란 전선으로 이루어진 패널에 전기가 흐르면서 가열된다. 복사열은 눈에 띄지 않고 난방을 가능하게 해준다. 이 장치는 보통 다른 시스템들과 비교해볼 때 방안의 기온이 낮은 편이다. 또한 한 번 가열하는 데 시간이 걸리며 일단 가열된 것을 식히는 데도 많은 시간이 든다. 그리고 다른 종류의 난방보다 더 많은 단열을 필요로 한다. 또한 전기를 이용할 경우의 난방은 비교적 비용이 많이 든다.

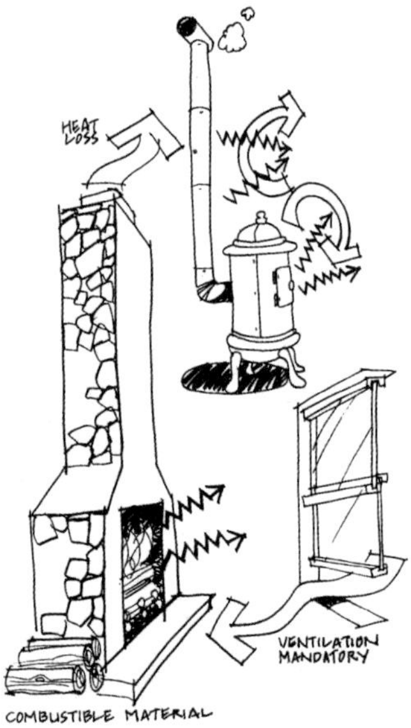

그림 4.27 연소난방

⑤ 연소난방(combustion heating)은 나무나 석탄을 때는 것이다. 이것은 일종의 복사열난방이라고 할 수 있다. 연소난방은 모든 시스템 가운데 사람들의 마음을 가장 포근하게 해 주는 것이라 할 수 있다(그림 4.27). 연소난방을 이용하는 사람은 다음 두 가지 방법 가운데 하나를 선택하게 된다.

- 파이어플레이스(fireplace) : 이것은 매우 비효율적이다. 따뜻한 공기가 굴뚝을 통해 나가버린다. 그러나 파이어플레이스는 공간을 매우 낭만적인 분위기로 만들어 준다.
- 난로 : 이것은 특히 바깥의 대기를 이용할 수 있을 때 아주 효율적이다. 그러나 설치가 잘못되면 환기가 안 되는 방 안의 경우 질식을 유발할 수도 있다.

사진 4.14 태양열 집열판

⑥ 태양열 난방(solar system)을 이용하는 난방에는 여러 가지 이점이 있다. 작동하는 데 비용이 거의 들지 않으며 대기오염의 염려가 없고 열의 원천이 되는 태양열은 무진장이기 때문이다. 그러나 태양의 방향, 날씨, 주위환경에 제한을 받는 단점이 있다. 현재의 기술수준으로는 태양열난방은 보통 한 건물의 난방장치 가운데 일부로서만 이용할 수 있을 뿐이다. 태양열 난방에서 능동식(active) 태양열 냉난방시스템은 물이나 공기를 시스템을 통해 펌프로 전달시키는 것이다. 집적판(사진 4.14)이 열을 포착하여 저장하는데 물이나 공기는 열의 저장을 돕는 역할을 한다. 보통 대형의 열 저장고가 사용되며 그것에는 액체막대나 소금이 들어 있다.

능동식 태양열 장치는 설치비용이 많이 든다. 그것에는 전력을 사용하는 설비가 필요하다. 수동식 장치보다 훨씬 복잡하기는 하지만 발열상태는 그보다 낫다(그림 4.28, 4.29).

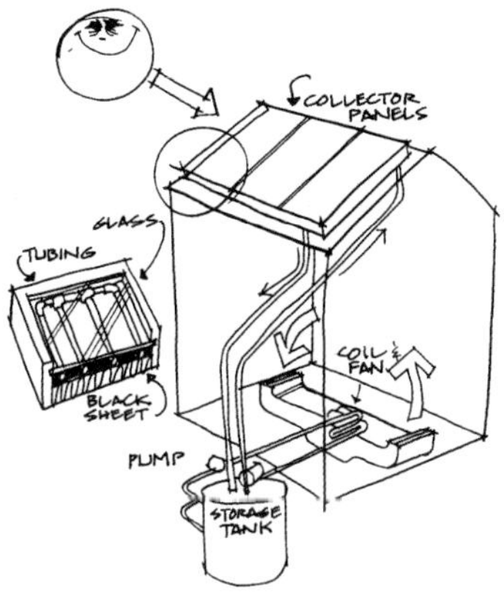

그림 4.28 태양열 난방(능동식)

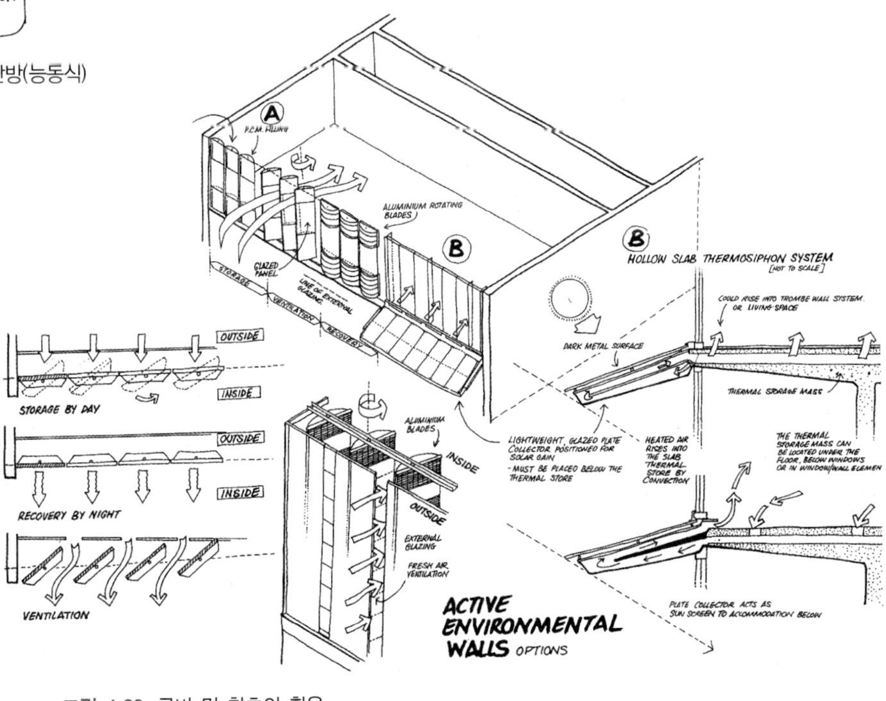

그림 4.29 루버 및 창호의 활용

그림 4.30 태양열 난방(수동식)

수동식(passive) 태양열 냉난방 장치는 창문을 통한 단열, 열의 순환, 열의 집적을 모두 이용하는 것이다. 완전하게 효과를 거두기 위해서는 여름에는 가장 적은 햇빛을 받고 겨울에는 가장 많은 햇빛을 받도록 창문 위치가 정해져야 한다. 그렇더라도 여름에 집안이 더워지는 문제를 피하지 못하는 경우가 더러 생긴다.

이 장치는 또한 열의 보존에도 문제가 있다. 추운 날씨가 여러 날 계속되는 경우 다른 난방장치가 요구된다.

건물에 단열을 시키는 방법에는 셔터나 묵직한 커튼으로 유리를 가리는 것이 포함되는데, 그렇게 할 경우 창문을 통한 심한 열의 손실을 어느 정도 막을 수 있다(그림 4.30).

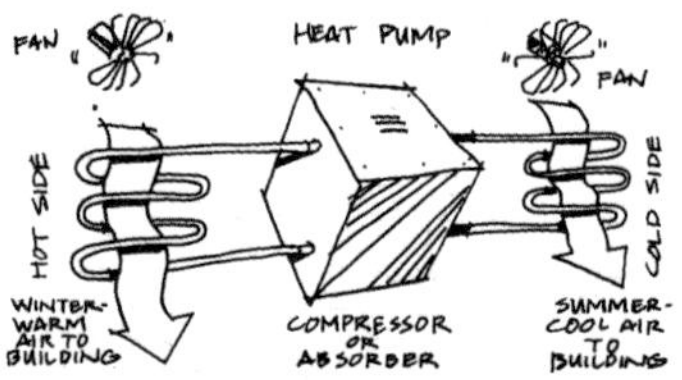

그림 4.31 열펌프

⑦ 열펌프(heat pump)란 바깥공기에서 열을 추출하여 그것을 옥내로 뿜어내는 것으로 여름에는 반대로 열을 옥외로 뿜어낸다. 그러므로 한 가지 시설로 냉방과 난방기능을 모두 발휘한다. 설치방법과 방 안의 온도에 따라 펌프는 자동적으로 열을 가하기도 하고 냉각시키기도 한다. 열펌프는 옥외코일, 옥내코일, 압축펌프 등으로 이루어진다(그림 4.31).

2) 냉방

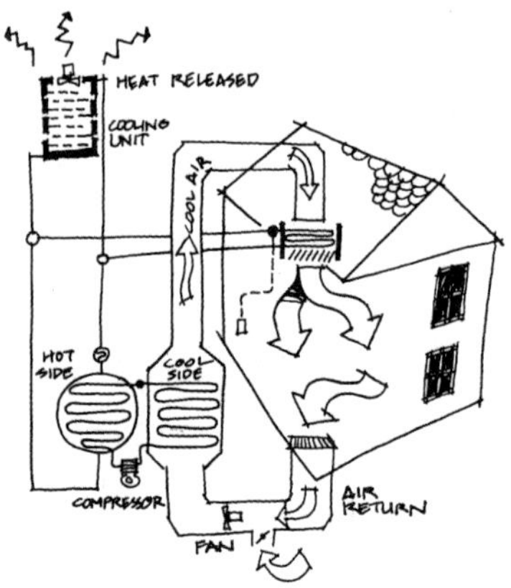

그림 4.32 냉방

공기냉각법(air cooling)을 이용하면 보다 쾌적한 환경을 만들 수 있다. 난방장치와 함께 짝을 이룬다면 1년 동안 건물 내의 사람들에게 일정한 온도를 제공하게 된다.

공기냉각법에는 중앙집중식과 증발식 두 가지 방법이 있다. 중앙집중식 공기조절(central air conditioning) 방법은 대기가열방법과 병행하여 이용할 수 있다. 이 방법을 이용하면 집안 전체를 냉각시킬 수 있으나 설치비용이 많이 든다. 소형도 있는데 보통 창문에 설치한다.

증발식 냉각기(evaporative coolers)는 작동시키는 비용이

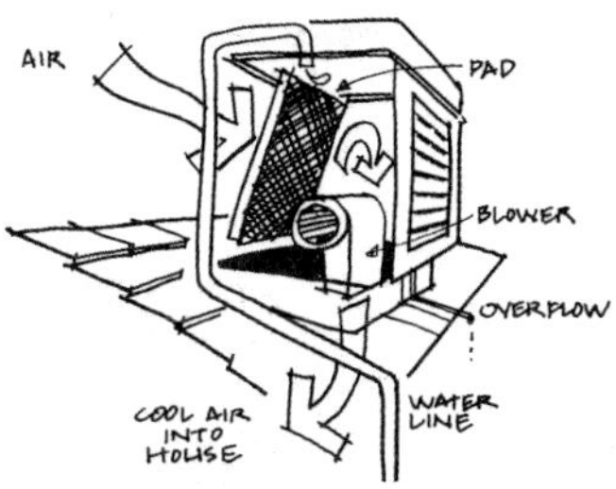

비교적 싼 편이다. 팬을 돌리는 데 소모되는 전기료 정도가 기본 비용이며, 상당량의 공기를 효과적으로 건물 내에 이동시킨다. 이것은 습도가 낮을 경우에 아주 효과적이다(그림 4.32).

3) 환기

공기는 압력이 높은 곳으로부터 낮은 곳으로 움직인다. 환기(air ventilation)장치는 더운 공기는 위로 올라오고 찬 공기는 밑으로 내려가는 기본원칙에 입각한 것이다.

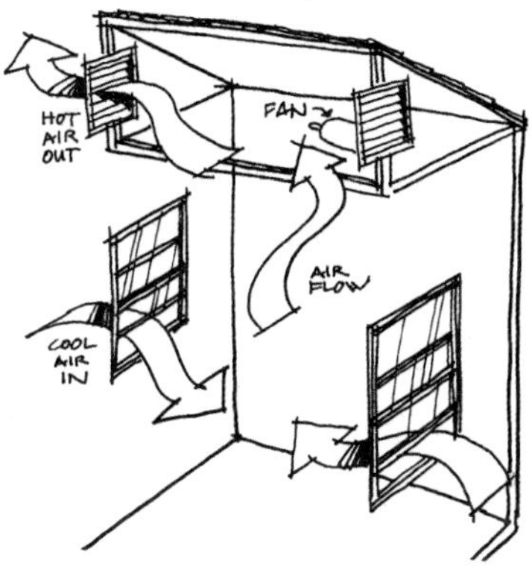

그림 4.33 환기

환기가 제대로 되기 위해서는 바깥의 맑은 공기가 필요하다. 환기장치란 가열하거나 냉각시키는 것이 아니기 때문에 이것이 필요로 하는 공기는 기온이 적당한 것이어야 한다. 이 장치는 또 외부에서의 공기 흐름에 영향을 받는다. 바람이 충분하지 못하면 환기는 제한을 받으며 너무 많은 경우 내부의 공기흐름도 지나치게 많아진다.

환기 시에 가장 흔히 이용되는 것이 창문이나 환통구이다. 따라서 새나 벌레들이 들어오는 것을 막기 위해서 스크린을 해둔다. 팬과 같은 기계장치의 도움을 받는 것이 필요할 때도 있다. 건물에 개구부를 내지 않으면 이런 환기는 가장 비효과적이다. 그러나 보온에는 가장 뛰어나다(그림 4.33).

4) 급수

모든 생물체는 수분을 흡수하고 또 물을 사용한다. 인체의 70%는 물로 구성되었으며 인간이 생활하는 터전의 연장이라고 할 수 있는 건물 또한 급수를 받고 물을 사용하지 않으면 안 된다. 물은 신선도가 필수적이다. 역사적으로 볼 때, 인간은 신선한 물을 얻을 수 있는 곳 가까이에서 거주한 것을 알 수 있다.

물은 압력이 가해져서 수도관을 통해 흐른다. 수도관은 수압을 이용하거나 펌프 또는 그 두 가지를 모두 이용할 수 있다. 일반적으로 물을 건물 내에서 사용할 수 있는 방법은 두 가지인데, 하나는 수도관에 직접 연결하여 사용하는 방식으로, 이는 단수되었을 때 물을 공급받을 수 없다는 단점이 있으며, 또 하나는 물을 우선 탱크에 저장하고 필요한 곳으로 공급하는 시스템으로 단수의 경우에

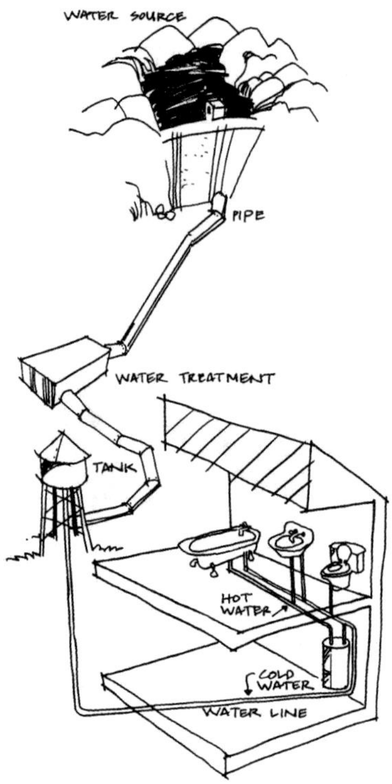

그림 4.34 급수

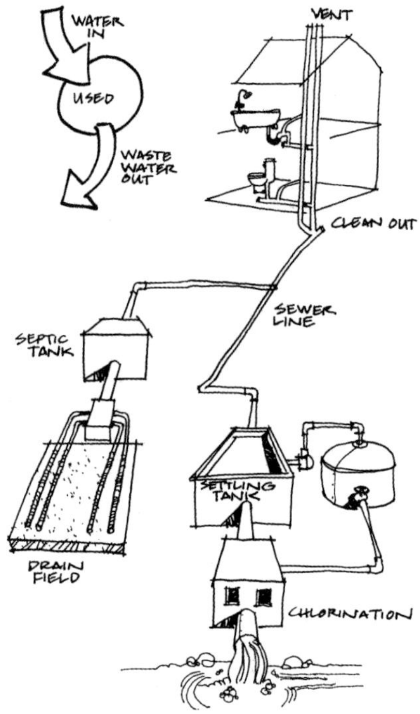

그림 4.35 배수

도 물을 쓸 수 있다는 장점은 있으나 탱크 내로의 불순물 인입 등으로 불결한 물을 사용할 수 있다는 단점이 있다. 그러나 전자이건 후자이건 사람들이 깨끗한 물을 사용할 수 있도록 하기 위해서는 불순물을 제거하는 정수시스템을 고려한다(그림 4.34).

5) 배수

모든 생물체는 배설을 하게 된다. 건물도 우리가 만들어내는 쓰레기나 배설물을 합리적으로 처리할 수 있도록 설계되어야 한다(그림 4.35).

배수방법에는 다음과 같은 두 가지 방법이 흔히 사용된다.

① **정화조(septic tank)** : 이것은 자그마한 독자적인 것으로서 배수된 것을 지하의 탱크에 저장한다. 보이지는 않지만 건물에는 보통 제각기 이러한 탱크가 마련되어 있다.

② 하수도(sewage system) : 이것은 여러 배수시설을 상호 연결시킨다. 배수된 물은 관을 통해 폐수처리장으로 운반된다. 도시에서는 종말처리장이라 하여 도시의 지역 곳곳을 담당하는 하수체계를 가지고 있다.

6) 배전(electrical system)

전기는 난방, 조명, 통신, 기계나 비품을 작동시키는 동력에 이용된다.

현대 산업사회에서는 한 발전소에서 발전된 전기가 광범위한 지역에 걸쳐 공급되고 있다. 흔히 사용되는 방식은 석탄을 이용하여 물을 증기로 바꾸고 증기로 터빈을 돌려서 발전기를 움직이게 하는 것이다. 물을 가열하는 다른 방법에는 오일 버너, 원자력, 태양열을 이용하는 방법들이 있다.

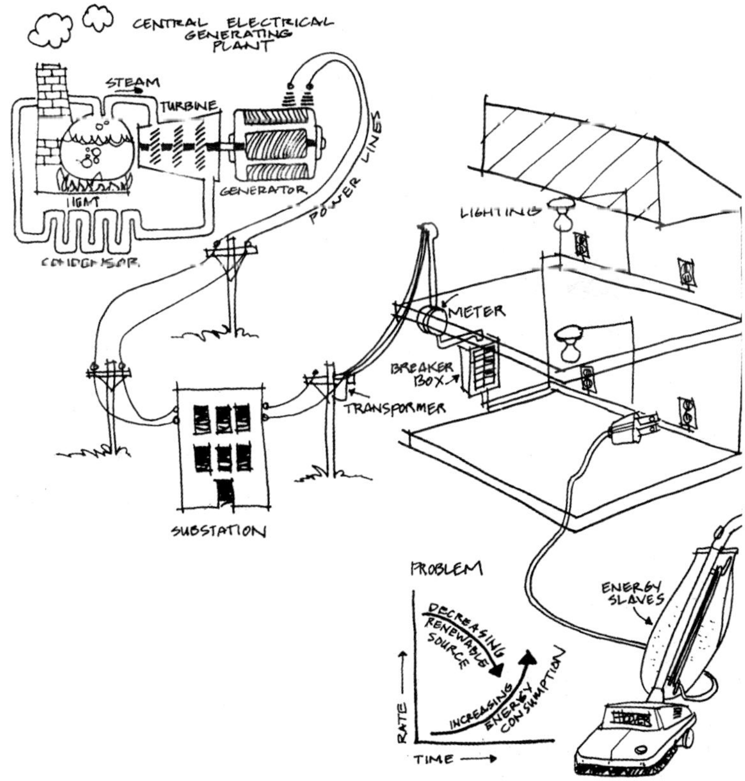

그림 4.36 배전

터빈을 움직이는 다른 방법에는 지하수, 댐으로부터 낙차되는 물, 조수 등의 수력과 풍력을 이용하는 것 등이다.

이러한 발전소에서 생산되는 전력은 아주 고압이다. 이 고압전기는 일단 송전소에서, 그리고 다시 변압기를 통해 전압이 낮아져 가정이나 기업체에서 사용된다(그림 4.36).

전기는 오늘날과 같은 과학문명 사회에서는 절대 필수적이다. 현재 우리는 생산되고 있는 전력을 거의 전부 소비하고 있으며 점점 생산이 소비를 따르지 못하는 지경에 이르고 있다. 그래서 앞으로 우리는 전기를 어디서 어떤 방법으로 얻고 찾아낼 것인가에 대한 다양한 방법을 연구하고 있다.

현대 산업사회에서 서비스업이 강화되고 금융업이 국제화되며 인터넷 시대가 열리면서, 기업에 있어서도 다양한 정보를 선택 가공하기 위해 창조적 업무를 확대하기 위한 장으로서 고도의 정보통신처리기능을 장비하고 창조적 업무를 수행하는 데 어울리는 공간구성과 환경을 갖는 빌딩이 인텔리전트 빌딩이다. 특히 최근에는 유비쿼터스와 관련하여 정보통신 쪽이 많이 강화되고 있는 만큼 설비는 기술적 측면뿐만 아니라 경제적 · 사회적 측면에서도 중요하다.

4.3.3 시공

건축시공은 인간생활의 목적에 적합한 건축물을 짓기 위하여 천연적인 재료 및 공업제작품을 가공 · 조립하는 일체의 기술적 · 경제적 활동과정의 제반 행위를 포함한다. 미(美), 구조(構造), 기능(機能)의 건축 3요소를 갖춘 건축물을 경제적 · 기간적 합리성이라는 틀 속에서 구축하는 과학적 건축기술 활동을 말한다.

건축시공은 건축가에 의해 작성된 건축도서를 바탕으로 건설회사 등의 전문업체가 조직적으로 담당하는 만큼 그 범위가 매우 넓고 체계적이지만, 크게는 건축재료, 건축의 일반구조, 그리고 시공을 통해 건축생산이라는 궁극적 목표를 위한 종합시스템이라 할 수 있다.

1) 건축재료

과거에 천연재료를 사용한 이래로 산업혁명에 의한 인공재료의 등장 및 기계화에 따른 대량생산은 형상 및 치수의 규격 통일, 의장 및 품질의 표준화를 요구하게 되었으며, 현재까지 계속 발전해 오고 있다. 현대에는 건축물의 종류가 다양화되고 대형화, 고층화됨에 따라 건축재료에 대한 요구성능 또한 고도화, 고성능화를 요구하고 있다.

재료의 조절은 필수적인 일이지만 너무 많은 재료를 사용하려는 건축가는 다양성보다는 통일성이 없는 뒤죽박죽된 결과를 얻게 될 것이다. 또한 비용도 많이 들며 디자인의 체계와 일관성을 잃게 된다. 결과적으로 일관성을 상실하게 되는 디자인은 선택된 재료, 사용방법, 관여한 사람들의 개성도 일관성이 없었음을 반영해 주는 것이다. 또한 재료가 응력을 받으면 어떻게 되는가? 재료의 외양은 어떠한가? 재료의 색깔은 무엇인가? 서로 다른 재료들이라도 함께 사용이 가능한가? 재료비는 비싸지 않은가? 시공업자가 사용하기에 편리한가, 어려운가? 필요한 양만큼 얼마든지 공급되는 재료인가? 등의 모든 면에 대한 정보와 지식이 요구된다.

현재 이용 가능한 건축재료는 수없이 많아 그 모든 것을 다 알 수는 없지만 여러 가지 재료가 갖는 특정한 성격, 그리고 그 재료들과 건축, 기술문명 사이의 관계를 충분히 이해할 필요가 있다. 또한 다음에 보여주듯이 재료를 가장 기본적이고 체계적인 형태로 분류하여 그 재료의 현황, 비용, 용도 등을 파악하고 있어야 한다.

① 목재

사진 4.15 목재의 제재

목재는 건축용 재료로서 옛날부터 중요한 구조재나 수장재로 사용되었다. 현재는 철근콘크리트와 철재 등의 사용으로 사용량이 줄었으나 자연친화적 건축에 대한 요구가 증가함에 따라 선호도도 다시 증가하고 있는 실정이다.

목재의 장점은 가공성이 좋고, 온도에 대한 신축이 적으며, 외관이 아름답고, 가격이 비교적 싼 장점이 있는 반면 가연성, 부식성, 수분에 의한 변형과 팽창수축이 크고 강재나 콘크리트보다는 상대적으로 강도가 떨어진다는 단점이 있다. 그것의 용도는 구조재, 외부마감재, 내부마감재에 따라 각기 종류를 달리하고 크게 경목(활엽수)과 연목(침엽수)으로 대별되며, 용도 외에 여러 가지 색, 질감, 무늬결 등을 제공해 준다.

인테리어 공사에 주로 쓰이는 파티클 보드(particle board)는 자그마한 나뭇조각을 함께 결합시킨 것으로 내구성이 강하고 표면이 매끈하며 저항력도 강하다. 폴리우드(plywood)는 얇은 나무판을 여러 겹으로 겹친 것으로 단일 강재보다 강도가 매우 세다(사진 4.15).

② 석재

석재는 고대건축에서 구조 및 의장재로서 큰 역할을 해 왔으나 지금은 주로 내·외장재료로 이용되고 있다. 석재는 주변에 상당량이 산재해 있으나 건축용으로 요구조건을 갖춘 석재는 그리 많지 않다. 건축용 석재는 강도, 경도, 시공성, 내구성, 색감, 질감뿐만 아니라 채석의 용이도, 운반성 등을 고려해야 한다.

석재는 불연성이고 압축강도가 크며 내구성, 내화학성, 내마모성이 좋고 외관이 장중하고 치밀하며 갈면 아름다운 광택이 난다는 장점이 있는 반면에 인장강도가 압축강도에 비해 너무 낮고 장대재를 얻기 어려우며, 비중이 크고, 가공성이 좋지 않다는 단점이 있다. 우리나라에서 가장 보편적으로 쓰이는 석재는 화강암(granite)으로 외장재, 바닥재 등으로 쓰이고 그 외에도 석회암, 대리석, 점판암, 석판 등 석재의 형상 및 용도에 따라 널리 쓰인다(사진 4.16).

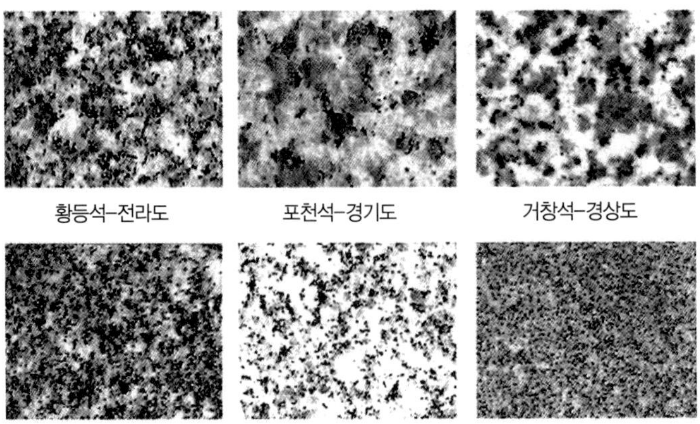

사진 4.16 화강암의 표면

③ 세라믹 제품

흔히 볼 수 있는 건축재료로서 크기가 작고 열을 가하거나 화공약품에 의해 단단해지는 무기질로 구성되어 있다. 제조과정에서 고온처리를 받는 비금속 무기재료를 세라믹이라고 하며, 일반적으로 건축용 세라믹 제품은 점토를 주원료로 하여 용도와 형상에 따라 반죽하고 성형한 후 소성한 것들로 벽돌, 기와, 타일, 위생도기, 테라코타 등이 대표적인 제품이다. 세라믹 제품은 기본적으로 내구성이 우수할 뿐만 아니라 표면형상을 자유롭게 바꿀 수 있어 건축물의 내 · 외장재료로 널리 사용되고 있다(사진 4.17~19).

사진 4.17 내화벽돌

사진 4.18 타일의 형상

사진 4.19 위생도기

④ 콘크리트

시멘트와 광물질의 쇄석(aggregate)을 상당량의 물과 함께 섞어 시멘트가 굳어지고 덩어리가 이루어지도록 하여 만드는 건축재료이다. 굳어지기 전에는 다루기가 용이하며, 일단 굳어지면 아주 단단해지고 튼튼해진다.

콘크리트는 강재, 석재, 목재 등과 함께 현대건축물의 구조재로서 가장 널리 쓰이며, 특히 압축강도가 크고 내화성, 내구성, 수밀성, 철근철골 등의 방청성이 있고, 성형상 자유성이 있으며 경제적이기 때문에 철근콘크리트구조, 철골철근콘크리트구조에 널리 사용된다.

일반적으로 양호한 콘크리트란, 사용목적에 따라 아직 굳기 전에는 작업이 적당한 워커빌리티(workability)를 가지며 경화 후에는 균질하고 필요한 강도, 내구성, 수밀성 등이 있고 체적변화가 적으며 경제적인 콘크리트를 말한다. 이와 같이 양질의 콘크리트를 얻기 위해서는 콘크리트 각 재료의 선택에서 배합, 계량, 비빔, 운반, 치기, 양생 등의 시공 전반에 걸쳐 엄격한 품질관리가 필요하다(사진 4.20).

사진 4.20 시멘트, 자갈, 철근

⑤ 금속재료

천연재료이기는 하지만 원래 상태 그대로 사용되지는 못하고 광석에서 필요한 물질을 제련하여, 이것을 추출 · 정련하여 얻어진 것으로서 철금속과 비철금속으로 나뉜다. 일반적인 금속재료의 특성은 열과 전기의 전도체이고 소성변형이 가능하며 경도 및 전성, 연성이 큰 재료로서 압축강도와 인장강도 모두가 크다. 그러나 비중이 크고 부식이 생기기 쉬운 단점이 있어 이를 보완하기 위한 금속이 개발되고 있다.

금속재료로 가장 많이 쓰이는 철금속인 강재는 본래 아주 연질이어서 일반적으로 사용하기에는 부적당한 순수한 철에 제 원소들을 혼합하고, 특히 탄소의 혼합량으로 철류의 강도 및 그 외의 강도를 개선시킬 수 있다. 또한 철은 불림,

풀림, 담금질, 뜨임질과 같은 열처리 및 가공에 의해 성질을 개선시키는 효과가 크다.

비철금속으로는 동, 납, 구리, 알루미늄, 주석, 스테인리스 스틸 등 수십 종에 이른다. 특히 이 중 알루미늄은 손쉽게 형태를 만들 수 있는 청색을 띠는 은백색의 금속으로서, 가볍고 부드러우며 자력을 띠지 않고 전기와 열전도성이 좋으며 반사도가 높고, 또한 산화작용에 저항하는 힘이 강하다. 이러한 이유 때문에 알루미늄은 금속재료로서 공업생산이 개시된 이래 백년도 되지 않는데도 기타 비철금속의 생산을 앞질러 금속재료로서 철강 제품 다음으로 많이 사용되고 있다(사진 4.21).

사진 4.21 알루미늄새시 바의 형상

⑥ 유리

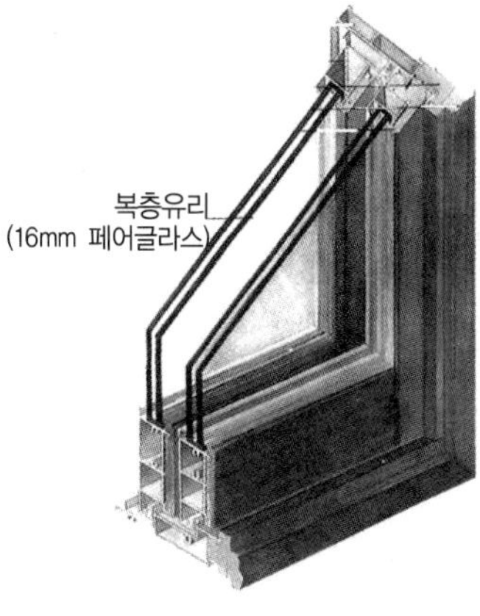

그림 4.37 복층유리

유리는 현대건축에서 철, 시멘트와 함께 빼놓을 수 없는 재료로서, 규산염을 용제(flux)와 안정제(stabilizer)와 함께 섞어 단단한 비결정체를 녹인 투명한 화합물이다.

유리는 광선을 투과시키는 반영구적이고 내구성이 있는 불연재료로서, 품질이 비교적 균일하여 대량생산이 가능한 재료이나 충격강도가 약하여 파손되기 쉽고, 파손된 파편이 날카로워 위험하며, 연소에 약하고 두께가 얇아 단열 · 차음효과가 적은 결점을 가지고 있다. 그러나 필요에 따라 단점을 보완하고 성능을 향상시킨 특수유리, 열처리유리, 복합유리, 유리블록 등을 개발 · 사용하고 있다(그림 4.37, 사진 4.22).

사진 4.22 유리블록

⑦ 미장재료

미장재료는 건축물의 내외벽, 바닥, 천장 등의 구체 부위를 대상으로 미화, 보호, 보온, 방음, 내화 등을 위하여 적절한 두께로 발라 마감하는 재료이다. 비교적 두께가 얇게 시공되는 도장재료와는 구별되어 무정형의 재료로 흙손, 뿜칠기 등을 이용하여 어느 정도의 두께를 요하는 시공에 적합한 성질을 가진 재료이다. 마감재료는 회반죽, 석고플라스터, 시멘트 모르타르, 에폭시수지 바닥마감재 등 용도에 따라 그 종류가 다양하게 생산되고 있다(사진 4.23).

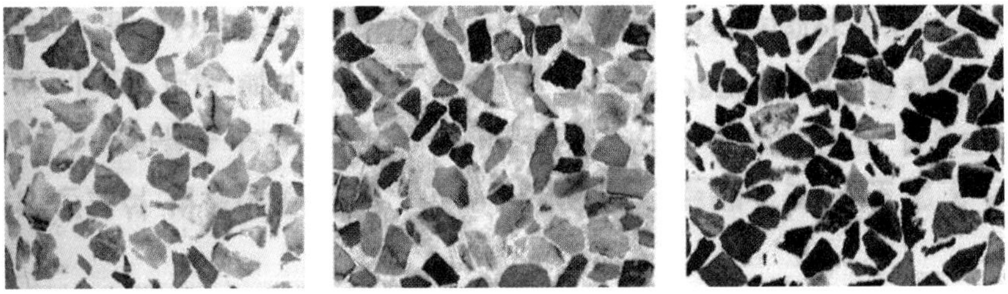

사진 4.23 테라초 마감

⑧ 도장재료

도장재료란 유동상태로 사물의 표면에 바르면 얇은 층을 형성하고, 시간이 흐름에 따라 표면에 부착된 채로 고화하여 연속적인 피막을 형성함으로써 그 물체를 보호하고 미관을 충족시키는 재료를 말한다.

도장재료를 건축물이나 공작물 등의 표면에 도장하면 내식성, 방부성, 내후성, 내화성, 내열성, 내구성, 내화학성 등을 증가시키고 방수성, 방습성, 내마모성 등을 높이고 착색, 광택, 무늬 등으로 외관을 아름답게 미화시킨다.

도장재로 가장 일반적인 것은 페인트이며 이는 유성페인트와 수성페인트로 나뉘는데, 유성페인트는 광택이 있고 주로 철재류의 녹과 부식방지 및 미화를 위해 사용되며 수성페인트는 광택 없이 내외장의 미화를 위해 주로 사용된다.

⑨ 합성수지

합성수지는 석탄, 석유, 천연가스 등의 원료를 인공적으로 합성시켜 얻은 고분자물질을 말하며, 일반적으로 플라스틱과 같은 뜻으로 쓰이는 경우가 많다. 플라스틱은 유기물질, 합성재료 또는 공정을 거쳐 생산되는 재료로서 펴서 늘이거나 몰딩 또는 주형하여 가는 실 모양이나 막 또는 덩어리로 만들어낸 것이다.

플라스틱은 가공상의 특성과 분자구조에 따라 열가소성 플라스틱과 열경화성 플라스틱으로 나누는데, 전자는 가열하면 연화 또는 융해하여 가소성이 되고 냉각하면 경화하는 재료이며, 후자는 초기에는 가열에 의해 가소성이 있어 성형되지만 한 번 경화 후에는 가열에 의해 연화 및 융해가 되지 않아 재성형이 불가능한 재료이다.

플라스틱은 건설에서 날이 갈수록 많이 사용되고 있으며 그 범위도 매우 다양하여 건축물의 거의 모든 부분에서 없어서는 안 될 필수적인 건축재 역할을 하고 있다. 그 쓰임은 매우 다양하지만, 몇 가지 예를 들면 파이프, 각종 부품접착제, 섬유, 보호용 코팅, 밀폐용 합성재, 방수용 재료, 덕트의 단열재, 샌드위치 패널, 절전재 등으로 우리가 흔히 볼 수 있는 재료이다(사진 4.24).

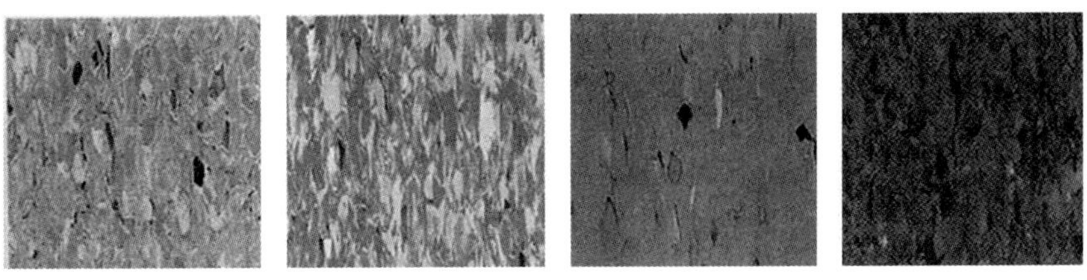

사진 4.24 리놀륨 타일

2) 일반구조

구조는 기둥, 보, 바닥, 벽 등을 의미하며, 그것의 배치와 조합방향을 구체적으로 생각할 필요가 있다. 건축에서의 구조는 건물의 용도, 규모, 환경, 경제성 등을 더하여 구조재료와 구법이 선정되어야 한다. 따라서 적절한 구조 선택을 통해 사용목적을 만족시키는 건축이어야 한다.

건축구조를 분류하는 기준은 여러 가지가 있을 수 있다. 우선 구체재료상의 분류로 건축물의 힘을 주로 받는 기둥, 보 등과 같은 구조체의 재료로서 이것을 분류하면 나무구조, 벽돌구조, 콘크리트구조, 철골구조 등으로 나누어진다. 또한 건축물의 뼈대가 힘을 받는 역학적 구조양식상의 분류로 내력벽식 구조(wall bearing construction), 가구식 구조(post and lintel construction), 일체식 구조(rigid frame construction) 속칭 라멘구조, 입체트러스구조(space truss frame), 박판구조(thin plate), 막구조(membrane), 현수구조(suspension structure) 등으로 나누어 볼 수 있다. 시공방법으로 분류하면 습식구조와 건식구조로 대별된다.

일반적으로 건축물의 주요 구성 부분은 기초(foundation), 기둥(column), 벽(wall), 바닥(floor, slab), 지붕(roof), 천장(ceiling), 계단(stairs), 수장(뼈대에 붙여 댄 것의 총칭으로 문틀, 걸레받이 등), 창호(window, door), 마무리(finishing) 등으로 분류하는 것이 관례이다.

이와 같이 일반구조에 대한 이해는 범위가 매우 넓고 다양하다. 그래서 건축에 대한 기초지식을 습득한다는 관점에서 건축구조의 분류와 건축물의 주요 구성 부분을 중심으로 다시 체계적인 분류를 통해 건축구조의 일반적인 이해를 도모하고자 한다.

① 기초구조

기초는 자중, 적재하중 등 기타의 외력을 받아 최종적으로 지반에 전달하기 위한 하부지중 구조물로 미관에 관계가 없으며, 보수 및 보강이 힘들고 건축물의 하중을 안전하게 지반에 전달할 목적으로 지중에 설치된 구조 부분을 말한다.

기초는 지반에 직접 지지시키는 경우와 지반이 약해서 말뚝을 박아 지지시키는 경우가 있다. 기초형식에는 단독으로 존재하는 기초(독립기초), 2개 이상의

사진 4.25 줄기초

사진 4.26 말뚝기초

기초를 합치는 기초(복합기초), 연속되는 기초(연속기초), 건물 밑바닥 전부를 기초로 하는 경우(온통기초) 등이 있다.

건물의 고정하중, 적재하중과 그 외의 하중, 외력 등은 기둥, 슬래브, 벽 등의 각부 구조체를 통해 흐른다. 이런 힘의 흐름은 상부구조로부터 그 아래의 기둥을 통해 최종적으로 기초에 전달된다. 지반의 지지력이 작은 경우 기초를 크게 하지 않으면 안 되고 지반의 상태가 연약한 경우 말뚝기초로 해야 한다. 지반의 좋고 나쁨은 일반적으로 지질조사에 의해 판단한다(사진 4.25, 4.26).

② 조적구조

자연에서 나온 원자재를 1차 가공한 동일 패턴의 단위재료를 접합재로 쌓아서 역학적 · 의장적 · 기능적 역할을 충분히 만족시킬 수 있도록 하는 구조방법을 의미한다. 이는 태초부터 인간이 가장 용이하게 선택할 수 있는 방법이었으므로 가장 오랜 구조방법 중의 하나이며, 순수 자연재를 1차 가공함으로써 자연적인 분위기를 연출할 수 있다. 어느 장소에서나 쉽게 구할 수 있고 고도의 숙련되지 않은 축조기술로도 가능하므로 그 이용성이 크다고 할 수 있다.

조적조는 내화 · 내구 · 방화적이고 방한, 방서적이다. 그러나 풍압력, 지진력, 기타 인위적인 횡력에 약하다. 고층에 부적합하고 벽두께가 두꺼워 실내 유효면적이 줄어들며 벽체에 습기가 차기 쉬운 결점이 있다. 이러한 단점 때문에 현대에서는 구조체보다는 표면 마감재, 즉 장식재로 주로 사용된다.

조적조는 크게 벽돌구조, 블록구조, 돌구조로 분류된다. 벽돌에는 우리가 흔

사진 4.27 벽돌쌓기

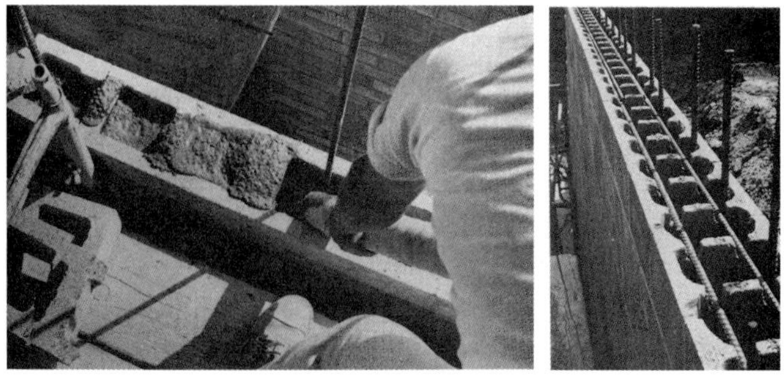

사진 4.28 시멘트와 철근의 보강

히 볼 수 있는 붉은벽돌 이외에도 검정벽돌, 내화벽돌, 시멘트벽돌 등 그 종류가 다양하다. 블록은 벽돌과 함께 가장 많이 사용되는 재료로서 콘크리트로 만들어지며, 벽돌과 달리 내부에 빈 공간을 두어 단열 및 방음효과가 우수하고 필요시 철근을 보강할 수 있는 구조재이다. 마지막으로 돌은 외관이 장중, 미려하고 내화성이 있으며 마모, 풍화에 대한 염려가 없다. 또한 가공방법과 쌓기방법에 따라 다양한 변화와 미려한 외관을 창출할 수 있다(사진 4.27, 4.28).

③ 철근콘크리트구조

압축력이 강한 콘크리트는 상대적으로 인장력에 대해서는 아주 약하다는 결점이 있다. 그래서 철근콘크리트 구조체는 인장응력이 일어나는 곳에 철근(reinforcing bar)을 넣어서 일체로 작용하도록 한 것을 철근콘크리트(reinforced concrete)라고 부른다.

철근은 이러한 인장력을 담당하는데, 철근으로 사용되는 강재는 연강을 사용하여 인장강도가 크고 또한 콘크리트가 타설되면서 매입되는 철근은 좌굴이 발생하지 않아야 하므로 압축에 대한 충분한 내력이 있어야 한다. 콘크리트와 철근의 강도를 비교해 보면 콘크리트는 철근에 비해 비교되지 않을 정도로 강도가 작다. 소량의 철근은 큰 인장력을 부담하게 되고 큰 단면적의 콘크리트가 압축력을 분담하여 합리적인 철근콘크리트구조(R.C.)가 성립되는 것이다. 여기서 특히 철근과 콘크리트의 훌륭한 조합은 이것들이 친화성이 좋고 온도에 대한 신축계수가 거의 동일하며 부착력이 크기 때문에 일체로 거동한다는 점이며 또한 철

사진 4.29 콘크리트구조

사진 4.30 레미콘

근은 콘크리트 속에서 녹스는 일이 거의 없어 내구성이 매우 좋다는 것이다.

철근콘크리트조의 건축물은 내구, 내화, 내진, 내풍 등의 점에서 우수한 성능을 발휘한다. 동바리나 거푸집의 품이 많이 들지만 여러 가지 치수 또는 형태의 구조물을 만들 수 있으며 공사비가 상대적으로 저렴하고 유지관리가 용이하다. 반면에 철근콘크리트구조물은 자중이 크고, 균열이 생기기 쉬우며, 시공의 정밀도와 기일이 요구되며, 파괴 또는 철거의 곤란, 구조물의 보강 및 개조가 어렵다. 습식공법을 쓰기 때문에 현장이 다소 번잡하고 강도계산이 복잡하다는 등의 결점이 있으나 장점이 훨씬 많고 다른 구조법으로 따를 수 없는 우수성이 많다(사진 4.29, 4.30).

④ 특수건축구조

공학기술의 발달, 재료의 성능 향상을 통해 보편적인 건축구조를 뛰어넘는 특수한 형태의 구조가 가능해졌다. 다양한 특수구조가 개발되고 실제 활용되고 있으며, 다음은 그중 대표적인 몇 가지 예이다.

- 프리스트레스트 콘크리트구조(prestressed concrete, P.C.) : PC는 주어진 하중에 의해 부재에 일어나는 응력의 크기와 분포를 가상하여 이를 상쇄할 수 있는 힘을 부재에 하중이 가해지기 전에 미리 인공적으로 준 콘크리트를 말한다. 프리스트레스트 콘크리트구조란 구조물의 기둥, 보, 내력벽 등 외력을 지지하는 주요 부분에 프리스트레스트를 도입한 콘크리트구조물의 총칭이다.

  PC구조의 장점은 내구성이 크고 부재에 대한 확실한 강도와 안전을 갖게 되

사진 4.31 PC의 현장조립

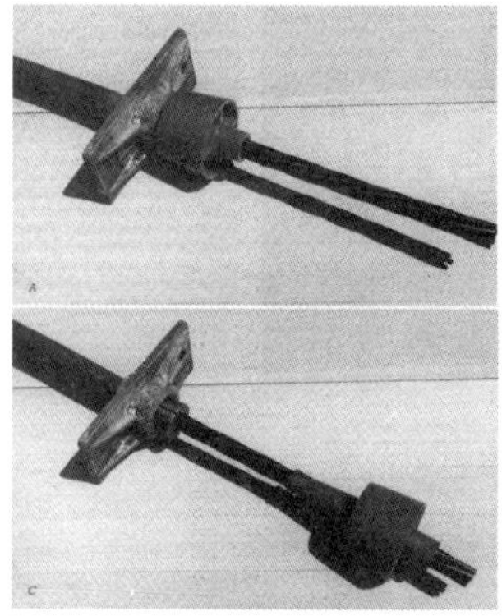

사진 4.32 포스트텐션용 와이어 앵커

며, 건축생산방식의 합리화를 통한 프리패브리케이션(prefabrication)이 가능하다는 점이다. 콘크리트에 응력을 부여하는 방법에 따라 프리텐션(pre-tension)공법과 포스트텐션(post-tension)공법으로 나뉘는데, 전자는 공장에서 긴장한 강재를 배근한 거푸집에 콘크리트를 타설하여 기 제작된 형태를 현장으로 옮기는 공법이며, 후자는 콘크리트 강도가 발현된 후에 스트레스를 도입하는 현장형의 공법이다(사진 4.31, 4.32).

- 쉘구조 : 조개껍질이라는 단어에서 유래된 구조형식으로, 상대적으로 얇은 판으로 구성되지만 휨과 견고성이 탁월한 곡면판의 구조로 큰 스팬의 지붕구조에 많이 사용된다.

  쉘의 형태는 특정한 모양으로 한정되어 있지 않으므로 설계자는 생각할 수 있는 최대의 자유가 있으나 건축할 수 있는 기술상의 문제, 역학적인 검토의 어려움으로 원통형 쉘, 구형 쉘, 쌍곡포물곡면 쉘, 타원포물선 쉘 등 기 입증된 형태들과 그것에서 다소 응용 · 변형된 형태들이 주로 쓰이고 있다.
- 절판구조 : 보통 종이는 어떤 하중에 대해 거의 견디지 못하지만 그 종이를 접었을 경우에는 종이 그 자체가 하중을 견딜 정도로 강성을 갖게 된다. 이와 같이 절판구조는 평판을 접어서 휜 형상의 절판으로 만든 형식으로 외력을 면내응력으로 처리할 수 있도록 하여 대공간의 구성이 가능한 구조형식이다.
- 입체트러스(space truss) : 넓은 지붕 등을 종횡으로 트러스를 짜서 일체식

으로 넓은 평판을 구성한 구조물을 말하며, 체육관과 같은 넓은 공간을 덮는 데 많이 쓰인다. 트러스를 삼각형으로 짜서 만든 것을 삼각형 스페이스 프레임(triangulated space frame)이라 하고, 사각형으로 짜서 만든 것을 구형 스페이스 프레임(rectangular space frame)이라 한다.

사진 4.33 금문교

- 현수구조(suspension structure) : 샌프란시스코의 금문교(golden gate bridge)나 우리나라의 서해대교와 같이 강봉이나 케이블 등을 사용하여 지지점에서 지붕 및 바닥 등의 슬래브를 매달아 지지하는 방식이다(사진 4.33).

⑤ 공업화 건축구조

사진 4.34 벽체의 현장소립

공업화 건축을 간단히 정의하면 공장에서 생산된 부재와 부품을 현장으로 운반하여 단순한 기계적 방법만으로 조립 · 건설하는 것으로 생산, 계획, 설계, 건설, 유지관리, 자재구입 등에 이르기까지 일관된 관리체계에 의해 이루어진 것을 말한다.

공장관리에 의해 품질이 향상되며 공장생산으로 공기가 단축되고 노동력 절감, 기후의 영향을 받지 않는 등의 장점이 있으나, 반면에 공장에서 제작함으로써 획일적인 형태, 즉 다양성의 문제가 제기될 수 있다. 또한 운반상의 문제로 공급반경이 제한된다는 점과 현장조립 시 접합부에 대한 처리가 어렵고 시장의 한계로 수요의 확보에 어려움이 있다.

사진 4.35 나가킨 캡슐타워

공장에서 어느 정도를 제작하느냐에 따라 기둥과 보 등의 주요 건축물의 골조를 조립하는 골조 공업화 건축구조, 구조체에 붙여지는 벽체를 조립하는 패널식 공업화 건축구조, 마지막으로 거주가 가능한 모듈러 유닛(modular unit)의 제작을 목적으로 한 상자식 공업화 건축구조로 분류할 수 있다(사진 4.34, 4.35).

⑥ 철골구조

철골구조는 강판 및 각종 형강을 리벳, 볼트, 용접 등의 접합방식으로 조립한 구조 또는 건축물을 철골구조 또는 강구조라고 한다.

과거에는 기술의 한계로 조적조 건축물이 지어졌고 근대 이후 콘크리트라는 소재가 각광을 받았으나 현대건축의 고층화, 대형화를 충족시키기에는 이 콘크리트만으로는 한계가 있다. 기존 라멘 등의 방식으로는 구조와 형식이 번거로운 실정이었으나, 공업화 과정 속에서 강재의 대량생산이 가능해지면서 철강재를 각종 구조물에 이용하게 되었고, 이에 따라 건축물에서도 철골을 이용한 다양한 양식의 건축이 가능하게 되었다.

강재는 다른 재료에 비해 재질이 균일하고 믿을 수 있고 중량이 상대적으로 가볍고 인성과 내력도 커서 고층건물 또는 대규모 스팬 건축물에 적합한 구조재라 말할 수 있다. 그러나 단면에 비하여 부재의 길이가 비교적 길고 두께가 얇아서 좌굴하기 쉽고, 철강재는 온도가 538°C가 되면 탄성이 반감하므로 철골구조 건축물은 기둥, 보, 바닥, 천장 등 주요 구조부에 대해 반드시 내화피복을 해야 한다. 이러한 단점의 해결을 포함하여 더 많은 장점만을 취하고자 철골조 뼈대 주위에 철근배근을 하고 콘크리트를 부어서 3자가 일체가 되게 한 구조를 철골철근콘크리트구조(SRC조)라 한다. 특징으로는 단면 외형이 작고 내화성능이 우수하며, 공사기간이 단축되나 직접공사비가 많이 발생한다.

철골구조용 강재로는 H형강, I형강 등의 형강류, 강판, 봉강, 강관 등이 보편적으로 쓰인다. 이 강재들의 접합방법은 과거에는 리벳접합이 일반적이었으나 근래에는 용접과 고력볼트접합이 주로 사용된다. 강재를 이용한 축조는 모든 구

사진 4.36 무주공간을 위한 철골구조

사진 4.37 고층건물의 철골구조

조체가 가능하지만 바닥의 경우 골함석 모양의 큰 홈을 가진 철판 바닥판인 데크 플레이트(deck plate)를 깔고 그 위에 콘크리트를 치면 바닥 콘크리트공사용 형틀이 필요 없을 뿐만 아니라 공사를 신속하게 할 수 있고 바닥 수평면의 강성을 높일 수 있는 장점이 있다. 외벽의 경우 일반 철근콘크리트 건축물과 마찬가지로 벽돌공사 쌓기 등 다양하게 할 수 있으나, 고층건물 등에서는 건물의 경량화와 공기단축 등의 이유로 조립식 공법이 많이 쓰이며 금속커튼월, PC커튼월 등에 사용된다(사진 4.36, 4.37).

⑦ 나무구조

인간이 인공구조물을 제작하기 시작한 이래로 가장 쉽게 구할 수 있고 다루기 쉬워 오랫동안 이용해 온 것이 목재(木材)이다. 기둥, 보, 도리, 지붕, 벽체, 마룻바닥 등의 뼈대, 즉 건축물의 주요 구성재료는 목재로 이루어지는데 이것들을 가구식(架構式)으로 구축한 것을 나무구조라 한다.

목재는 중량에 비해 허용강도가 큰 편인데, 특히 휨에 대하여 강하며 열전도율이 적고 가공성이 풍부하다. 또한 미관이 수려하고 질감이 좋은 천연재료로서의 장점을 갖고 있다. 그러나 내화 · 내구성이 다른 어떤 건축자재보다도 약하다는 가장 큰 결점을 가지고 있다. 물론 모르타르를 바르거나 기타의 방법으로 어느 정도의 내화성을 높일 수 있으나, 완전하지는 못하기 때문에 건물이 밀접한 지역에서의 축조는 많은 위험이 따른다. 또한 중량에 비해 강도가 큰 편이지만 고층건물이나 큰 간사이 건축 등의 구조체로 사용하기에는 매우 부족하다.

건축물의 규모와 용도 또는 장소에 따라 그 사용되는 목재의 종류는 구별해서 사용해야 한다. 구조재는 건물의 뼈대가 되는 부재이고 큰 하중을 받게 되며, 수장재는 주로 실내 수장(修粧)에 쓰여 치장되는 것이다. 따라서 구조재는 강도가 탁월하고, 수장재는 나뭇결이 좋고 무늬가 고우며 뒤틀림이 적은 질긴 나무이면 좋다.

사진 4.38 나무구조

목재는 침엽수와 활엽수가 있는데, 전자는 가공이 쉽고 곧고 긴 재료를 얻을 수 있어 주요 건축구조재로 사용되며 후자는 단단하고 비중이 커서 가공하기가 어렵다. 따라서 강도를 요구하는 장소와 마모에 견뎌내야 할 부분, 미관적이고 내충성이 필요한 부분에 사용된다.

나무목재의 결구방식(結構方式)으로는 매우 숙련된 목수에 의해 각목재 또는 둥근목재를 이음과 맞춤으로 결구하는 조인트 시스템(jointing system)과 비교적 단면이 작고 구형(矩形)으로 된 목재를 못 등의 철물로 결구하는 네일링 시스템(nailing system)으로 대별된다(사진 4.38).

⑧ 지붕구조

지붕의 모양이나 재료는 건축물의 종류와 규모 및 그 지역의 기후, 풍토와 거주자의 기호에 따라 다양한 형태를 취할 수 있다. 또한 설계자의 조형적 감각에 따라 여러 가지 형태가 창출될 수도 있다(그림 4.38).

일반적으로 쓰이는 지붕 모양으로는 외쪽지붕, 박공지붕, 모임지붕, 망사르드

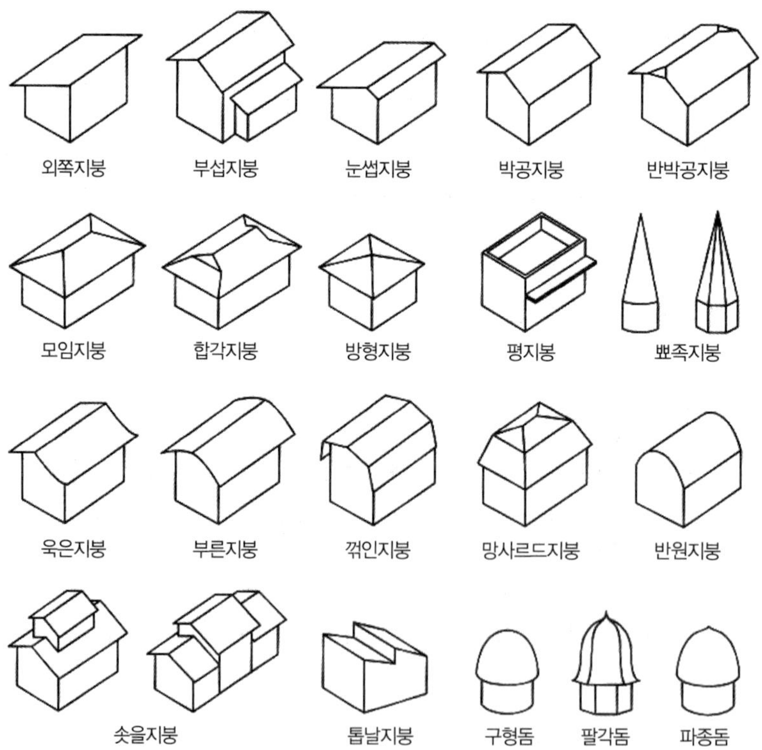

그림 4.38 지붕의 형태

지붕, 합각지붕, 꺾임지붕, 평지붕 등이고 이것들은 한 건물에 단독으로 쓰일 뿐만 아니라 혼용되기도 한다. 과거에는 지역적 · 문화적 조류에 따라 지붕의 형태가 하나의 건축적 양식을 표출하였으나, 근대건축 이후 평지붕이 일반화되어 상대적으로 지붕의 의미가 축소되었다.

평지붕을 포함하여 지붕틀의 물매는 지역 강우량의 다소 및 지붕재료의 성질이나 잇는 방식에 따라 결정된다. 여기서 물매는 수평거리 10cm에 대한 직각삼각형의 수직높이로 그 기울기를 나타낸다. 지붕틀의 물매는 동일하게 하여 비가 새지 않고 수평 지붕골이 생기지 않도록 해야 한다.

지붕틀은 지붕을 받는 뼈대를 구성하는 틀을 말하며, 지붕 자체의 하중 및 강우량, 적설량 등의 수직하중, 바람이나 지진 등의 하중에 대해서도 충분한 강도와 강성이 요구되나 동시에 서로의 부재가 견고하게 연결되어 수평방향의 강성을 확보함으로써 하중을 안전하게 내력벽에 전달할 수 있는 구조가 되어야 한다. 일반적으로 지붕틀은 한식지붕틀, 절충식지붕틀, 양식지붕틀 등이 있다.

⑨ 방수, 방습

방수공사에는 방수재료를 사용하여 건물의 지하실, 지붕 및 바닥에 방수층을 형성하는 것과 콘크리트, 모르타르에 방수재를 혼합하여 방수성을 갖게 하는 것, 그리고 외벽 전면에 발수성(廢水性)의 재료에 의하여 방습성을 갖게 하는 것들이 있다. 일반적인 방수방법으로 아스팔트방수, 시멘트액체방수, 시트방수, 도막방수가 있다(사진 4.39).

사진 4.39 아스팔트방수

• 아스팔트방수 : 아스팔트방수는 아스팔트 펠트(asphalt felt), 루핑(roofing) 등을 용융한 아스팔트를 몇 층으로 겹겹이 발라 방수층을 형성하는 방법이다. 지붕방수에 많이 사용되는 방법이지만 아스팔트 자체의 성질이 기온의 변화에 대한 내구력이 떨어지고 팽창수축에 대한 손상이 많으며 아스팔트의 탄화, 풍화에 의한 변질이 일어남으로써 방수층의 보호층이 필요하다.

  시공상 유의할 점은 우선 바탕모르타르 면이 평활하여 흠이 나거나 파손되지 않도록 해야 하며, 밀착이 잘 되도록 하여 사이에 틈이 생기지 않도록 주의해야 한다. 일반적으로 아스팔트 8층방수가 많이 사용되고 있다.

• 시멘트액체방수 : 일명 모르타르방수라고도 하며, 액상의 방수제를 모르타르에 혼합하여 콘크리트에 발라 방수층을 형성시키는 방법이다.

  액체방수의 특징은 시공이 편리하고, 또 결함이 있을 때에는 즉시 그 부분에 결과가 나타나므로 보수하기가 쉽다. 반면에 모르타르나 콘크리트 자체의 균열이 생겨 방수에 실패하기 쉽다.

  시공할 때는 우선 콘크리트면을 깨끗하게 청소하고 면을 거칠게 하여 최소한 2회 바르고 중요도에 따라서는 4회를 발라 밀착시킨다.

• 시트방수 : 외기에 대한 노화현상이 적은 네오프렌고무 등의 합성수지 시트를 아스팔트방수와 같이 합성수지 용액으로 여러 겹 붙여서 마무리하는 방수공법이다.

• 도막방수 : 콘크리트 지붕 표면에 합성수지 용액을 발라서 방수층을 형성하는 방수공법으로, 일명 우레탄방수라고도 한다. 이 공법의 특징은 곡면이 많은 지붕의 시공에 용이하며 탄력성으로 인해 균열이 생길 우려가 적다.

건물 내의 습한 공기가 실내의 벽, 천장, 바닥의 표면에 접촉될 때, 이들의 표면온도가 실내공기의 노점 이하가 되면 공기 중의 수증기가 그 표면에 결로(結露)현상을 일으킨다. 지하실의 흙과 외벽의 안쪽에 결로현상이 일어나는 것은 좋은 예이다.

이와 같은 경우 방습의 간단한 방법으로는 환기를 잘 시키고 실내공기의 수증기를 적게 하며 이 부분에 단열재를 사용하는 것이다. 그리고 지하실의 외벽 안쪽에 시멘트블록으로 또 다른 벽을 쌓아 2중벽으로 하면 그 사이에 공기층이 형성되어 실내공기의 강하를 방지하고 외벽에서 누수를 모아 옥외로 배출시킬 수 있다.

⑩ 수장공사

수장공사는 건물의 내부를 마감하는 내장공사와 건물의 외부를 치장하는 외장공사로 구분할 수 있는데, 이 수장공사가 이루어짐으로써 건축물은 비로소 기능을 이행할 수 있게 되며 미적 외관을 갖게 된다. 수장공사는 벽구조, 바닥구조, 천장구조로 구분하여 이에 따른 마감재별 구조 및 특성을 살펴볼 수 있다.

- 벽구조 : 벽구조는 구조적으로 힘을 전달하느냐 안 하느냐에 따라 내력벽과 비내력벽으로 구분할 수 있다. 내력벽은 구조적으로 하중을 받는 벽을 말하는데, 철근콘크리트벽, 벽돌벽 등으로 건물 전체가 일체화되어 있는 것이 특징이다. 따라서 내력벽의 하자는 곧 건물 전체의 붕괴와 직결되므로 주의가 필요하다. 예를 들어 우리나라 아파트의 경우 일반적으로 내력벽구조를 사용하는데, 거실의 확장을 이유로 내력벽의 일부를 제거하는 공사를 시행할 경우 건물 전체에 위험을 초래할 수 있다.

  비내력벽은 구조적으로 하중을 받지 않는 벽으로 실제 구조부를 감싸는 벽돌, 블록, 커튼월이나 내부의 칸막이벽을 일컫는다.

  벽체의 마무리는 외벽의 경우 미관과 외부 환경조건에 따른 보호를 주목적으로 하며, 내벽의 경우 그 공간의 사용목적에 따라 벽의 마무리를 달리하게 된다. 실제로 후자의 경우는 실내디자인의 영역에 속한 부분이다.

  외벽을 마무리하는 방법으로 칠하거나 바르는 방법, 판을 세워 벽을 치장하

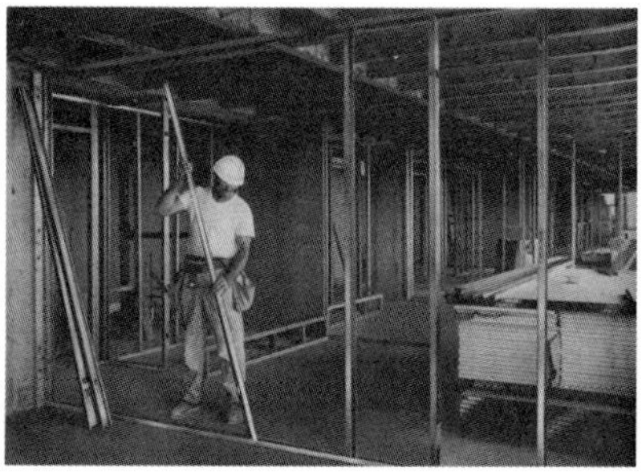

사진 4.40 스터드의 조립

사진 4.41 블록벽의 마감

는 방법, 그리고 커튼월이라 하여 고층건물의 외벽에 많이 쓰이는 방법 등 다양하다.

내벽도 외벽과 마찬가지로 칠하거나 붙이는 방법으로 치장할 수 있으나 그 재료가 외벽의 경우보다는 매우 다양하고 방법 또한 섬세하다는 것이 차이점이라 할 수 있다.

경량 칸막이벽은 내부공간의 벽을 공장에서 제작한 제품을 이용하여 마감하므로 조립공구만으로 조립설치가 가능한 구조이다. 많은 사무소건축물들이 이 경량 칸막이벽을 사용하고 있는데, 이는 현장작업의 단순화 및 내력벽의 경량화를 유도하고 특별한 실내디자인 작업이 필요하지 않기 때문이다(사진 4.40, 4.41).

• 바닥구조 : 바닥은 옥내에 설치하는 경우와 옥외에 설치하는 경우에 따라 요구성능이 다르다. 두 경우 모두 공간을 이루고 활동의 장을 만든다는 점에서 하중에 견딜 수 있는 구조적 안정성이 필요하다는 것이며, 옥내 바닥은 방습 · 단열 · 방음 · 내화성능이 우수해야 하며, 옥외바닥은 내수성 · 내후성이 우수해야 한다. 바닥의 종류로는 나무널판, 석재, 타일 등에 접착제 등을 사용하여 붙여서 마감하는 붙임바닥구조(마룻널 · 플로어링 블록 · 타일 · 인조석 · 테라쪼 블록 · 고무 타일 · 플라스틱 타일 등), 시멘트 모르타르 · 인조석 갈기 · 현장 테라쪼 바름 등의 바름바닥구조, 온수를 열매체로 하는 온수순환 파이프를 바닥 하부에 매설하는 온수온돌바닥구조, 그리고 정전기 대전 수술실의 방지를 위한 전도바닥, 전산실의 액세스 플로어(access floor) 등의 특수바닥구조 등 다양하다(사진 4.42).

사진 4.42 액세스 플로어

• 천장구조 : 천장은 실내공간의 상부를 구성하는 것으로 그 속에는 배선, 배관이라는 설비적 시설이 내재되어 있으므로 기능적 요구조건이 충족되어야 한다. 또한 천장은 벽, 바닥과 함께 전체 면이 시각적으로 노출되므로 미관적인 처리에 신경을 써야 할 부분이기도 하다. 천장을 가리고 댄 구조체를

사진 4.43 노출된 천장

사진 4.44 마감된 천장

반자라고 하며, 이는 달반자와 제물반자로 대별된다. 제물반자는 상층 바닥판 밑을 직접 발라 천장으로 사용하는 것을 말하며, 달반자는 상층 바닥판에 달아맨 천장으로 그 안에는 설비시설이 감추어지게 된다.

반자의 마감은 회반죽, 석고플라스터 등을 바르거나 반자틀을 짜고 그 사이에 섬유질 보드류, 석고보드, 플라스틱 보드, 금속판 등을 붙이거나 끼워 넣는 방법이 일반적이다. 석고보드나 금속판 등의 경우 그 재료판에 잔구멍을 뚫는 것은 이 잔구멍이 음을 흡수하는, 즉 실내공간의 음향효과를 향상시키기 위함이다(사진 4.43, 4.44).

⑪ 창호구조

채광과 통풍을 주목적으로 하는 것을 창(window)이라 하고, 사람이나 물품이 드나들 수 있도록 한 것이 문(door)이며 창과 문을 총칭하여 창호라 한다.

기능에 따라 창호를 분리하면 정첩을 중심축으로 하여 90° 또는 180°를 회전하여 열고 닫는 여닫이창호, 문 아래와 위에 홈을 파 넣어서 열고 닫게 하는 미닫이 또는 미세기창호가 있는데, 이 두 가지가 가장 보편적으로 쓰이는 창호이다. 이외에도 두 방을 한 방으로 사용할 때 또는 그 반대의 경우에 쓰이는 접이문이 있는데, 이는 여러 개의 문짝을 서로 경첩으로 연결하여 한 면으로 열어붙일 수 있다. 회전문은 리볼빙 도어(revolving door)라 하여 외풍을 막고 기밀한 내부공간과 난방효과를 높이는 기능을 가지고 있다.

구성재료에 따라 창호를 분류하면 목재 창호, 금속재 창호, 유리 창호, 합성수지 창호 등이 있다.

- 목재 창호 : 목재 문은 우선 구조체 역할을 하는 울거미를 짜고 그 사이를 어떻게 처리하였느냐에 따라 그 종류를 달리한다. 그 틈새에 넓은 나무판을 끼워 넣으면 양판문, 합판을 끼워 넣는 합판문, 유리를 끼워 넣는 유리문, 세 살에 창호지를 붙인 창호지문 등이 그것이다. 근래에는 울거미 등의 골조 양면에 합판을 접착하여 표면에 살대나 짜임이 나타나지 않는 플러시 문(flush door)이 많이 쓰이는데, 그 이유는 이음이나 맞춤이 노출되지 않아 매우 편리하게 제작할 수 있고, 간결하고 깨끗한 형태로 실내디자인의 현대적 추세와 맞기 때문이다.
- 금속재 창호 : 금속재 창호는 강재, 알루미늄재, 스테인리스 창호 등으로 구분할 수 있는데, 강재 창호는 강도가 높고 파손되지 않는 장점을 가진 반면 녹슬기 쉽고 도장을 여러 번 해야 하며 무겁다는 단점이 있다. 강재 문은 공장, 창고 등에 쓰이는 간단한 철판문부터 은행, 사무실 등에 쓰이는 고급 도어에 이르기까지 여러 종류가 있다.

  알루미늄창호는 창호 종류 중 가장 많이 사용되는 것으로, 오늘날의 새시는 알루미늄 새시라고 호평받을 만큼 일반화되고 있다. 경량(강재의 1/3)이며 가공성이 양호하고 용융점이 낮기 때문에 다양한 형태로의 성형이 가능하며 또한 내식성이 강하여 부식에 대해서 자기 방어력이 탁월하다. 한편, 경도가 낮아 상처가 나기 쉽고 외력에 대한 변형이 강재의 3배나 크기 때문에 단면을 크게 해야 한다는 단점이 있다. 특히 염기성에 약해서 건설현장에서 모르타르 등에 의한 부식이 되는 경우가 있으므로 주의해야 한다. 스테인리스 창호는 일반강재에 비해 녹슬지 않고 알루미늄 강재 창호에 비하면 강도가 크고 미려하지만 가격이 비싸다. 일반적인 다량의 창호로는 사용하기 곤란하지만 건축물의 첫인상을 부각시키기 위해 주출입구에 사용하면 그 효과가 높다.
- 유리 창호 : 과거에는 금속재나 목재로 틀을 짜고 그 사이에 유리를 끼우는 것이 일반적이었으나 근래에는 유리 전체를 한 판으로 하여 창호로 쓰는 경우가 많아졌다. 강화유리 등 특수처리한 유리는 강도가 매우 높고 깨질 때에

사진 4.45 유리창호

도 유리파편이 생기지 않아 안전하다. 유리 창호는 목재나 금속재와 달리 빛을 투과시키고 공간과 공간을 시각적으로 100% 차단하지 않기 때문에 공간의 개방감을 줄 수 있다. 또한 유리에 코팅을 비롯한 각종 효과를 줄 수 있어 최근 인테리어 창호로서 매우 각광받고 있다(사진 4.45).

- 합성수지 창호 : 염화비닐 중합체를 주원료로 하여 양질의 안정제, 충격완화제를 첨가하여 압출성형으로 제조한다. 단열성이 좋고 내식성, 방수성, 밀폐성이 우수하여 방음성 등이 있는 창호이다. 가장 일반적으로 사용되는 것은 플라스틱 창호이다.

창호철물은 여러 가지가 있지만 그 대표적인 몇 가지를 설명하면 문짝을 문틀에 달아 여닫는 축이 되는 경첩, 문바퀴, 레일, 잠금철물, 열려진 여닫이 문을 저절로 닫히게 하는 장치인 도어체크, 문을 개방상태에서 정지하는 장치가 붙은 도어스톱 등이 있다.

⑫ 계단구조

건축물의 수직동선 기능을 수행하는 것으로는 계단, 엘리베이터, 램프 등이 있는데, 이 중 계단은 상하층을 연결하는 가장 기본적인 구조로서 특히 보행의 안전성(직통계단)과 피난상의 문제(피난계단)를 고려한 구조이어야 한다.

계단의 형태는 일직선으로 올라가는 곧은 계단, ㄴ자 또는 ㄷ자형으로 꺾인 꺾은 계단, 그리고 중심점의 주위를 돌아 올라가게 되는 사각 돌음계단과 원형 돌음계단이 있다.

구성 재료에 따라 여러 가지의 계단이 있으나 철근콘크리트조 계단과 철골조의 계단이 가장 일반적으로 쓰이며, 이 두 가지를 혼합해서 쓰기도 한다. 철골조 계단은 보통 공장에서 제작하여 현장에서는 단순히 연결하는 작업만 하게 되므로 시공성이 매우 용이한 장점이 있다.

계단은 각부의 명칭과 기본 규격을 법적으로 규제하고 있는데, 계단이 있는 방을 계단실이라 하고 한 계단의 수평바닥을 디딤바닥 또는 디딤판(tread)이라 하며 수직면을 챌판(riser)이라 한다. 또 중간에 단이 없이 넓게 된 다리쉼과 돌림에 쓰이는 부분을 계단참이라 한다. 안전을 고려하여 계단의 수, 위치, 각 부의 기능적인 치수 등을 매우 상세하게 규제하고 있다. 특히 학교나 극장 등 한 번에 많은 사람이 동시에 이동하는 계단의 경우에는 법규의 엄격한 제한이 따른다. 또한 디딤판 앞부분에는 논슬립(non slip)을 설치하여 미끄럼을 방지해야 한다.

3) 건축시공

건축시공은 설계에 따라 계획하여 지시된 건축물을 실제의 건축물로 소정의 위치에 일체의 기술적 · 경제적 활동과정을 포함한다.

건설활동은 단지 건물 시공에만 국한되는 것이 아니라 수요에 의거하여 그 건물의 완성 후 운영계획, 자금조달, 건설용지의 취득 등의 건설기획을 시작으로 건설에 기획되는 의도를 구체적으로 설계도와 시방서에 표현하는 설계업무, 설계도면 · 시방서대로 안전하게 기능적으로 시공되고 있는지 여부를 확인하는 감리업무, 마지막으로 재료, 노무 동원, 공사 추진 등 공사 일체의 책임을 맡아 하고 시행주와 도급자간에 있어서 설계도서와 감리기사의 협의를 얻어 정밀한 공사를 수행하는 일련의 과정을 말한다.

① 시공계획

건축공사는 조그마한 물건의 제작과는 차이가 있다. 막대한 자금과 인력이 투입되고 규모가 크며 한 번 지어진 건물은 최소 20년 정도의 수명을 가지므로 아무리 작은 공사라 할지라도 철저한 계획이 수반되어야 한다. 어떠한 경우이든 계획적으로 행하는 것은 실패와 클레임을 감소시킬 수 있다. 아무 계획 없이 공사를 행하는 경우에는 사고발생의 빈도가 증가하고 공사결과에도 큰 차이가 생긴다. 따라서 시공관리는 시공계획과 공정계획에 준하여 공사를 무리 없이 효과적으로 진행시키기 위해 여러 전문업자의 협력을 얻어 이것을 유기적으로 통합하여 필요한 노동력과 재료, 그 밖의 수배를 통한 공정표라는 도구를 사용하여 예정공기 내에 적정하고 합리적인 공사를 진행해야 한다.

시공계획을 세우기 위해서는 설계도, 시방서, 견적서를 숙지하는 동시에 대지조사(건축선의 검토, 지형, 도로 등), 지반조사(토질분포, 지내력, 동결선의 깊이 등), 매설물 및 장애물 조사(상하수도, 가스관, 전기, 전화선, 유물 등), 근린조사(인접건물의 상황, 공해 등) 등의 여러 가지 조사나 준비를 통해 기초 데이터를 수집하여 충분히 검토되어야 한다.

다음은 공사별 시공계획이다. 공사별 시공계획은 각각의 공사 수행에 있어서 가장 효율적인 방법을 선택하게 되지만 타 공사와도 관련하여 종합적이면서도 체계적인 계획이 수립되어야 한다.

- 가설공사 : 가설공사는 공사를 위한 틀을 짜는 것으로 건축물이 완성되면 철거되는 시설이다. 가설공사계획의 기본은 공사 전반에 걸쳐 가장 능률적이고 안전 및 경제적으로 되어야 한다. 가설공사 계획에는 공통 가설공사로서 각 공사에 공통되는 분야, 즉 동력, 용수, 조명, 안전방재설비, 하역설비 등을 말하며, 직접 가설공사는 공사마다 필요한 것으로 흙막이설비, 굴삭설비, 콘크리트 타설 설비 등을 말한다.
- 기초와 지하공사 : 기초의 설계와 시공에 미비함이 있으면 심할 경우 건축물의 부동침하를 통해 건축물이 붕괴되는 대형사고가 발생할 수 있으며, 이와 같지는 않더라도 건물 벽이나 바닥 등에 균열(crack)이 생길 수 있다. 따라서 기초 때문에 이러한 장애가 일어나지 않도록 지반을 충분히 조사하고 계획을 진행하노록 한다.

  지반을 굴착할 경우에는 붕괴할 우려가 없는 경우를 제외하고는 일반적으로 흙막이(버팀대)를 가설한다. 흙막이 계획은 지하의 여러 조건을 고려해야 하는데 토압이나 수압에 대한 흙막이재의 응력측정, 변위측정 등은 물론 현장 주변의 건축물 상황을 면밀히 검토하여 지반의 붕괴가 없도록 한다.
- 구조 콘크리트공사 : 철근콘크리트는 거푸집을 짜서 그 안에 철근을 가공·조립하여 넣은 다음 콘크리트를 거푸집 안에 부어넣은 후 거푸집 존치기간이 경과한 다음 탈형하여 마무리하는 작업으로 이루어진다. 이와 같이 가장 우선되는 작업은 거푸집 속에 철근을 배근하는 것으로, 이는 배근도에 따라 진행된다. 콘크리트 타설은 현장비빔 타설보다는 레미콘(ready mixed concrete, remicon)이라 하여, 아직 굳기 전 상태의 콘크리트를 그대로 수요자인 현장으로 배달 납품하는 것이다. 기업화된 공장에서 공급되고 현장에서는 타설 설비의 간이화, KS제정에 의한 품질의 안정 및 관리가 잘 되어 있다는 장점이 있어 근래에는 보편화되어 있다.

콘크리트 타설 계획은 펌프의 용량, 작업시간 등을 고려하여 1일 타설량을 결정하고 이에 따라 그날의 타설구획을 결정하여 인원 및 기계배치나 타설 순서, 타설 부분 등을 결정한다.

- 철골공사 : 철골공사는 형강재, 강판, 원형강, 경량 형강 등을 용접, 고강력 볼트, 리벳 등으로 가공 · 조립하는 것을 말하며, 여기에는 순수한 철골구조, 콘크리트구조와 혼합된 철골철근콘크리트구조, 경량 철골구조 및 다양한 철골 잡공사가 있다.

  철골공사는 일반적으로 공장작업과 현장작업 중 공장작업이 비교적 많은 편이기 때문에 시공계획과 공정표에 따라 반입량과 반입순서, 시기 등이 사전에 충분히 검토되어야 한다. 철근콘크리트공사보다 공기가 단축되며, 주로 건식공법이기 때문에 현장이 깨끗하고 정돈된 듯한 장점이 있으나, 철골의 공작 제작이 지연되거나 현장으로의 반입이 적시에 이루어지지 않을 경우에는 오히려 공기가 연장되며 필요 없는 노무비나 장비비용 등이 허비될 수도 있다. 특히 공장조립 시 도면과의 오차가 발생하면 모든 공정이 원점으로 돌아가는 결정적인 피해가 발생할 수도 있다.

  규모가 큰 철골구조의 조립기계로는 타워 크레인(tower crane) 형식이 가장 일반적으로 사용되는데, 이것 또한 적절한 위치 및 대수, 그리고 그것의 합리적인 설계를 필요로 한다.

  보편적인 고층건물의 구조에는 철골구조가 채택되는데, 고층건물을 시공하는 데 있어서는 표준화, 단순화를 도모하고 이것을 프리패브화(prefabrication), 전문화함으로써 작업공정이 단축되도록 합리적으로 계획되어야 한다. 높은 곳에서 하는 철골 건립, 콘크리트 타설 및 운반방법, 작업인의 승강 및 양중설비, 안전설비와 가설방법 등에 대한 정밀한 계획이 필요하다.

- 마감공사 : 마감공사는 구조체가 조립된 이후에 일어나는 다양한 공사들, 즉 돌 · 타일 · 벽돌공사, 미장공사, 방수공사, 창호공사, 도장공사 등이 이에 해당된다. 돌, 타일 등의 재료는 수량조사에 따른 합리적인 조달이 요구되며 제품이 특수한 것으로 강재 창호와 같이 제품 납품까지 날짜를 요하는 것에 대해서는 조기에 발주해야 한다. 실내 마무리의 경우 비 · 바람에 약한 것을 차단하기 위해 외부에 면하는 창의 유리는 그 공사 전에 끼워두도록 하는

것이 좋다. 또한 마감공사는 방수공사의 완료시기를 명확히 해야 하는데, 방수공사의 경우 공사 후 하자가 발생하면 그 원인을 규명하기가 매우 곤란하므로 주의 깊은 시공이 필요하다.

화장실, 부엌과 같이 설비공사가 많은 곳은 실내 마무리에 시일이 요구되며, 엘리베이터 홀, 계단실, 현관 등은 자재의 반입 · 반출 등의 작업통로로 이용되어 마감시기에 차질이 생기고, 준공 시기에 가까워지면서 작업원이 빈번히 출입하는 결과를 초래하기 쉬우므로 충분히 주의한다.

건축공사도 마감공사를 통해 공간의 완성도를 높이지만 실내 인테리어 설계를 통해 실내를 매우 세밀하게 디자인하여 사용 목적에 따른 공간의 전문성, 활용성을 높일 수 있다. 실내 인테리어 공사가 시작되기 전에는 가능한 건축공사가 충분히 마감되어 더스트 프리(dust-free)상태이어야 그 공사의 질을 높일 수 있다.

② 공정계획

공정계획은 계획된 공기 내에 건축공사의 모든 요구조건을 충족시키고 정밀도가 높은 품질의 시공을 공사예산에 맞춰 실시하여 준공하는 것을 목적으로 실시하는 것이다. 단지 단순하게 계획공기에 맞추는 것이 아니라 양질이며 저렴하고 안전하면서도 빠른 시일 내에 완성하기 위해 시공계획에 준하여 각 공사에 필요한 공기, 노동력, 자재 및 기계설비 등을 공정표를 사용하여 배열함으로써 적정성, 체계성, 경제성 등을 도모할 수 있다.

공정표의 종류로는 횡선공정표(bar chart), 사선공정표, 네트워크 공정표 등이 있는데, 이 중 네트워크 공정표는 모든 공사의 작업에 대한 흐름을 한눈에 파악할 수 있으며, 공사 간의 관련성도 알 수 있어 근래에 보편적으로 많이 사용되는 공정표이다.

공정표는 항상 전체적인 것을 표시하는 전체공정표뿐만 아니라 세부적인 부분공정표도 필요한데, 골조공사 및 마감공사 공정표, 중간 공정표 및 월간 공정표, 단일공사 공정표, 재료 공정표, 기계공사 공정표, 예산진행 공정표 등 매우 다양하다. 공정표가 아무리 잘 짜여 있다 하더라도 관리가 잘되지 않으면 그 효과는 반감될 것이다. 따라서 알기 쉽고 보기도 좋은 네트워크를 구축할 필요가 있으

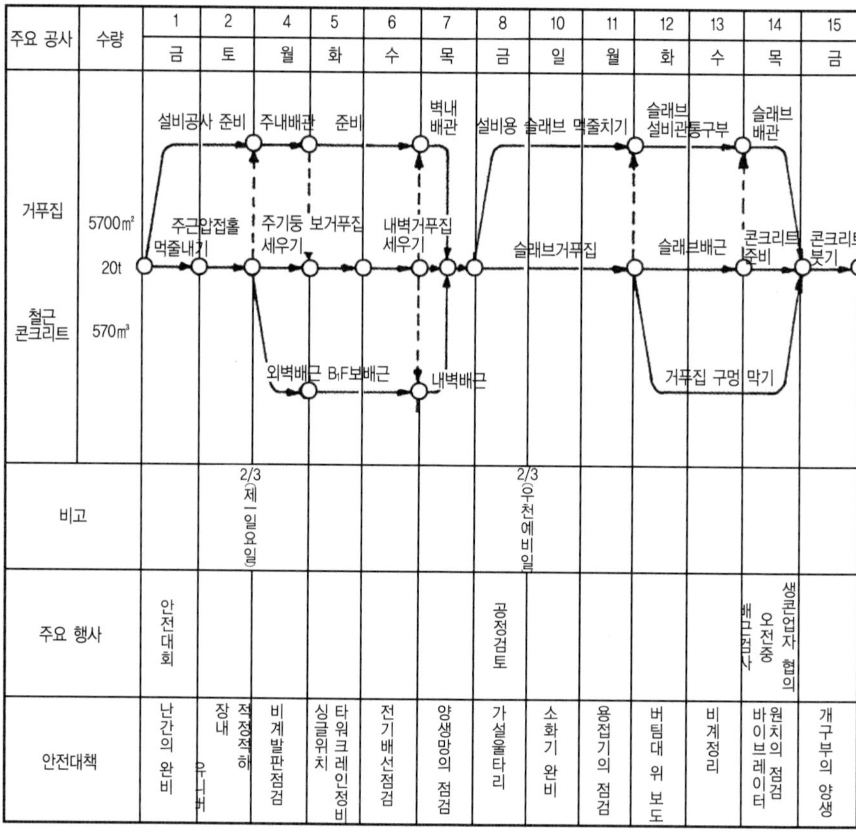

그림 4.39 네트워크에 의한 부분공정표

며, 그 계획과 관리가 효과적으로 유지될 수 있도록 계획담당자와 협의하는 것이 중요하며 전체공정도에 따라 부분공정을 작성하여 세부적인 공정계획을 세울 필요가 있다(그림 4.39).

4.3.4 도시계획 및 설계

도시계획 및 설계는 산업화된 국가에서 특정한 사회적 · 경제적 목적을 이루기 위한 계획으로, 특히 계속 증가하는 도시활동 인구를 위해 도시환경을 새로이 개조 · 발전시키는 데 그 의의가 있다. 도시계획과 재개발은 건물 · 도로 · 공

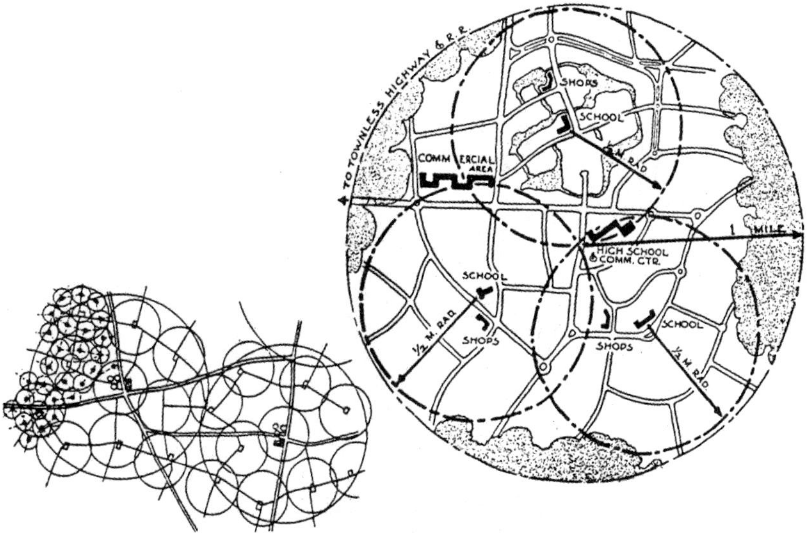

그림 4.40 스타인(C. Stein)의 근린주구 모형

원 · 공공시설 등의 물리적인 배열과 도시환경의 정비뿐만 아니라 도시사회의 사회 · 경제적 발전을 목적으로 이루어진다. 도시계획은 현실적으로 주로 정부 기능의 일부로 이루어지고 있으며 정보수집, 측량, 분석, 전망, 설계 등의 특수한 기능의 활용을 필요로 하므로 별도의 전문기술 분야로서 간주된다. 또한 사회개혁운동 등으로 이해되기도 하나, 나름대로의 개념과 전통, 이론을 가지고 발전하였다(그림 4.40).

도시계획이 단순한 물리적 외형에 치우쳤던 시기에도 궁극적인 목표는 사회의 개선이었다. 이러한 목표는 과도기의 경제적 목적과 늘 밀접하게 관련되어 왔다. 미국과 유럽 사회의 계획에서 이상적인 도시사회 환경은 개개인이 최대한 선택의 기회를 향유하는 한편, 어느 개인의 행위가 타인에게 피해를 주지 않도록 보장되는 것이다. 특히 중요시되는 것은 상대적으로 불리한 소수집단의 권익을 보호하여 기회의 균등을 기하는 점이다. 이러한 가치체계 아래 20세기 이후 지속적으로 그 중요성이 인정되어 온 도시계획의 세부적인 목표는 ①기능 상호간의 마찰을 최소화하는 도시 내 각 기능공간의 조화로운 배치, ②도시 내외의 각종 이동수요를 가장 효과적으로 처리하는 교통망, ③필지 규모, 채광, 공공녹지 등 각종 도시생활을 쾌적하게 하기 위한 기준의 확보, ④모든 시민의 욕구를

그림 4.41 일산 도시계획도

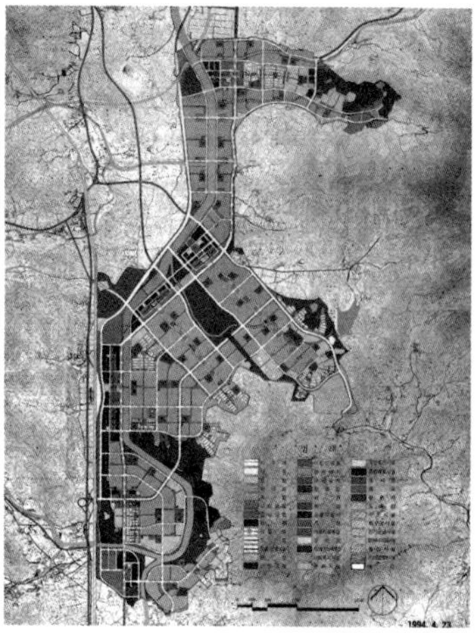

그림 4.42 분당 도시계획도

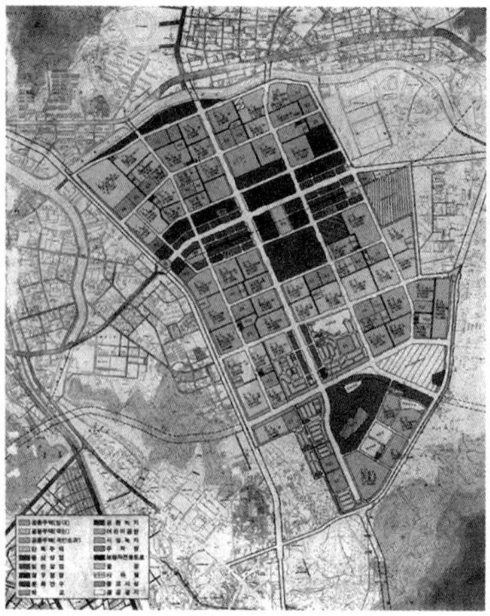

그림 4.43 평촌 도시계획도

충족시키는 안전하고 위생적이며 안락한 주택 및 주거지의 제공, ⑤적정 수준의 여가, 학교 및 기타 공공서비스 시설의 확충, ⑥적절하고 경제적인 상 · 하수도, 전력, 쓰레기 처리시설의 공급 등으로 압축될 수 있다.

1980년대 이후의 급속한 도시성장과 공업발전을 공간적으로 수용하기 위해 수많은 신도시와 신시가지를 건설했다. 수도권의 인구집중, 용지부족 등의 문제 해결을 위해 서울시 주변에 성남 · 과천 등의 신도시를 건설했고 시내에서는 대대적인 영동지구개발이 이루어졌으며 공업기능의 효율적인 수행을 위해 구미, 반월, 여천 등의 신공업도시가 개발되었다. 그러나 수도권 문제가 계속 심화됨에 따라 1980년대 말 서울의 통근권 내에 분당, 일산, 평촌, 산본, 중동 등 많은 주거용 신도시가 논란 가운데 개발에 착수되었다(그림 4.41~43).

이처럼 수도권을 위시한 대도시 주변의 급성장에 따라 거의 동질적 공간이 되어버린 대도시권역에 대해, 중심도시와 주변의 도시지역을 함께 묶어 계획의 대상으로 삼고자 하는 광역도시계획제도가 최근 중요한 과제로 등장하고 있다. 궁극적으로 한계가 있을 수밖에 없는 신도시개발과 병행해 기존 도시지역의 토지이용을 보다 고도화하려는 노력, 즉 도시재개발사업의 활성화는 앞으로의 주요 과제이다.

계획제도 자체의 측면에서는 기존의 용도지역지구제가 성격상 소극적 규제

수단이어서 토지이용을 적극적으로 유도하는 데 한계가 있다고 지적되는 가운데 보다 상세하고 구체적인 도시설계 및 지구상세계획제도가 도입되어 시행되고 있다.

이 분야의 전문가는 도시계획 기술사이며, 도시계획 관련 학과를 졸업하고 일정 실무경력을 쌓으면 시험을 볼 수 있는 자격이 주어지고 정부와 관련하여 일을 많이 추진한다.

도시설계의 기본문제는 도시지역의 가치를 가능한 물리적 환경의 내용으로 구체화하는 것이다. 도시계획이 주로 정책적·행정적 차원에서 이루어진다면 도시설계는 보다 세부적으로 디자인적 접근을 시도하게 될 것이다. 이것은 이제 주장적 선언이 아닌 주어진 상황의 특수 이해관계에 조화를 꾀하고 지역사회의 이익을 추구하는 시민 프로그램, 즉 생활양식을 묘사하는 것이다. 여기에는 시민참여의 타당성에 의미가 있을 것이며, 분명한 완성과 자체 통일을 지니면서도 여전히 성장과 변화를 허용하고 다른 것들과도 잘 조화되는 것이어야 할 것이다.

환경적 지각 경험이 흥미 있고 복잡하면서도 풍요로운 도시미관을 형성하고, 전문적인 몇 사람의 개인 이미지보다 시민 다수의 공공 이미지(public image)를 구하므로 더 많은 사람들이 읽을 수 있는 도시의 이미지와 기억되는 도시의 창출이 도시설계가의 몫일 것이다.

4.3.5 조경

1) 조경의 의미

아름답고 유용하며 건강한 환경을 조성하기 위해 인문적·과학적 지식을 응용하여 토지를 계획, 설계, 관리하는 예술인 조경은 회화, 조각, 산업디자인, 건축, 토목, 도시계획 등의 분야와 밀접한 관계를 갖는다. 또한 조경은 예술이자 기술이고 사회적 수요의 산물이며 심미성, 기능성, 공공성은 조경의 기본적 특성이자 조경이 지향해야 할 이념이라고 할 수 있다. 환경은 인간에게 선험적으로 주어진 생존조건의 총화이며, 인간은 유사 이래로 환경과의 상호관계를 지속해 왔다. 이러한 관계 속에서 인간은 환경을 의도적으로 변화시켜 왔는데, 이러

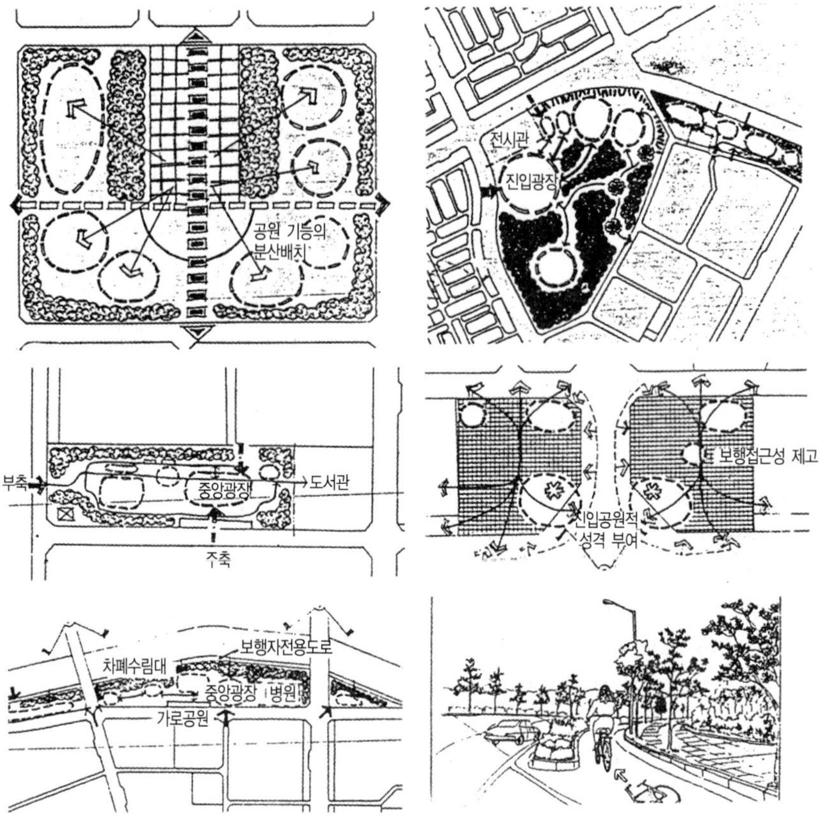

그림 4.44 근린공원 형성도

한 변화의 결과물 혹은 그러한 변화를 일으키는 인간 행위를 광의의 조경이라고 볼 수 있다.

이러한 의미에서 조경의 역사는 곧 인류의 역사라고도 할 수 있다. 하지만 공공성을 강조하는 근대적 의미의 조경은 1860년대를 전후하여 미국의 A. 다우닝, F. 옴스테드, C. 엘리어트 등을 중심으로 전개되었던 '공원운동(Public Park Movement)'에서 비롯되었다고 보는 것이 일반적이다.

조경은 시대적 요구와 사회적 필요성의 변화에 따라 그 성격을 달리해 가며 인간 정주환경의 개선에 이바지해 왔다. 19세기 말과 20세기 초에는 무분별한 도시화와 도시팽창에 대한 반작용으로 전원적인 도시환경을 창조하고 도시미를 고양하는 방향으로 조경의 초점이 맞추어졌다. '도시미운동(City Beautiful

Movement)'이 그 대표적인 예이다. 제1차 세계대전을 전후로 여러 예술 분야의 모더니즘운동과 맥을 같이하면서 뛰어난 조경가들과 조경작품들이 탄생되었으며, 도시 근교의 대규모 부동산개발사업과 공원 및 녹지체계 수립 등에 이바지하였다.

제2차 세계대전 이후에는 전후 복구사업을 중심으로 조경의 범위와 규모가 확대되면서 전문업으로서의 영역을 확고히 해 나갔다. 특히 1960년대 이후에 조경은 범지구적인 문제로 부상한 환경문제에 대응하기 위해 환경의 보전과 치료로 관심을 돌리게 되었으며, 광역적인 대규모 개발사업 등에 있어서 환경적 변화를 최소화하는 것에 목표를 두게 되었다. 1980년대에는 다시 조경을 예술로 파악하고자 하는 일련의 움직임이 일었는데, 이는 과학 · 문학 · 예술 전반을 지배했던 모더니즘에 대한 회의와 반성에서 비롯된 현상이라고 볼 수 있다(그림 4.44).

2) 조경의 대상

조경의 범위는 실외의 모든 외부공간이라고 볼 수 있다. 즉 주택정원 및 상업건물의 정원, 가로 및 광장, 대규모 주거단지, 대학 캠퍼스, 고속도로, 공업단지, 항만 등의 기간시설, 놀이터 · 근린공원, 운동공원 등의 도시공원녹지, 묘지공원, 도립공원, 국립공원, 천연기념물보호지 등의 자연공원, 궁원, 사찰, 고(古)주택 등의 문화유적지, 동물원, 야영장, 경마장, 골프장, 스키장, 유원지 등의 관광 및 레크리에이션 시설 등이 조경이라는 인간 행위의 대상인 것이다. 뿐만 아니라 이러한 대상의 의미를 풍부하게 하고 그 세부를 장식하는 옥외 조각과 슈퍼그래픽 등과 같은 예술품, 분수와 가로장치물과 보도의 포장 등과 같은 시설물 역시 조경의 대상이다.

조경작품은 일상생활을 담는 환경 위에 남겨지는 인간의 예술이라고 할 수 있으므로 미적 인자는 조경계획 및 설계과정에서 매우 중요하게 다루어져야 한다. 선, 형태, 크기, 질감, 색채 등이 형성하는 반복, 리듬, 통일, 변화 등의 미적 원리가 조경미를 크게 좌우하게 되는 것이다.

기본구상 단계에서는 분석, 종합된 정보를 바탕으로 기본계획 수립에 관한 전반적인 아이디어가 도출되며, 이는 개략적인 다이어그램으로 나타내는 경우가 많다. 이러한 기본구상을 몇 가지 가능한 대안으로 발전시켜 최종안이 선택되며, 이를 바탕으로 기본계획이 수립된다. 기본계획 단계에서는 공간의 개략적인 골격, 토지이용과 동선체계, 각종 시설 및 녹지의 위치 등이 정해지며, 향후 사업 시행을 위한 사업규모가 추정되기도 한다. 배치계획, 토지이용계획, 동선계획, 정지(整地)계획, 식재(植栽)계획, 하수구계획, 사업투자계획 등의 부문별 계획이 마련된다.

3) 조경의 과제

인간과 환경의 조화를 예술적으로 연출하는 조경은 21세기를 앞둔 시점에서 다음과 같은 몇 가지 과제를 안고 있다.

첫째, 환경의 의미와 역사, 그리고 그 안에 놓인 인간의 실존을 깊이 있게 표현할 수 있는 예술성 있는 조경작품들이 이 지구의 곳곳을 수놓아야 할 것이다.

둘째, 환경의 수용능력을 벗어나지 않으면서 인간에게 유용함을 줄 수 있는 조경계획과 설계방법이 모색되어야 할 것이다. 1992년의 '리우선언'에서 '환경적으로 건전하고 지속가능한 개발(ESSD)'을 구현하기 위한 인류의 노력을 천명한 바 있다.

셋째, 인종과 연령과 성에 관계없이 누구나 자유롭고 평등하게 찾고 즐길 수 있는 민주적인 조경공간이 널리 마련되어야 할 것이다. 1972년의 유엔인간환경회의는 "인간은 품위 있고 행복한 생활을 가능하게 하는 환경 속에서 자유, 평등 및 쾌적한 생활조건을 누릴 기본적 권리를 가지며, 현 세대 및 다음 세대를 위해 환경을 보호하고 개선할 엄숙한 책임을 가진다…."로 시작되는 인간환경선언을 채택한 바 있다. 조경은 보다 아름답고 깨끗하고 건강하고 편리하고 자유롭고 평등하고 의미 있는 환경을 만들고 가꾸고 다듬고 지켜야 할 과제를 안고 있다.

조경은 건축물 외부공간 설계 및 내부녹지 조성과 관련된 공간을 디자인하는 분야이다. 또한 공원이나 단지계획 내의 시설물을 계획하는 것도 조경 분야이다. 이들은 건축물과 관련된 공간은 건축가와의 커뮤니케이션을 통하여 건축물과 같은 개념의 디자인으로 설계하며 공원 등의 공간은 이용자와 지역적 위치, 환경을 고려하여 설계한다. 최근에는 건축물이든 단지든 친환경적이며 자연친화적인 면이 강조되었고, 특히 공공건물이나 대중들이 많이 접하는 건축물에는 이러한 공간을 많이 할애하게 되면서 조경의 역할이 중요해졌다. 또한 건축물의 옥외공간을 내부에 끌어들이려는 노력이 많아지면서 식재와 수종의 선택, 그리고 옥상정원과 관련한 다양한 디자인과 방법들이 제시되고 있다.

4.3.6 실내 인테리어

인테리어 디자이너는 교육과 경험에 의해, 인간에게 적절한 환경을 만들어주는 기능과 특징에 관계된 문제들을 파악 · 연구하고 창조적으로 해결할 수 있는 자격이 갖추어진 사람이라고 할 수 있다.

이들이 갖추어야 할 교육과 경험은 주위환경을 디자인함으로써 충족될 수 있도록 인간의 요구를 지각하는 능력과 이를 분석하여 이해하는 능력을 발달시켜 줄 수 있어야 한다.

건축이 전체 매스의 구조와 디자인에 치중하는 반면 인테리어 디자인은 보다 섬세하고 미학적이며 기능적인 면과 내부공간에 대한 심리적인 문제해결이나 독자적 개성 표현에 관계한다. 이들은 대략 세 그룹으로 분류할 수 있다.

첫째, 생활공간을 설계하는 인테리어 디자이너, 둘째 실내공간에 필요한 생활설비, 즉 가구나 조명 등을 설계하는 디자이너, 셋째 실내공간을 보다 밀도 있게 구성하기 위해 치장, 장식작업을 담당하는 코디네이터이다.

이 분야는 사람들이 대부분의 시간을 보내는 환경을 다루기 때문에 공간과 사람의 관계에 매우 세밀하고 외향적 · 내향적인 면, 즉 심리적인 면까지도 유의해야 한다. 토목이 도로나 다리 등의 거대한 스케일을 다룬다면, 건축은 건물과 사람, 공간을 다룬다. 그리고 인테리어 디자인은 그 공간 속에서의 모든 요소들과 사람과의 관계를 설정하는 세밀한 스케일 분야이다(사진 4.46, 4.47).

사진 4.46 이미지 컷

사진 4.47 주요 재료의 Mock-up

4.3.7 기타 분야

앞에서 언급한 관련 분야 외에도 많은 전문가들이 건축과 관련되어 있다. 또한 설비 분야에서도 특수한 분야가 있을 수 있는데 음향설계전문가, 조명설계전문가 등이 바로 그들이다.

또한 리모델링 분야는 건축물을 신축이 아닌 개축, 개량하는 것으로서 오래된 건축물이나 진부하고 기능적이지 못한 건축물을 새롭게 단장함으로써 건축물의 가치를 재창출하는 분야로 근래에 매우 활성화되고 있다.

건축 시행은 건축물의 분양과 임대를 목적으로 지주와 시공자 사이에서 프로젝트가 성사될 수 있도록 제반 업무를 시도하는 것으로, 우리나라의 경우 공동주택의 시행이 좋은 예이다.

도로 등과 같은 인프라 시설을 담당하는 토목도 건축과 관련된다. 그들은 주로 부지의 측량, 정지작업 등을 담당하여 건축물이 세워질 수 있도록 터를 닦는 기본적인 업무를 제공해 준다.

이외에도 건축과 관련된 모든 것, 즉 성화소, 설비기구, 위생기구, 건축자재 등을 제공하는 많은 관련 분야가 있다.

Chapter 5

건축의 계획 및 창조성

Chapter 5 건축의 계획 및 창조성

5.1 건축의 창조성

건축은 기능을 갖추기 위한 최소의 성립조건 외의 표현은 자유롭다. 이 자유로운 부분은 과학적으로 파악할 수 없는 요소로서, 그 건축물의 예술성을 파악하는 준거(準據)가 된다.

건축은 단순히 기능의 수용체 혹은 미적 감상의 대상만이 아닌 예술성 표현의 대상으로서 또한 과학의 대상이기도 하다. 예술을 위한 예술(L'Art Pour L'Art)보다는 기능을 포함한 예술로 이해할 때 건축의 창조성이 수용될 수 있다.

이러한 맥락에서 아이디어가 창조적인 능력이라면 모든 분야에 중요한 의미를 지니며, 이것은 문학이나 순수미술 등의 분야와 마찬가지로 건축에도 해당되는 말이다.

건축이나 음악은 회화나 조각과 달리 자연계나 일상의 생활 속에서 그 모델이 되는 대상물을 빌려 올 수 있는 경우가 드물다. 그러므로 건물의 종류가 많지 않았던 예전에는 새로운 건축물을 만든다는 것은 바로 고도의 창의력을 발휘한다는 것이었다. 이집트의 피라미드, 그리스의 파르테논 신전, 로마의 판테온 등의 건축물들은 인간의 창작 의지가 빚어낸 기하학적 아름다움과 예술성을 보여주는 대표적 사례이다.

고대 이집트 시대부터 근대건축에 이르기까지 자연 속에 표현된 수많은 건축물들에 대해, 오늘날 건물의 종류와 형태가 매우 다양해지면서 기존의 건물형태와 기능을 적절히 응용하고 변경하는 것만으로도 새로운 건축물의 창조가 가능하다. 하지만 건축의 목표가 예전처럼 미의 추구에만 있는 것이 아니라 보다 폭넓은 여러 측면의 요구를 올바로 해결하여 최선의 건축환경을 만들어내는 것이므로 건축에 있어서 창의성의 의미 또한 여러 각도에서 폭넓게 해석되어야 할 것이다.

창조성이란 “현재의 상황에 무언가 새로운 것을 가져오는 능력”이라고 단순하게 정의할 수 있다. 그리고 인간의 창조 행위는 물리적이건 정신적이건 간에 주어진 요소들을 재구성하는 것을 항상 포함하고 있으므로 새로운 것이란 무에서 유를 만들어내기보다는 이미 존재하던 것을 재구성하거나 이로부터 이끌어낸 것이라고 말할 수 있다.

따라서 창조적 사고과정에서 핵심적인 것은 기존의 요소나 패턴을 적절히 변형시키거나 결합하여 재구성해 나가는 것이다. 그 이유는 인간의 기본 사고방식의 하나인 관례에 의한 기존 요소 및 패턴 위주의 인습적 사고방식은 언제나 낯익은 것, 유사한 것만을 만들어내기 때문에 인식과정에 조숙한 폐쇄작용이 일어나서 통찰력 있는 성과와 가능성을 없애버리기 때문이다.

5.2 공간과 조형

공간이란 건축의 전부이다. 건축가의 일은 공간의 형태, 질서, 맥락 등을 조정하는 것이라고 간단히 정의할 수도 있다. 또한 이것들이 시각적으로 나타나는 조형은 미적 감각을 불러일으키고 결국 건축을 종합예술로서의 역할을 담당하도록 만든다. 건축가의 능력은 이용 가능한 공간을 얼마나 효과적으로 형성하고 조형적으로 표출해 낼 수 있느냐에 따라 판가름된다.

5.2.1 건축공간의 기본내용

1) 인간과 공간

행태가 복잡한 동물들은 공간을 구분하여 그 공간을 사용하는 무리에게 저기 아닌 여기임을 지적하는 장소를 만든다. 동물들은 서로 그러한 여러 장소를 잘 인식할 수도 있고 가려낼 수도 있다. 거기에는 서식범위와 핵심구역이 있고 담당영역이 있으며 보금자리와 먹는 곳 등의 구역이 있다. 이와 같이 동물들은 장소를 꾸민다.

그렇다면 인간은 태초부터 동물보다 공간과 장소에 대해 더욱 세밀하게 구분지어 왔다고 우리는 짐작할 수 있다. 인류와 인간은 만나는 장소와 식사를 나누는 장소, 개인의 영역으로 차지할 장소 등을 필요로 한다. 이와 같이 공간적 관계 및 사회적 관계는 제멋대로인 것이 아니라 질서가 잡힌 것이다. 구별이 우선 인식되고 그 다음에는 그것들을 언어로 나타내고 건물을 통하여 실현한다.

동물은 실용적 공간을 타고난 본능에 의해서 구별하고 결정하지만, 인간은 행위하기 위하여 어떠한 정의가 필요한지를 학습하지 않으면 안 된다. 초기 문명에서부터 위와 아래, 앞과 뒤, 왼쪽과 오른쪽 같은 공간적 관계를 표현하고 전달하는 용어가 발견되는 까닭이 여기에 있다.

이러한 용어들은 단순히 추상적인 것이 아니라 인간 자신과 환경 사이에 직접적인 관계를 가지고 있으며, 환경 속에 놓인 자신의 위치를 표현하고 있는 매우 구체적인 것이다.

인간적인 공간에 대한 문제는 최근 약 1세기 동안 심리학자들에 의하여 연구되어 왔다. 그들은 환경에 대한 인간의 체험을 중심으로 공간지각(space perception)이란 하나의 복잡한 과정을 연구하여 여러 가지의 공간개념을 제시하고 있다. 즉 인간을 자연적이며 유기적인 환경과 통합시키는 육체적 행위의 실용적 공간(pragmatic space), 한 개인으로서의 정체성(identity)을 얻는 데 절대적으로 필요한 지각적 공간(perceptual space), 인간을 사회적 · 물리적 전제로 귀속시키며 환경 속에서 인간의 안정된 이미지를 형성시키는 실존적 공간(existential space), 인간이 공간에 관하여 사고할 수 있음을 의미하는 인식적 공간(cognitive space), 순수한 논리적 관계에 의한 추상적 공간(abstractive space) 등이 그것들이다.

공간을 인식하고 경험하고 느끼는 인간은 어떠한 형태이든 공간 속에 존재하며, 적절한 공간의 형성이 생존뿐만 아니라 삶의 의미와도 직결된다고 볼 수 있다.

2) 건축공간

건축 비평가, 이론가와 미술사가들도 건축공간에 대한 자신들의 논리를 피력하는데, 지크프리트 기디온(Sigfried Giedion)은 그의 저서 『공간, 시간, 건축』에서 세 가지 공간의 기본개념을 설명하고 있으며, 브르노 제비(Bruno Zevi)는 건축을 "공간 예술"이라고 정의하고 있다. 또한 조르겐 조딕(Jurgen Joedicke)은 "건물은 공간으로 이루어지며 따라서 건축공간은 존재한다. 건축적 공간은 체험적 공간이고 인간의 지각작용에 결부되어 있다."고 하여 위에서 언급한 실용적, 지각적, 실존적, 인간적 공간 모두를 관련시켜 건축의 공간을 표현하고 있다. 미술사가인 프레이(Frei)는 "모든 건물은 목적(goal)과 통로(path)에 의한 공간의 구축이며, 모든 집은 건축적으로 구축된 통로이다. 즉 연속적인 공간의 실체를 통하여 입구로부터 안으로 들어감에 따라 공간의 구축적 형성작용에 의하여 공간을 체험하게 된다. 그러나 동시에 건물이란 것은 주변공간과의 관계에서 본다면 하나의 목표이며 우리는 그것을 향하여 전진하거나 출발하게 된다."라고 하여 건축적 공간이 체험되어야 할 하나의 구조를 갖고 있음을 말하고 있다.

건축이란 공간의 질서를 세우는 것이며, 공간은 인간의 질서를 세운다고 해도 좋을 것이다. 훌륭한 건축이란 그러한 질서에 형태를 부여하여 인간 개개인과 공동체 전체에 질서를 나타내는 것이다. 여기에 건축예술의 근원적인 힘이 있다. 그리고 거기에 건축이 사람에게 갖는 중요한 책임이 있다.

건축은 예술적으로 형성된 현실성이며, 나의 현존성, 나의 생활공간에 속한다. 또한 건축은 나의 생활공간을 구성하는 것이며, 나의 생활공간 안에서 구성되는 것이다.

또한 건축공간이란 인간 공동체에 형태를 주는 것이며, 사람과 사람이 관계를 성장시키고 지키는 것이 건축공간의 본질적인 역할이다.

5.2.2 건축조형의 기본내용

인간은 마음속에 품고 있는 생각을 여러 가지 재료를 사용하여 시각적인 형식으로 표현하거나 필요한 도구를 만든다. 넓은 의미에서 이러한 인간의 활동을 조형활동이라고 할 수 있으며, 조형활동의 산물을 조형물이라고 한다. 그리고 그것이 창조적일 경우 넓은 의미의 조형예술이라고 해도 좋을 것이다.

인간의 조형활동은 아주 다양하기 때문에 동기, 목적, 특성에 따라 여러 가지로 분류될 수 있으나 크게 세 가지 특성별로 조형활동을 분류할 수 있다. ①표현과 전달행동을 구체화하는 조형, ②제작과 생산 차원에서 이루어지는 조형, ③삶의 공간과 주거환경을 구축하는 조형을 들 수 있다. 이 세 가지 모두 형, 색채, 재질 등에 의해 시각적 · 물리적으로 구성된다는 공통점이 있지만 크게 표현적 특성의 조형과 구성적 특성의 조형으로 대별할 수 있다.

회화, 조각과 같은 이른바 순수예술에 있어서는 형, 색채, 재질 등과 같은 조형요소가 화면 또는 공간에 구성된 것이지만, 어떤 의미에서는 자기의 정신적 과정상의 어떤 신념, 생각, 사상, 무의식, 감정 등을 전달하기 위해 표현된 것에 지나지 않는다. 그러나 우리가 사용하는 도구나 거주하는 건물 등도 전자와 똑같이 조형요소로써 구성된 것이고 작가의 의식이 표현되어 있기는 하지만, 근본적으로는 어떤 법칙이나 원리에 의해서 목적에 맞게 구성된 것이다. 따라서 이 두 가지 조형활동은 성격이 다른 대립하는 특성이다.

넓은 의미에서는 순수예술에서 표현된 것도 조형적이라고 할 수 있으나 좁은 의미에서는 후자와 같이 실용예술에 있어서 구성적인 특성을 갖는 조형활동을 조형이라고 정의한다. 다시 말해서 조형이란 표현적인 미술보다는 구성적인 미술, 특히 그중에서도 법칙과 형성의 원리에 바탕을 둔 실용적인 미술을 말한다.

오늘날 우리 문화의 대부분은 고도의 과학기술과 인간의 지혜 및 예술에 의해 종합되고 현대생활의 내용을 갖고 있는 객관적인 조건에 기초를 두고 형태, 기능미가 조화를 이뤄 하나의 종합적인 전체를 형성하며, 이것을 조형이라고 말할 수 있다.

건축적 조형은 위에서 언급한 후자에 속한다고 볼 수 있다. 인간의 삶을 담는 그릇으로서 실용성이 무엇보다도 강하게 나타난다. 아무리 낭만적인 건축조형이라 할지라도 기능적 · 실용적인 면이 배제될 수는 없는 것이다. 확실한 법칙과 의도가 존재하며 형성의 원리가 구체적으로 표현된다.

화가는 선과 색의 관계 및 조합에서 '의미 있는 형태'를 표현할 수 있는 반면, 건축가는 예술가로서 '구체적인 대상'의 창조를 통한 자신의 형태적 경험의 정의 및 구성, 완성의 관계가 있다고 말할 수 있다.

모더니스트 비평가인 윌렌스키(Wilensky)는 "건축가는 경험하고 종합하고 창조한다. 그는 비례, 균형, 선, 면의 우묵한 곳 등을 경험하고, 자신의 경험을 상호 종합시키고 구성하며, 건물에 명확한 형태를 부각시킨다…. 그는 처음부터 끝까지 형태적 관계의 문제들에 관심을 갖는다."라고 말하고 있다.

결국 건축조형은 순수형태뿐만 아니라, 실용적 또는 표현의 목적에 대한 적합성이나 적응성과 디자인 전체를 관련지어 다룸으로써 논의될 수 있다.

5.2.3 인간적 단위(The Human Unit)

공간의 종류가 어떠하든 인간은 공간의 척도가 된다. 규모, 구획, 구조, 용도 등 모든 것은 인체의 크기에 맞춰 이루어진다. 공간을 건축적으로 활용하는 데 기준이 되는 것은 바로 인체의 크기이다. 이것은 모든 종류의 공간인 옥내, 옥외, 사적공간, 공용공간, 개방공간, 폐쇄공간 등 모두에 적용된다.

1) 휴먼 스케일(human scale)

인간은 태어난 직후부터 자기의 신체를 중심으로 세계를 측정하고 순서를 세워 나간다. 사람은 환경 속에 있는 모든 것을 자기들과 결부시키려는 경향이 있다. 우리가 사용하는 척도도 반드시 우리는 자신이 중심이 된다. 설령 그러한 의도가 아닌 경우일지라도 우리는 새로운 것을 우리가 이미 알고 있는 것과 비교한다. 어떠한 학습이 이루어지지 않았는데도 자신보다 큰 것은 크다고 말하며, 자신보다 작은 것은 작다고 표현한다. 또한 어떤 물체의 크기를 다른 것과 비교할 때 '보다 크다' 또는 '보다 작다'라고 말한다. 이때 물체의 크기를 생각하고 이 크기를 머릿속에 쉽게 떠오르는 다른 크기로 그려내고, 이것을 비교하기 위해 의식적이든 무의식적으로 상대적인 크기의 단위를 선택하여 참조해야 한다. 학습되지 않았다면 항상 이것의 중심에는 우리 자신이 존재한다(그림 5.1).

인간 신체의 절대적 치수뿐만 아니라 어떤 동물이든 각 부분들 사이의 상대적 프로포션(proportion)이 일정하다는 것은 잘 알려져 있는 사실이다. 건축가 르 코르뷔지에는 인체의 프로포션에 대한 탐구를 계속하였는데, 그가 설계한 유명한 마르세유의 집합주택 전면에 한 남자의 형상을 얇은 부조로 나타냈고, 그는 이 남자가 조화의 본질을 나타낸다고 말하고 있다. 그 형상은 인간 신체의 비례관계를 매우 세밀하게 나타내고 있으

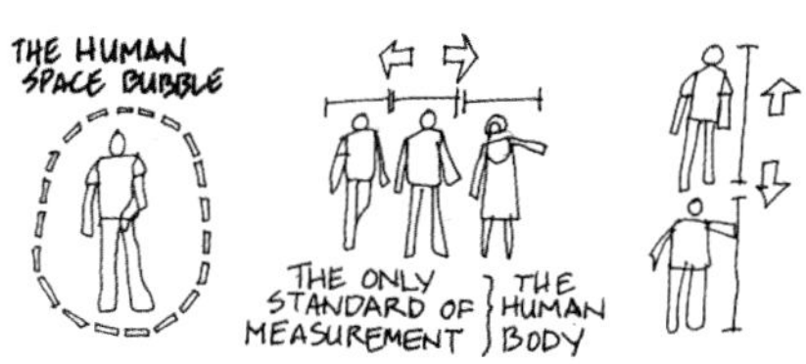

그림 5.1 인간 척도

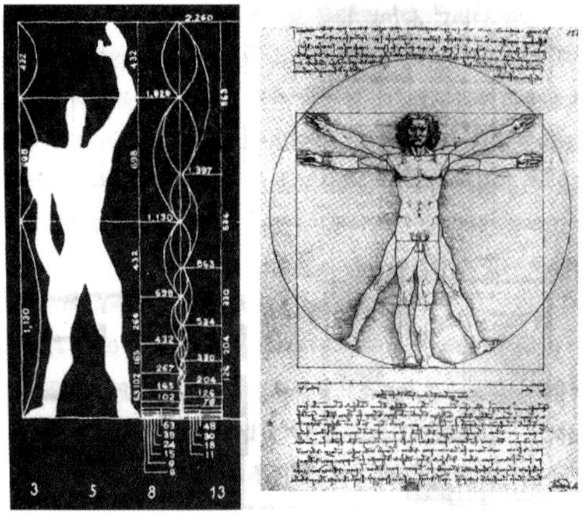

그림 5.2 코르뷔지에의 '모듈'과 다빈치의 인체

사진 5.1 에릭테이온 신전의 인체상

며, 그 건물 전체의 모든 척도는 그 형상에서 이끌어낸 것이다(그림 5.2).

필요한 공간과 그 크기는 수치로 표현되지만 그 공간의 모양은 건축가의 손에 달려 있다. 같은 면적이라도 정사각형, 직사각형, 얇고 긴 사각형, 수평적인 사각형, 수직적인 사각형 등 그것들의 비례에 따라 다른 공간이 형성된다.

이와 같이 비례의 상대적 가치와 실제적인 센스는 훌륭한 건축가 될 수 있는 귀중한 자질 중의 하나이다. 예술가에게는 우수한 소질인 프로포션의 감각이 필요하며, 이것은 조화를 만들어내기 위한 필수적인 것이기도 하다. 인간은 우주의 모든 조화 중의 일부이며 조화에서 창조된 것이기 때문에, 잠재적으로 모든 사람이 갖고 있는 것으로 비례 있는 형태, 조화된 공간을 추구하게 된다.

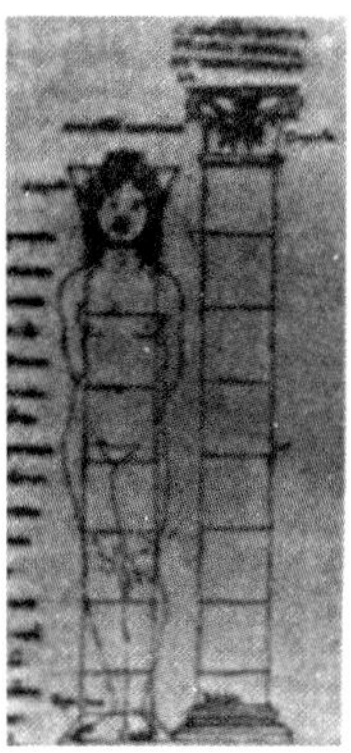

그림 5.3 기둥을 규제하는 인체비례

서구 건축에서는 인체상(人體像)이 내력(耐力)요소로서 사용된 때도 있었다(사진 5.1). 일반적으로 인체비례는 미의 규범으로서, 건축을 구성하고 있는 각 부분 사이의 양적 관계에 단순한 질서를 부여하려는 목적으로 사용되었다. 그리스의 이오니아식 주두(柱頭)의 전체 높이는 8두신(頭身)에 비유된다(그림 5.3). 그것은, 단지 비례관계에 그치지 않고 인체 각 부분이 수행하는 기능적 역할까지도 포함하여 형태 결정의 근거를 삼을 때도 있었다. 교회의 평면, 단면 및 그리드에 의한 인체의 정면상을 밑바닥으로 삼기도 하고(그림 5.4), 회랑과 성당 정면을 양팔로 광장을 끌어안는 모습으로 나타낸 것도 있었다(그림 5.5).

그림 5.4 평면을 규제하는 인체비례

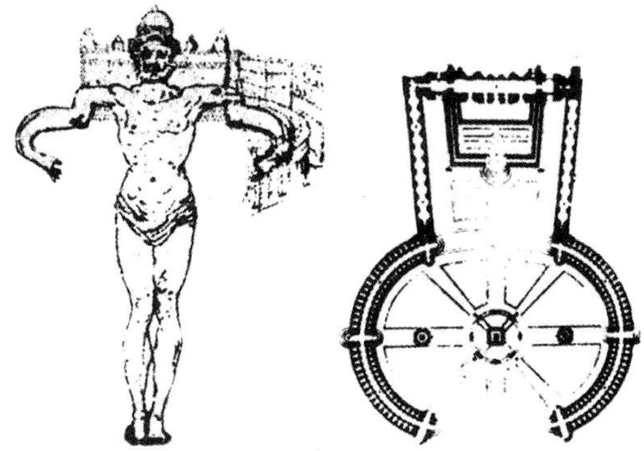

그림 5.5 광장을 규제하는 인체비례

인체의 비례관계와 각 부분의 위계가 그대로 건축형태의 결정원리가 된 것이다.

결국 건축가는 자신의 작품이 인간적 단위를 수용하고 우주의 섭리와 같은 자연의 걸작과 조화를 이루는 완성체가 되었다고 느낄 때, 성취감과 기쁨을 맛볼 수 있을 것이다.

2) 인간적 단위와 치수

고대부터 사용되어 온 치수의 기준을 보면 인간 육체의 각 부분 크기를 바탕으로 한 것이 많다. 이들 치수에는 인체의 적합한 스케일이 자연스럽게 포함되어 있다. 이러한 치수체계는 세계 여러 곳에서 볼 수 있으며 오랫동안 사용되어 왔는데, 이것은 인간생활의 적합성에 의거하는 바가 크기 때문이다.

인체의 부위와 치수는 길이의 단위에 근거가 되어 왔다. 시대 및 지역에 따라 그 절대길이는 달랐지만 동서양을 불문하고 거의 같은 부위나 같은 치수가 특이 단위로서 채택되어 왔다. 작은 단위로는 손과 발, 손가락, 그리고 더 큰 것으로는 키, 지극(指極 : 팔을 수평으로 폈을 때의 길이) 등에 단위가 집중되어 있다.

인체계측 데이터를 보면 인간의 각 부분의 높이치수는 키와 비례관계가 있음을 알 수 있다. 이러한 생리적 특성 때문에 인체비례는 창조의 보편적 개념이 될 수 있기도 했다. 인체의 정수비례(整數比例)는 비트루비우스의 건축십서(建築十書)를 비롯하여 여러 곳에서 주장되고 있다. 또 다른 형태규범의 원류로서 황금비(黃金比)가 있다. 인체 각 부분의 높이치수가 황금비를 이루고 있다는 것, 또

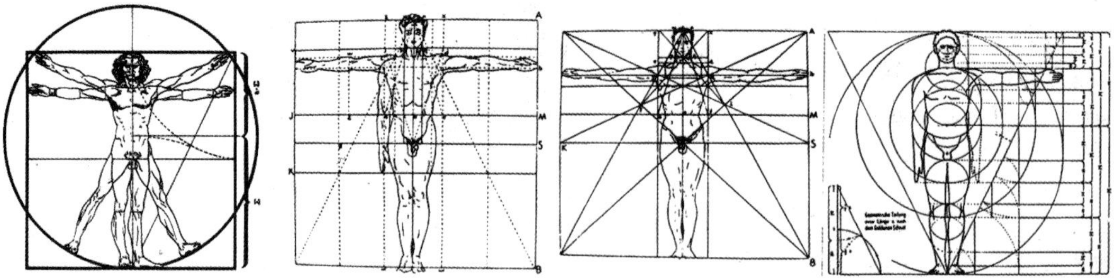

그림 5.6 인체의 비례

한 팔을 편 자세의 동작공간이 정방형이나 원으로서 포괄될 수 있음을 다빈치는 설명하였다. 그 뒤 독일의 형태미학에서는 인체의 세부에 이르기까지 모든 부분을 황금비로써 설명하였다(그림 5.6).

인체의 치수와 인간의 에너지에 바탕을 둔 단위는 길이 측량단위는 물론 세계 각 국에서 쓰고 있는 면적이나 중량을 측량하는 체계에도 적용된다. 인간이 길이를 측정하는 단위로서 일을 하는 데 가장 중요한 부분인 팔을 선택한 것은 매우 상식적인 것이다.

이로써 완천(팔꿈치를 쭉 폈을 때 가운데 손가락 끝까지의 길이)이 생기게 되었다. 다리의 길이를 근거로 하여 foot척도가 생겼는데, 이것은 인간의 발의 길이를 나타내는 것이기도 하지만, 더욱 정확한 의미는 수직 사다리를 오르내리는 데 소모된 인간의 에너지 단위척도인 것이다. 키가 큰 스웨덴 사람이나 키가 작은 일본 사람 등, 세계 어느 곳을 막론하고 사다리 두 단 사이의 간격은 1foot이다. 이것은 사람이 가장 피로를 덜 느끼는 길이이며 한 계단을 오르는 수직계단을 말한다. 면적의 단위인 에이커(acre)는 민족과 지역에 따라 다소 차이는 있으나 1에이커는 낙농국에서 한 사람이 낫 한 자루로 하루에 풀을 벨 수 있는 넓이, 또는 한 쌍의 두 마리 소가 하루에 경작할 수 있는 넓이의 땅을 말한다. 요약해서 말하면 인체의 치수와 단위는 매우 밀접한 관계를 가지고 있으며, 이때 단위란 인간활동의 한계를 나타내는 표준치수인 것이다.

5.2.4 스케일과 모듈

1) 스케일

공간의 크기와 주위환경에 알맞은 디자인의 느낌을 스케일이라 한다. 공간과 형태는 이 스케일과 매우 밀접한 관계를 가지며, 어떤 디자인이 모든 면에서 훌륭하더라도 그 스케일이 환경에 맞지 않고 적절하지 못하다면 잘못 디자인된 것이다.

인간이 만드는 구조물에는 역학적인 인자 이외에 인간이라는 인자가 관계된다. 이 인간의 인자와 관련된 디자인의 느낌을 인간척도(human scale)라 한다. 인간의 팔 길이, 다리 길이, 키에 대한 머리의 크기 등은 어느 정도 정해진 치수로써 일정하고 우리 인간은 이러한 스케일에 매우 익숙하다. 물론 공간의 형성이 기초적으로는 이 인간척도를 바탕으로 구성된다고 볼 수 있으나 실제로 이것을 어떻게 대응시킬 것인가는 매우 어려운 문제이다.

주택의 경우 거실의 크기, 안방의 크기, 부엌의 크기 등이 스케일 감각에 알맞게 결정되어야 하며, 또한 전체에 대한 각각의 비례도 적절해야 한다. 쥐에는 쥐, 코끼리에는 코끼리의 프로포션이 있듯이 주택의 스케일을 고층건물의 기준으로 삼을 수 없으며, 그 반대의 경우도 마찬가지이다(그림 5.7).

형태, 공간의 규모, 주위환경뿐만 아니라 개인의 경험에 따라서도 스케일 감각은 다르게 나타난다. 초등학생의 경우 학년차에 따라 방의 크기에 대한 지각에 차이가 있는 것을 보더라도 개인의 경험이 미치는 영향을 시사하고 있다.

그림 5.7 상대적 스케일감

건축가에게 이 스케일 감각은 그들만의 전문영역일 수 있다. 환경의 맥락과 개인의 경험적 차이를 읽어냄으로써 스케일 감각이 있는 적절한 공간을 창출할 수 있는 것이다. 같은 바닥면적을 갖는 실 크기의 지각도 벽의 구성방법 등 한정 정도에 따라 스케일감각을 달리 줄 수 있다.

2) 모듈

여러 가지 일상생활을 정확히 측정하기 위해서는 각기 다른 표준치수가 필요하다. 이와 같이 디자인에서도 어떤 특정한 단위가 필요한데, 여러 가지 계획의 특성을 나타내는 단위가 바로 모듈이다.

모듈러 코디네이션(MC)은 모듈 나누기로 어떤 기준치수를 정하고 건축 각부의 치수에 일정한 질서의 비례를 실현시키려는 건축설계 수법이다. 그러나 최근 이 MC에 대한 잘못된 생각은 빠르고 경제적인 디자인을 위해 척도를 단순화하고 표준화시킨 편리하고 실용적인 도구라고 생각하기에 이르렀다. 그러나 이것은 근본적이라기보다는 부차적인 이유일 뿐이다. 모듈은 재료의 가장 경제적인 치수에 따라 결정되는 것이 아니라 스케일에 따라 선택된다. 베를 짤 때 눈금 한 개와 직물 전체의 관계처럼 모듈은 디자인 전체에 깊이 관계된다.

고대건축은 모두 모듈의 눈금에 맞추어 엄밀하게 규제되어 있다. 잘 알려진 예로는 비트루비우스가 로마 기둥의 계열로 분류한 터스칸(Toscan), 도리아(Doric), 이오니아(Ionic), 코린티안(Corinthian), 컴포지트(Composite) 이상 다섯 가지이다. 이것에 사용된 모듈은 둥근 단면의 반경이다(그림 5.8).

그림 5.8 다섯 오더의 진화

그러나 재료의 개방성에 대한 노력과 건축이 공간을 다루는 문제로 인식됨에 따라 구조요소보다는 주로 공간을 구성하는 요소가 모듈의 단위로 선정되었는데, 현대건축에서 공간의 모듈로 정해지는 것은 마치 가볍고 개방적인 일본의 목조디자인의 경우와 같다. 일본 사람들은 인간의 치수를 나타내는 모듈단위로 모든 디자인을 꾸민다. 이것은 다다미(첩)로 약 3ft×6ft 크기이다.

모듈에 대한 기본개념은 첫째, 크기가 서로 다른 구성재도 한 모듈 기준 격자에 수용될 수 있는 상호관련성이다. 둘째, 모든 치수를 가진 몇 개의 구성재로 모든 치수를 구성할 수 있다. 셋째, 주어진 공간을 채우는 구성재의 혼합사용이 자유롭다는 호환성이다. 넷째, 요구되는 성능의 손상 없이 구성재의 적정 크기를 모듈치수 안에서 선택할 수 있는 단순화이다. 마지막으로 구성재 상호는 모듈치수에 의해 질서가 부여되어 있으며 크기와 비례가 단계적으로 변화하는 구성재 계열을 얻을 수 있다는 구성재 계열화이다.

이와 같은 기본개념을 토대로 모듈을 조직화된 프로포션과 기능적 디자인에 완전히 결합시켜 사용하는 것이 모듈의 근본적인 이유이다.

5.2.5 공간감각

공간에 대한 지각은 지각할 수 있는 구체적인 대상이 나타날 때 일어난다. 이러한 의미에서 볼 때 공간의 물리적 정의는 물체와 물체와의 관계에 의해서 형성된다. 우리들의 일상생활에서 공간을 지각할 수 있는 수준은 다음과 같다. ① 평면, 선 등의 만남, 교체, 절단, 굴곡, 관통, 투과, 빛과 그림자, 투명도, 반사, 반영 등의 시각을 통해서 여러 가지 공간을 지각한다. ②음의 반사, 공명 등 청각적인 경험에 의해서 공간을 지각한다. ③공간상 물체의 물리적 · 지각적 움직임에 의해서 공간을 지각한다. ④공간상의 역학관계에서 공간을 지각한다.

사실 건축이란 위에서 언급한 모든 수준을 포함한 공간으로서 지각된다. 건축 내에서의 생활이 곧 일상생활이기 때문이다.

우리 인간은 건축의 여러 형태와 접하게 되며 공간감각을 일으키는 우선적인 요소는 그것의 크기일 것이다. 이때 항상 중요시 되는 문제는 공간의 크기에 대한 어떠한 공간감각이 생길 것인가 하는 의문이다. 일반적으로 넓은 공간은 경외감을 불러일으킬 것이며, 좁은 공간은 위축감을 자아낼 것이다(그림 5.9).

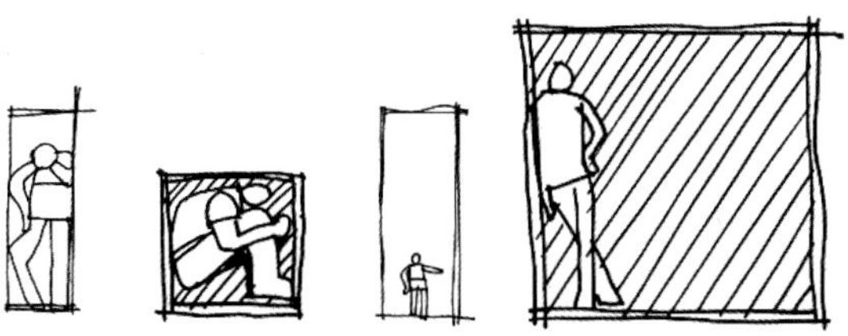

그림 5.9 공간감

공간감각에 영향을 주는 것에는 다양한 것들이 있다. 색채와 질감(texture)은 공간을 구획하고 형성한다. 따뜻한 색깔과 부드러운 질감은 따뜻한 분위기를 자아내고 차가운 색깔과 거친 질감은 차가운 환경을 만들어낸다. 빛은 공간을 체험하는 데 있어 결정적으로 중

그림 5.10 로마의 판테온

요한 요소이다. 같은 방이라도 창문의 크기와 위치를 적절히 바꿈으로써 매우 다른 공간적 인상을 가지게 할 수 있다. 벽 중앙에 있던 창을 구석으로 옮기면 방 전체의 성격은 아주 달라진다. 완전히 폐쇄된 듯한 공간에 위로부터 빛이 내려옴으로써 공간감을 극대화시킨 가장 아름다운 예는 로마의 판테온(Pantheon)일 것이다(그림 5.10). 그것의 원형 홀에 들어서면 곧 주랑 현관의 천장보다 세 배나 높은 곳의 광원에서 내려오는 부드러운 빛을 느끼게 된다. 돔(dome)과 빛의 조화는 공간을 한정하는 것이 아니라 오히려 넓히고 높이는 것처럼 보이는데, 이것은 빛을 반사하는 표면이 공간을 확대시키기 때문이다. 돔 꼭대기에 있는 둥근 구멍은 외부세계와의 유일한 접촉점을 형성한다. 천공과 같은 이 자그마한 구멍을 통해 빛이 투과되고 둥근 형태의 공간으로 부드럽게 확산된다. 이와 반대로 빛이 부족하여 어두운 공간은 공간이 축소되고 쉬는 공간, 세상과 단절된 분위기를 자아낸다.

공간 내에 자유롭게 위치한 가구나 식물 등은 공간의 방향을 지정해 준다. 가구의 형태나 색채에 의해서도 공간감각은 변하며 식물은 공간의 자연적 활력소가 된다. 그러나 여러 가지 가구 등의 소품 등을 마구 사용한 구획은 잘못 이루어진 불확실한 공간을 만들어내기도 한다.

의장요소에서 수평적인 요소는 공간의 폭을 넓어 보이게 하며 수직적인 요소는 공간의 깊이를 높여준다. 인간의 눈이 수평으로 배열되어서인지 수직적인 공간보다는 수평적인 공간에 더욱 안정감을 느낀다. 이와 같이 공간감각에 영향을 주는 여러 요소에 대한 이해가 필요하며, 그것들을 적절히 조절하면 통일감 있는 공간을 만들 수 있다. 건축가는 공간감각에 대한 충분한 예측이 가능해야 하며, 의도한 공간감각이 형성될 수 있도록 해야 할 것이다.

5.2.6 공간의 축과 동선

축은 건축의 형태나 공간을 구성하는 가장 기본이 되는 수단일지도 모른다. 비록 눈에 보이는 형태로 존재하는 것은 아니지만 미세하고 느슨하며 단순한 것인지 아니면 짜임새가 있고 생생하고 아름다우며 압도적인 것인지가 충분히 인

그림 5.11

사진 5.2 전라남도 송광사

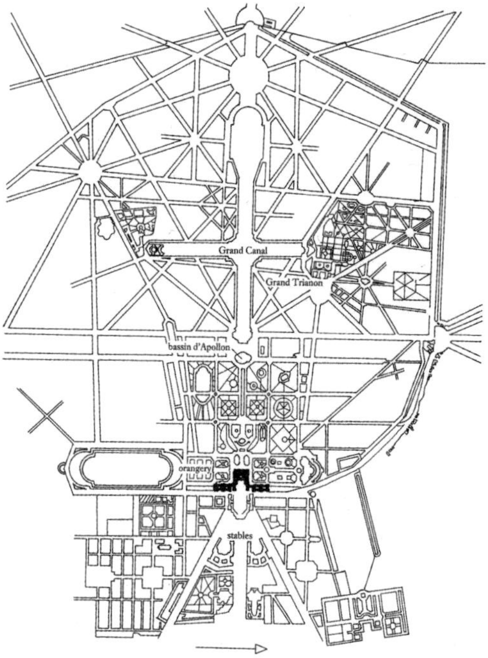

그림 5.12 베르사유의 축

지되는 존재이고, 이 축을 통해 공간을 이해할 수 있으며, 건축가의 계획적 의도를 파악할 수도 있다(그림 5.11).

축을 중심으로 한 각 요소들의 배치를 보면 길이와 방향감을 갖고 있으며, 통로를 따라 동작과 시선을 유도한다. 또한 축을 통하여 형태와 공간 사이의 시각적, 계층적 질서 수립이 가능하다.

형태와 공간은 주의를 끌기 위해 배치상의 축성(軸性)을 형성하는데, 하나의 연속되는 선상에 연속적인 질서를 부여하거나 축 구성의 종착점에 위치시킴으로써 그것의 의미를 부각시킬 수도 있다. 또는 대칭 구성의 중앙부분, 방사형 구성의 구심점에 초점을 맞출 수도 있다. 이와는 반대로 전체 구성에서 떨어져 위치시킴으로써 조용한 분위기, 은밀한 곳임을 나타내기도 한다.

축을 형성하여 계획된 건축물들은 무수히 많지만 그중에서도 베르사유의 배치나 그리스 아테네 광장, 그리고 우리나라 사찰건축이 좋은 예라 할 수 있다(사진 5.2, 그림 5.12).

동선은 건물 내 · 외부의 움직임을 표현한 선이다. 건물은 정적인 것이 아니라 동적이며, 건물은 가만히 있도록 유연성 없이 디자인되지는 않는다. 건물 내 · 외부에는 항상 움직임, 이동, 변화 등이 생길 것이다. 사람뿐만 아니라 재료, 물건, 정보, 빛, 공기, 에너지 등 모든 것이 어수선하게 움직인다. 그러나 그러한 다양함 속에서도 어느 정도의 동적 패턴이 존재한다. 모든 건물에는 똑같이 겪는 몇 가지 움직임의 종류가 있는 것이다. 건축물을 디자인하는 데 있어서 이 흐름의 문제를 우선적으로 고려해야 한다.

사람의 경우 동선의 패턴에 따라 혼합된 이미지의 연속을 보게 된다. 사람의 움직임에 따라 보이고 감추어진 공간에 변화가 주어지면 또 다른 경우가 연출된다. 거기에는 바닥면의 고저차를 이용하거나 나무를 배치하거나 눈높이의 벽을 사용해서 만들 수 있다.

생명체의 순환계통과 마찬가지로 공간의 동선은 유기적이어야 하며 기능적, 합리적이어야 한다. 각 실로 접근하는 동선은 가능한 효율성 있게 계획되어야 하며 타 실에 방해가 되면 안 될 것이다.

가구의 이동 및 장비의 반입을 고려한 동선계획이 수립되지 않은 경우에는 건물구체가 완성된 후의 진행에 큰 어려움을 겪을 것이다.

5.2.7 건축공간의 구획 및 구성

일상생활에서 아무 뜻 없이 공간을 만들어내는 경우도 많이 있다. 예를 들어 야외 잔디밭에 돗자리를 까는 경우, 그 돗자리로 인해 자연 속에서 단란한 분위기의 공간이 만들어지며, 빗속을 연인과 함께 걸을 때 우산을 펴면 그 밑에는 두 사람만의 공간이 생긴다. 또한 길거리에서 좌판을 깔고 장사하는 행상 주위로 그 좌판과 함께 둘러싸고 있는 행인들과 조그마한 공간이 생긴다. 그 좌판 위에는 많은 소공간이 존재하는데 내일 좌판을 다시 깔아도 그 공간의 질서는 변하지 않는다.

건축가는 여러 가지 구획수단을 사용할 수 있다. 이것은 하나의 공간단위를 다른 것과 나누는 것이다. 구획수단으로는 벽, 울타리, 보도, 나무, 깃발 등이 있다. 그러나 상식적으로 볼 때 건축공간은 바닥, 벽, 천장에 의해 한정된다. 따

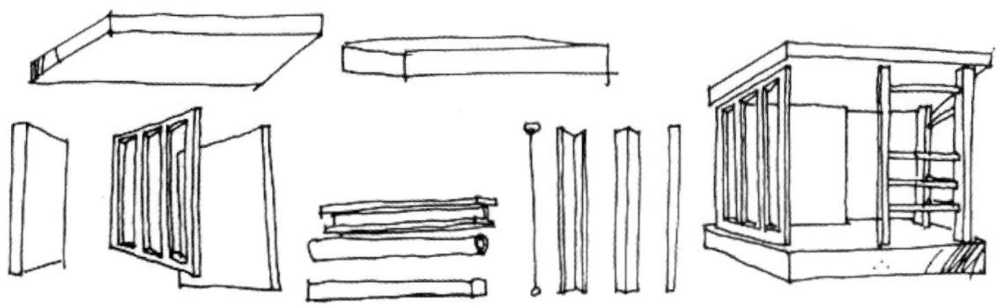

그림 5.13 공간의 구획수단

라서 바닥, 벽, 천장을 '건축공간을 한정하는 3요소'라 할 수 있다. 그러므로 건축가는 바닥이나 벽, 천장에 여러 가지 재료를 사용해 구체적인 건축공간을 만들어내는 것이다(그림 5.13).

그러나 이것이 반드시 내부공간을 의미하지는 않는다. 사실 건축공간은 허虛공간(negative space) : 실實공간(positive space), 외부공간(exterior space) : 내부공간(interior space), 개방공간(open space) : 폐쇄공간(enclosed space), 동적공간(dynamic space) : 정적공간(static space), 공적공간(public space) : 사적공간(private space), 대형공간(large sized space) : 소형공간(small sized space) 등 공간의 질적 · 양적 질서에 따라 여러 가지로 분류된다.

바다, 벽, 천장으로 구획되지 않아도 자연의 장소와 구별되는 공간은 얼마든지 다양하게 창출될 수 있다. 선큰 공간, 필로티 공간, 브리지 아래의 공간, 포켓 공원 등과 같이 건축공간을 한정하는 3요소가 없이도 공간이 구성된다. 가구에 의해서, 레벨차에 의해서, 수공간을 이용함으로써, 열주에 의해서도 매력적인 공간을 만들어낼 수 있다. 또한 공간의 위계를 통해 이것이 단위모듈에 의해

사진 5.3 부석사 누문(樓門)

사진 5.4 불국사 회랑

평면적으로 점점 팽창되거나 축소됨은 물론이거니와 수직적인 전개를 함으로써 더욱 활력 있는 공간구성을 만들어낸다. 이것의 가장 좋은 예는 우리의 전통사찰건축일 것이다(사진 5.3, 5.4).

세부적인 공간의 분류 및 체계에 앞서 건축공간은 크게 내부공간과 외부공간으로 대별할 수 있다. 내부공간은 주로 실내 설계의 영역에 포함되고 외부공간의 구성은 주로 외부 설계의 영역에서 취급한다. 내 · 외부공간 모두 우주의 무한공간 속에서 우리 인간의 생활에 따라 필요한 만큼만 영역화하여 인공적 공간을 형성하는 것이다.

5.2.8 공간의 진화

공간이 형성되어 나가는 데에는 몇 가지 진화의 단계를 거쳐야 한다. 단 한 번으로 구상하는 공간이 만들어지는 경우는 거의 없을 것이다. 또한 건축물은 그렇게 단순하지 않다. 수평적 공간의 관계, 수직적 공간의 관계가 3차원적으로 연결되기 때문에 구체적인 공간이 만들어지기에는 시간이 필요하며 체계적인 접근이 요구된다. 건축가들은 자기들이 가장 편안하다고 생각하는 디자인 방식을 택할 수 있지만 보편적인 과정을 거쳐 디자인을 전개시켜야 한다. 그들은 일반적인 원칙들에서부터 시발점이 되는 아이디어로, 그런 다음 시발점이 되는 아이디어들로부터 특정한 사례로 옮겨간다. 2차원적인 평면 스케치에서부터 3차원적인 모델을 만들어 봄으로써 아이디어가 담긴 공간이 구체화되어 가는 것이다.

다음은 건축설계와도 비슷한 과정으로서 모든 건축가들이 거치는 기본단계이다.

① 분할

건축공간의 프로그램을 바탕으로 함께 작용함으로써 전체를 만들어낼 각 기본단위를 분할한다. 그리고 이것을 다이어그램으로 나타낸다. 기능적임은 물론 자신의 아이디어를 가지고 머릿속으로 공간을 체험하면서 서로의 관계를 나타내야 한다. 수평적 관계는 물론 수직적 관계도 동시에 이루어져야 하며 심지어는 공간분할로 인한 형태까지도 고려해야 한다(그림 5.14).

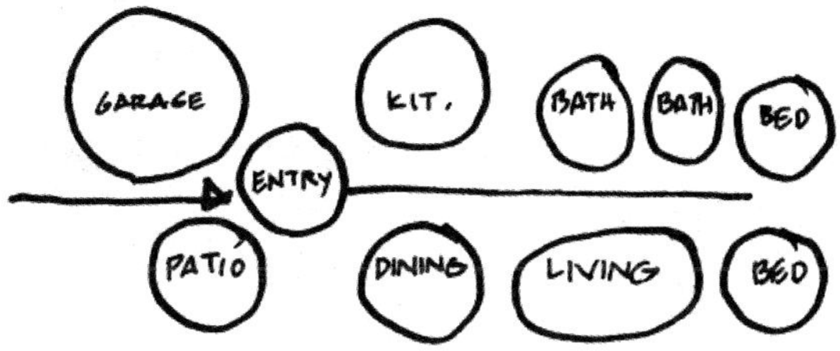

그림 5.14 분할

② 검토

각 기본단위들 간의 가장 훌륭한 관계가 어떤 것인가를 검토한다. 주위의 맥락 가운데에서 각 기본단위를 살펴본다. 시간이 지나고 자신만의 아이디어를 계속 고집하다 보면 기본단위의 목적을 망각하는 경우가 있다. 기본목표에서 크게 벗어나지 않았는가를 검토해야 한다. 다음과 같은 체크리스트가 필요하며, 이에 대한 확실한 해답이 주어져야 할 것이다(그림 5.15, 5.16).

- 이 공간의 주된 목적은 무엇인가?
- 이 공간에 대한 나의 아이디어는 무엇인가?
- 이 공간과 주위의 다른 공간들과의 관계는 어떻게 될 것인가?
- 공간과 형태의 관계를 설정하고 진행하고 있는가?
- 공간의 동선에는 아무런 문제가 없는가?
- 공간 내의 움직임이 최대일 때 그 양은 어느 정도인가?
- 사람의 흐름은 물건의 흐름과 똑같은가?
- 공간이 어느 특정한 요구를 충족시켜야 할 필요가 있는가?

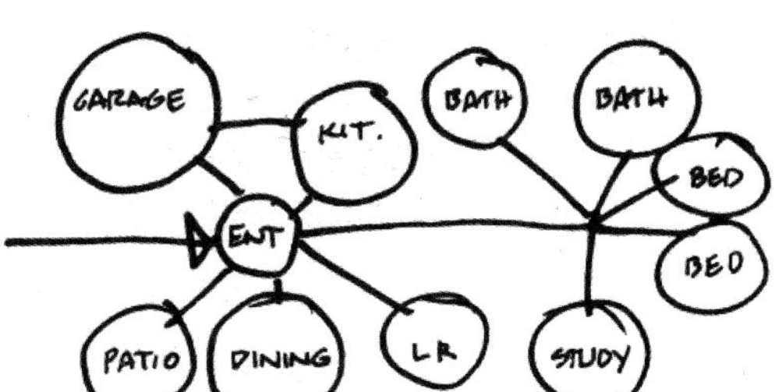

그림 5.15 검토-1

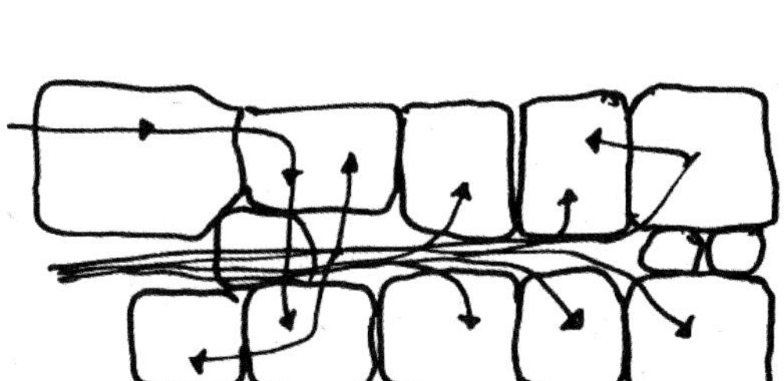

그림 5.16 검토-2

• 구조, 설비(냉난방, 배관) 등은 적절히 고려되었는가?
• 건축주의 특별한 요구가 존중되고 있는가?
• 공간의 위치 및 기후는 충분히 고려되었는가?
• 건축가로서, 나는 공간을 디자인하는 데 있어서 전체적인 의도를 갖고 있으며 디자인에 전체적인 통일감을 부여하고 있는가?

③ 결정

각 기본단위의 가장 적합한 크기와 모양을 결정한다. 공간의 크기, 위치, 관계 등이 구체화된다. 여러 가지의 안이 있을 수 있으나 가장 합리적인 판단으로 두 개 정도의 안을 결정할 필요가 있다. 두 개의 안은 비슷한 경우보다는 다소 상반되는 안이 설득력 있을 것이다(그림 5.17).

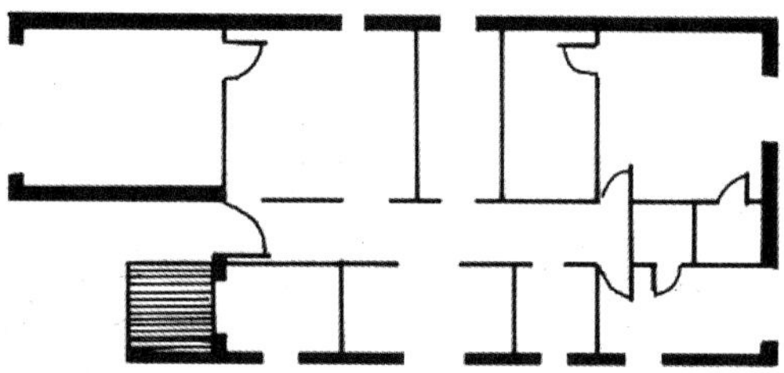

그림 5.17 결정

④ 세련화

만들어진 디자인을 세련되게 한다. 모든 디테일을 나타내는 공식적인 도면을 작성한다.

5.3 건축계획

건축계획이란 설계기준을 설정하기 위해 이와 관련된 모든 설계정보 및 자료를 수집, 검토하여 하나의 종합적인 틀을 만들어내는 것이다. 건축계획 및 설계의 궁극적인 목적은 공간을 창조하는 것이다. 공간을 창조한다는 것은 인간, 환경, 건축구성 등과 관련된 자료의 종합을 말하는 것이기 때문에 건축계획의 목적은 이러한 필요한 모든 요소들을 합리적, 체계적, 창의적으로 종합하는 것이다. 이러한 의미에서 건축계획은 종합하기 위한 방법이기도 하다. 기능(function) · 구조(structure) · 미학(aesthetic)을 종합하는 기술은 설계이고, 설계를 하기 위해서 그 기본목표와 방향을 제시해 주며 설계자료를 제공해 주고 자료들의 출처와 근거를 이론적으로 해석해 주는 것이 계획이다.

건축계획과 관련된 영역은 구조, 시공, 설비 등 기술영역 분야와 공간구성을 위한 순수한 계획영역과 그 뒷받침이 될 과학적 이론에 근거를 두고 개발한 분야들을 말한다.

사실 건축계획은 그 범위가 너무 광범위하고 위에서 언급한 바와 같이 종합적 자료의 성격을 띠기 때문에 그 영역을 단 몇 가지로 언급하기란 매우 곤란하지만, 여기서는 가장 기본이 되는 것들만을 설명하기로 한다.

5.3.1 계획 각론

건축계획 각론은 개개 요소에서부터 계획, 설계의 완성에 이르기까지의 기초자료뿐만 아니라 현장시공 시 그 건물에 대한 전체적인 이해를 도울 수 있도록 건물의 모든 유형에 있어서 건축계획상의 구체적인 자료를 제시하고 있다.

설계의 시작과 함께 그 건축물의 유형이 주어지며, 이에 따른 기초지식은 물론 세부적인 지식들이 습득되어야 한다. 예를 들어 미술관의 경우 현대적 개념의 미술관, 미술관의 종류 등의 기초지식과 동선계획의 유형, 전시실의 순회형식, 전시실 규모 산정, 전시방법, 시각계획, 조명 및 채광계획, 전시물의 보호 및 손상방지 등의 미술관 설계에 필요한 전반적인 이해가 필요하다(그림 5.18). 제4장에서 언급했듯이, 건축가란 완벽한 전문가라기보다는 전반적인 이해를 가

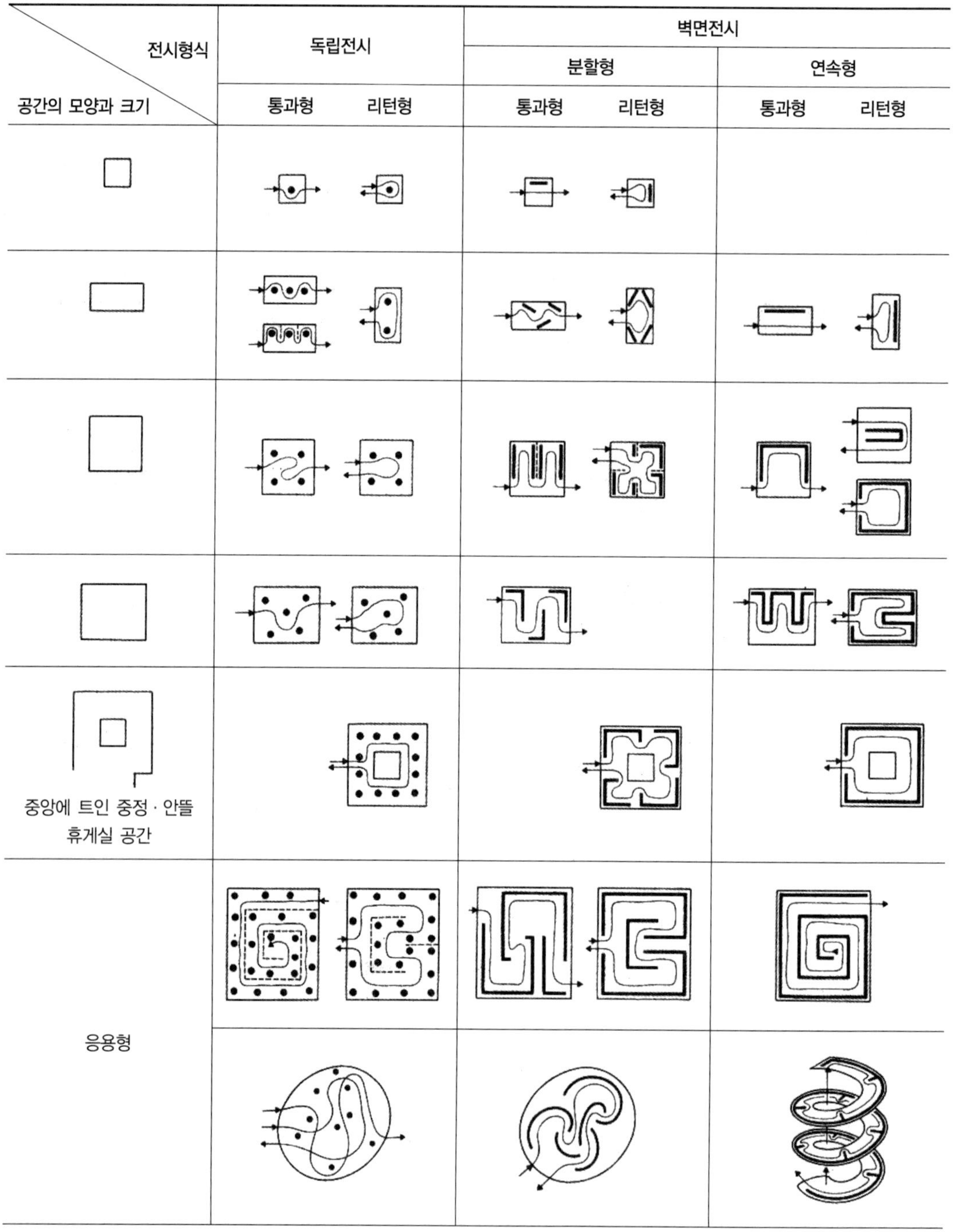

그림 5.18 미술관의 순회형식과 동선 공간 전시물의 관계

지고 관련 전문가들과 함께 일하는 성격을 갖는다. 건축물의 종류는 무수히 많으며 건축가가 유형별 건축물에 대한 전문지식을 모두 갖추기란 어려운 일이다. 그러므로 이러한 체계적인 자료의 수집과 이해의 폭을 넓힘으로써 보다 많은 경우의 토대를 마련하는 것이 중요하다.

계획 각론은 주거건축, 상업건축, 호텔건축, 교육시설, 종교건축, 공공문화시설, 병원건축, 스포츠시설, 교통시설, 공장건축 등 유형별 분류를 통해 필요한 자료를 찾아보기 쉽도록 체계적으로 정리하여 기술하고 있다.

5.3.2 이용자를 고려한 계획

우선 이용자에 대한 정보가 필요하다. 이용자의 속성이 남자든 여자든, 가족인지, 혼자인지, 어떠한 조직인지, 불특정 다수인지 등을 분류하고 검토해야 한다. 또한 이용자의 연령대가 노인인지 어린이인지는 건축계획에 있어 매우 중요한 요소이다. 마치 이용자를 상담하듯이 하여 모든 자료와 정보가 수집되고, 이에 따른 계획적 항목들이 치밀하게 검도되어야 한다.

건축물을 이용하려는 목적이 어디에 있는지를 파악하고 그밖에 모든 이용자의 의견을 충분히 수렴해야 한다. 그들의 견해는 사람과 사람의 요구에 따라 다양할 것이다. 또한 이러한 요구는 경우에 따라서는 상반될 수도 있으며 변화하기까지 한다. 그러므로 건축가와 이용자 간의 대화와 신뢰 없이는 유연한 계획이 세워질 수 없다.

다음은 이 이용자들의 요구와 이용방식을 파악하는 데 입각하여 건축의 형식과 시설규모 등을 결정해 나간다. 이용자의 생활구조, 의식, 영역, 생활권 등의 모든 요소들은 건축공간을 구성하는 데 많은 영향을 미친다.

5.3.3 부지관련 계획

주어진 대지의 모든 특징들은 반드시, 마치 프로그램 요소들처럼 관찰, 기록되고 분석되어 건축에 영향을 미치는 요소로서 간주되어야 한다. 통합적이고 시각적인 적절성, 건물과 대지의 조화는 우수한 디자인을 얻기 위해 매우 중요하다. 건축가는 건물 그 자체만으로도 아름답다는 관점에서 판단할 것이 아니라 건물이 들어섬으로 인해 그 장소가 얼마나 좋아졌는지 혹은 나빠졌는지도 판단해야 할 것이다.

부지란 물리적인 실체일 뿐더러 하나의 상태이다. 대지경계선에서부터 가장 인접한 주변환경에 이르기까지 모든 것이 서로 관련된 상태의 부지는 관찰과 경험의 복합체이다. 부지의 식생, 기후(태양, 바람, 비 등), 경사, 소음, 악취, 조망, 교통, 주변환경, 사회문화적 환경 등을 면밀히 조사하고, 그것들을 도식화함으로써 건축계획의 기초자료로 삼아야 한다. 이것을 기초로 하여 부지로의 진입(보행자 진입, 차량 진입 등), 건축물의 위치, 건축물의 형태, 외부공간계획(조경, 주차, 광장 등) 등 부지와 관련된 전체적인 계획이 수립되며, 이것은 세부공간계획에 들어가기 전에 가장 합리적이고 적절한 계획이 선행되어야 한다.

5.3.4 공간관련 계획

1) 치수 및 단위공간계획

건축의 공간은 개략적인 크기나 볼륨이 아니라 가로, 세로, 높이 등의 세부적인 치수에 의해 한정된다. cm, m, ㎡ 등은 치수의 단위로 세계적으로 공통된 크기와 면적을 나타낸다.

5.2절에서 언급했듯이 공간의 치수는 인간척도(human scale)와 관련된다. 인간의 일상생활을 담는 공간이 건축이므로 치수 하나를 결정하는 데도 사람, 물질, 동작, 구법 등을 고려하여 기준이 되는 치수를 충분히 검토한 후 결정할 필요가 있다. 공간의 크기와 높이, 복도의 폭은 물론 난간의 높이, 계단 디딤판의 길이, 조명등 및 조명스위치의 위치 등 세부적인 치수들까지도 인간활동에 기능적이고 효율적이며 활용적인 치수가 주어져야 한다.

일반적인 사람들과는 달리 노인을 위한 치수가 다르며, 어린아이의 소변기를 일반 성인들을 위한 소변기의 치수로 계획했다면 어떠한 상황이 벌어질지 상상할 수 있을 것이다. 또한 공간의 상황에 따라서도 적절한 치수계획이 요구되는데, 주택의 경우에서와 같이 단지 몇 사람이 이용하는 계단의 폭과 극장이나 체육관에서 동시에 수십, 수백 명이 이용하는 계단의 폭은 다를 수밖에 없다.

단위공간계획은 치수와 관련되어 있고 생활과 공간과의 적정한 관계를 명확히 하기 위한 것으로 공간의 크기, 즉 넓이, 폭, 높이, 용적, 형태, 그리고 구성재의 길이와 면적 등의 치수를 파악한다. 이러한 계획은 건축주가 원하는 프로그램과 건축물을 구성하는 모든 공간을 합리적 · 기능적으로 세분화하는 작업이기도 하다.

사람과 사람들의 활동에 대한 고려가 매우 상식적이기는 하지만, 모든 경우의 수를 읽어내고 이에 대한 적절한 치수 및 공간단위계획을 하기란 그리 단순하지는 않다. 체계적인 접근과 합리적 사고가 요구되지만, 더욱 더 중요한 것은 축적된 공간의 경험일 것이다.

2) 규모계획

규모계획은 예상 수요 및 건축법규에 의해 정해진다. 예상 수요에 따른 넓이를 결정하는 데에는 여러 가지의 경우가 있는데, 극장 등의 경우는 이용자, 회의실이나 교실 등에서는 이용집단, 그리고 식당이나 주방 등은 공간과 설비장치와의 상관관계를 고려해 결정하게 된다.

아직 가로, 세로, 높이 등의 치수가 주어지는 규모가 아니라 1인당 요구되는 면적을 기준으로 하여 소요면적을 추정하게 된다. 이것은 최소한의 기능을 만족시킬 수도 있으며 다소의 여유공간을 줌으로써 보다 풍요로운 공간이 이루어질 수도 있을 것이다. 각 소요실의 규모계획을 통해 전체적으로 필요한 면적을 알 수 있으며, 이것은 곧 건물의 바닥면적, 층수 등을 적절하게 선택할 수 있게 된다.

건축법규에 의한 규모계획은 최소 또는 최대한의 규모를 규제하고 있는데, 예를 들어 건폐율, 용적률, 사선제한 등은 규모의 최대치를 규제하는 것이며 계단의 규모, 주차장의 규모, 조경면적의 규모 등은 최소한을 규제하는 것이다. 후자의 경우 공간규모로 최소한의 크기나 면적을 규제하기 때문에 이것이 적정한 규모라기보다는 최소한의 기능적 요구를 만족시킨다는 것이므로 이것을 바람직한 규모계획이라고까지 말할 수는 없을 것이다.

사실 규모계획은 위의 내용 이외에도 이용효과, 이용계획, 경영, 운영, 관리, 효율 등 건축 및 건축 외의 요소들에 의한 계획적 판단이 매우 중요하다. 디자인의 순수한 접근도 중요하지만 경영 마인드(business mind)로의 접근이 필요하므로 적정한 건축적 투자를 통해 최대한의 사업적 효율이 창출되도록 하는 것이 규모계획의 궁극적 목표일 수 있다.

3) 소요실의 결정

건축물을 구성하는 소요실을 결정하는 것은 건축물이란 하드웨어 속에 소프트웨어를 어떻게 구성할 것인가의 문제이다. 건축물의 유형이 결정되면 그것에 필요한 소요실은 상식적으로 생각할 수 있을 것 같으나, 사실 매우 복잡하면서도 전문적인 영역일 수 있다. 예를 들어 미술관의 소요실로는 홀, 전시실(기획전시, 상설전시), 휴게실, 식당, 기념품점, 사무실 등이면 충분할 것이라고 예상할 수 있으나 이외에도 보관격납고, 수리제작실, 연구실, 기록실 등 너무도 필수적인 많은 공간이 요구된다.

소요실의 결정법으로는 내부에서 외부로 유기적으로 전개시키면서 구성시키는 방법(원심적 접근)과 전체를 처음부터 장악하여 규모와 질서를 명확하게 전개시키면서 자기완결 형식으로 정리하는 방법(구심적 접근)이 있다. 규모가 작은 건축물의 소요실은 일반적인 선례와 건축주의 특별한 요구를 반영하면 쉽게 계획할 수 있으나, 종합병원이나 기업의 사옥 등의 소요실 산정은 매우 복잡하고 전문성을 띠기 때문에 건축가 자신의 판단보다는 전문 컨설턴트의 도움이 필요할 수 있다.

4) 동선계획

방의 분화에 따라 각 방들을 잇는 동맥, 정맥의 역할을 하는 공간이 필요하다. 그것이 복도이며 로비와 홀이다. 건축 전체면적의 30~40%는 동선부분으로서 공용면적으로 활용된다. 건축의 길을 막 접한 초보자의 경우에는 이러한 공용면적을 소홀히 다루기 쉬우나 앞서 언급했듯이 생각보다 매우 큰 비율을 차지하므로 결코 등한시 되어서는 안 된다.

임대사무실 등 수익을 목적으로 하는 건물은 이러한 공용면적을 줄일 수 있는 방법을 모색해야 하며, 또한 대중을 위한 공공시설 등은 오히려 사람들에게 여유와 휴식을 제공할 수 있으므로 적절한 공간적 할애가 필요하다.

동선에는 사람뿐만 아니라 물건의 흐름도 중요하다. 주택에서 거대한 공장까지 각양각색의 물건이 이동된다. 동선계획이 잘되지 못하면 피아노 등과 같은 물건의 경우 운반이 매우 어려우며, 호텔과 같은 여러 행위가 필요한 건축물일 경우에는 투숙객을 포함한 호텔 이용자와 그 밖의 동선이 중첩되지 않도록 해야 할 것이다.

높이가 다른 두 바닥을 어떻게 연결할지는 기능적으로 수직동선계획이라고 한다. 기본적으로 계단, 램프, 엘리베이터를 이용하는데, 이 경우 적절한 위치선정을 통해 수직이동에 불편함이 없어야 한다.

화재 등에 대비한 피난계획도 중요하다. 지하에서 혹은 지상층에서 피난층인 1층이나 지상의 안전한 장소로 유도하는 것으로 사람들의 안전을 충분히 고려해야 한다.

동선계획은 단순히 기능적인 측면뿐만 아니라 과학적, 심리적 측면 등을 고려하여 안전성과 함께 창의적인 디자인이 요구된다.

5.3.5 건축구체관련 계획

1) 바닥, 벽, 기둥, 지붕

바닥은 기본적으로 수평적이며 건물 내의 사람과 물건을 지탱하는 지면과 같은 역할을 한다. 기능적이면서 또한 구조적으로 충분한 강성을 지녀야 할 것이며 적절한 보온과 층간 방음기능이 이루어져야 한다.

현대에 사용되는 바닥재료는 콘크리트가 가장 일반적이며 그 위에 나무, 석재, 테라쪼 등의 마감재를 사용하여 바닥의 질감을 나타낸다. 최근에는 첨단기술의 개발에 힘입어 유리바닥이 가능해졌는데 매우 품위 있고 흥미로운 공간을 연출할 수 있다. 또한 사무자동화 시대에 따른 유닛마루, 즉 액세스 플로어(access floor)는 그 내부에 배관과 배선 등이 설비됨으로써 공간이 모든 선으로부터 자유롭고 관리가 용이하다는 장점을 제공한다.

바닥은 상하층을 완벽하게 분리할 수도 있겠으나 스킵 플로어(skip floor)로 처리함으로써 또는 바닥의 가운데를 오픈(open)시킴으로써 공간끼리 다각적인 관계를 도모할 수 있으며, 바닥의 단 차이를 두어 단조로운 수평면의 형상을 벗어나 공간적 변화를 꾀할 수도 있다.

벽은 외부환경과 건물 내 환경을 경계짓는 건물 외벽의 경우와 건축물 내부에서 각 공간을 구획하는 내부벽으로 구분할 수 있다. 외벽의 경우 외부환경, 즉 바람, 온도, 습도, 햇빛 등의 적절한 조절을 통해 내부환경을 쾌적하게 해야 하며, 개구부와 창문과의 상호 연관관계는 외부 디자인에 있어서 매우 중요하다. 내부벽은 칸막이벽이라고도 하며 고정된 것과 이동할 수 있는 것이 있는데, 주로 실의 영역성을 확보하고 시선의 차단, 방음의 기능을 기본으로 실의 성격에 따라 적절히 활용할 수 있다.

현대건축은 벽이 하중을 지탱하는 내력벽보다는 기둥으로 하중을 전달하는 경우가 일반적이다. 그러므로 기둥계획은 매우 중요하며, 적절한 모듈계획을 통해 합리적인 계획이 수반되어야 한다. 잘못 계획된 기둥배치는 실 공간의 활용에도 지장을 주며 지하주차장계획에도 매우 비효율적인 결과를 초래한다.

지붕은 높이, 형상 등에 따라 건물 외관에 많은 영향을 미친다. 과거 어떤 양식들에서 보이는 지붕형태뿐만 아니라 다양한 모양의 지붕이 디자인될 수 있다. 천장도 지붕과 같이 여러 형태를 취할 수 있는데, 내부공간의 성격에 따라 변화를 줄 수 있어 천장 속이 냉난방용 덕트나 설비배관 등이 지나가는 통로로 사용되기도 한다.

2) 개구부, 창

개구부는 출입구의 기능이 우선이며 방범을 포함하여 여러 가지 제어가 필요하다.

출입구의 위치, 개폐 용이성은 치수계획과 동선과의 상관관계로 대응해야 한다. 병원과 상점의 출입구는 바닥의 높이차를 없애고 진입방법이나 현관의 모양, 눈이나 바람이 들어오는지와 시선 등을 고려한 계획이 요구된다.

또한 창문은 실내에서 실외로의 조망과 채광, 환기에 영향을 미치는데, 프라이버시와 관련하여 시선을 차단하기 위한 커튼 등의 대응이 필요하다.

개구부와 창은 기능적인 측면 외에도 건축물의 외관 디자인에 있어서 매우 중요한 부분이다. 창의 형태는 건축물의 이미지를 결정하는 중요한 요소이므로 모양, 크기, 비례, 색채 등 특별한 디자인 감각이 요구되는 부분이다.

3) 재료계획

재료의 선택과 적용은 건축계획에서 중요한 부분을 차지한다. 무엇이 전형적으로 사용되며, 왜 사용되는지를 연구해야 하며, 쉽게 구할 수 있고 경제적이며 건물을 대지 자체와 조화시켜주며, 지역기후에 잘 견디도록 하고, 에너지를 절약할 수 있는 재료를 고려해야 한다.

건축재료는 자기 자신을 시각적으로 표현하는 성질을 가지고 있다. 결과적으로 그들은 건축 디자인의 시각적 목적을 잘 표현해 주거나 그렇지 못한 상반된 이미지를 나타낸다. 기능적 요구, 기하학적 관계, 대지특성, 환경적 고려, 예술적 개념 등으로부터 파생되는 건물의 특성은 건축재료가 주는 분리된 메시지에 의해 미화될 수도 있고 퇴색될 수도 있다.

재료의 표현을 조절하기 위해서는 반드시 재료가 나타내는 정신을 이해해야 한다. 그것을 이해하고 있어야 건물의 형태나 상세 디자인 면에서 의도적으로 재료의 성질을 표현하거나 억제할 수 있다. 예를 들어 벽돌, 돌, 콘크리트 블록 등은 매스와 디테일에서 조적조의 뭉툭함을 표현하는 경향이 있다.

재료의 성질은 형태, 강도, 내구성, 가공성 등 네 가지 카테고리에 의해 규정된다. 우선 재료의 형태는 선형이거나 면형 혹은 블록형이다. 단면은 단순할 수도 있고 복잡할 수도 있다. 재료형태의 핵심을 표현하는 건축은 그 구조나 접합, 표면, 모서리 등에서 이러한 특성을 표현할 것이다. 강도를 표현하는 것은 모든 재료의 한계나 잠재력을 대표하는 응력에 견디는 능력을 보여주는 것이다. 재료의 내구성에 대한 표현은 마모성에 대해 재료가 얼마나 견딜 수 있어야 하는가를 보여준다. 재료를 가공하기 쉬운 정도를 말하는 가공성은 재료의 기본형태보다는 변화될 수 있는 능력을 말한다. 이와 같이 재료의 성질과 그것들의 시각적인 영향 간의 관계를 이해할 수 있다면, 디자이너는 확신을 가지고 건축적인 목표에 대한 재료 사용의 효과를 조절할 수 있다.

재료에는 실내마감재도 포함된다. 전체적으로 실내마감재의 선택은 실내에서만이 아니라 실내에서 실외로의 연결이라는 관점에서 고려되어야 한다. 안쪽과 바깥쪽의 재료를 바꾸거나 확장시킴으로써 조화를 이루거나 대비를 이룰 수 있다. 자주 사용되는 부분에서는 좀 더 내구성 있고 유지관리가 쉬운 재료를 사용함이 바람직하다. 내부공간 역시 외부와 유사한 마감재를 사용함으로써 구획될 수 있다.

특별한 재료 선택을 해야 하는 경우도 있는데, 즉 음향적인 특성이나 민감한 컴퓨터 장치를 함에 있어 정전기를 없애는 마감을 필요로 하는 경우 등이 이에 해당된다. 이와 같이 실내 마감재료도 그것들의 특성을 통해 선택함으로써 공간의 의도적 분위기를 창출할 수 있을 것이다.

4) 색채계획

건축에 있어서 색채가 의식적으로 사용되기 시작한 것은 꽤 오래이다. 그러나 과거의 건축 색채는 다소 소극적으로 사용되었고, 현대 건축에서는 색채가 신화적이거나 상징적이지 않지만 인간의 감정에 뒷받침되어 더욱 적극적으로 사용되고 있다.

색채는 재료의 선택과 관계가 있다. 건축에서 색채를 다룰 때에는 형태와 표면질감에 대해 고려해야 한다. 사람의 눈은 건축에서 말하는 색채의 이 두 가지 요소를 동시에 인식하기 때문에 색채에 의한 심리반응은 감각적으로 쾌감이나 불쾌감을 느끼는 것이다. 이것을 시각적(視覺的) 인상과 촉감적(觸感的) 인상이라 할 수 있다. 시각적 인상과 관계가 깊은 것은 색상, 명도, 채도이고 촉감적 인상과 관계 깊은 것은 질감, 광택, 투명이며, 이 모두에 관계되는 것은 세기, 약하기, 굳기, 부드러움 같은 문제일 것이다.

건축에 있어서 색채는 건물의 성격을 강조하고 그 형상이나 재료를 강조할 목적으로 사용되어야 한다. 또한 색채는 구조, 매스, 볼륨과 상호작용할 때 자극적이고 도전적인 역할을 할 수 있다.

외부의 배색은 강렬한 햇빛 아래의 약간 먼 거리에서의 효과를 중시하며 실내는 가구가 배색의 중심이 된다. 건축환경에서의 색채는 종종 인식되지는 않지만 강력한 역할을 한다. 색채는 항상 존재하며 심지어는 없을 것 같을 때에도 존재하는 것이다. 색채는 기억을 불러 일깨운다. 그것은 은유가 될 수 있다. 그것은 감정을 불러일으키며 즐거움, 안락감, 호기심, 혼란 심지어는 분노까지 자극할 수 있다. 이러한 색채는 장식이나 디자인이 발전된 후에야 적용하는 것으로서 생각하지 않도록 해야 한다. 색채는 다른 요소들과 마찬가지로 건축계획상 하나의 프로세스로 통합된, 그리고 복합적인 접근방법의 일부분이어야 한다.

5.4 건축설계

하나의 건축물이 이루어지려면 건축주(client), 건축가(architect) 및 시공자(constructor)가 있어야 하고, 상호간의 관계가 성실과 신뢰로 일체가 될 때 훌륭한 건축물이 나올 수 있다.

이러한 삼각관계를 간단히 기술하면, 건축주는 자신의 필요에 의해 건축가에게 설계를 의뢰하며 건축가는 전문가로서 모든 면을 고려한 설계도서를 작성하게 된다. 그리고 시공자는 이 설계도서에 따라 건축물을 완성하게 된다고 볼 수 있다.

이러한 맥락에서 관계된 세 영역을 간단히 살펴볼 필요가 있을 것이다.

1) 건축주

일반적으로 건축주란 개인주택과 같이 건물의 주인으로서 그 건물에서 살 사람을 말하지만 산업시설, 학교, 본사 사옥과 같이 대규모 건축물일 경우에는 그 소유가 특정 개인에게 귀속되지 않는다.

건축주는 어떠한 형태로든 건축가에게 설계를 의뢰하고 시공자에게 공사를 맡기며 제반 비용과 공사비를 부담한다. 그러나 앞에서도 언급했듯이 건물의 성향에 따라 설계 의뢰, 시공 의뢰, 공사비 부담 등 제반 건축주의 역할을 하면서도 그 건물에 살지 않는 경우도 있다. 오늘날 대부분의 건축이 그러하다. 즉 건축주와 실 사용자가 다른 경우로서, 이 경우 건축주는 발주자로서 사용자의 역할을 대행하거나 건축주의 영리나 사회공동체적 이익을 위해서 개발주체가 된다.

하지만 어떤 형식의 구성을 가지든 궁극적인 건축주는 실 사용자이다. 물론 사용자는 구체적 인물일 수도 있고 불특정 다수일 수도 있다.

건축주의 성향은 감성적이기보다는 합리적인 사고체계를 갖고 있는 경우가 일반적이다. 경제력이 있기 때문에 자신의 건축물을 소유할 계획을 구상할 수 있으며, 모든 분야에 대해 정보와 상식이 매우 풍부한 편이다. 또한 경제적으로 풍요하고, 사회적인 위치를 점하고 있어 다양한 정보를 접할 수 있는 소유자인 경우가 많기 때문에 최소한 언어적 면에서는 건축가나 시공자의 능력보다 한 발 앞선다고 볼 수 있다. 그러나 그들이 건축에 대한 전문적 지식이 있다고는 말할 수 없으며, 따라서 그들은 궁극적으로 최소 또는 합리적인 선에서의 투입을 통해 최대 또는 가능한 많은 결과물을 얻어내려는 성향을 가지고 있다.

2) 건축가

건축가의 전통적인 역할은 고객의 이해를 반영하는 건물을 설계하는 것이다. 미국건축가협회(AIA)의 윤리강령에 의하면 "AIA 회원들은 인간환경을 개선함에 있어 공익을 제공 · 증진시켜야 하고, 고객을 위해 충분히 봉사해야 하며, 편견 없는 전문적 판단을 해야 한다."라고 되어 있다. 간단히 말하면, 우선 건축가의 역할은 주어진 프로그램을 가지고 건축을 설계하는 일이다. 즉 건축가의 작업은 사용자의 생활조직을 공간의 조직으로 변용시키는 일련의 과정이다. 눈에 보이지 않는 추상적이고 철학적인 생활의 어휘를 눈에 보이는 구체적 건축적 어휘로 변환시키고 기술적으로 해결하는 일련의 과정을 거쳐 하나의 건축물을 창출한다.

팀워크나 협동노력이 강조되기도 하지만 건축가는 아직도 선장의 역할을 한다. 부당한 타협을 하지 말고 건축가의 웅대한 구상을 펼쳐야 한다. 그러한 구상이 발전되는 과정에서 비로소 정보가 나오고, 컨설턴트가 프로젝트를 어떻게 실행해야 할지에 대한 수단을 보강해 주고 알려주며, 때로는 설정해 주는 것이다. 그 점이 바로 건축가가 광범위한 지식을 갖는 것이 왜 중요한가 하는 이유이다. 건축가는 건축주와 직접적인 접촉을 갖는다. 대부분의 경우 건축가는 건축주의 이슈에 대해서 개인적으로 설명을 들을 기회와 특권을 독점한다. 그리고 거기에 대한 건축적인 해결을 제시할 궁극적인 책임을 갖는다.

모든 건축가들은 디자인 프로세스의 필수적인 부분으로 협동을 꼽는다. 일부는 개념 발전을 협동적인 것으로 간주하는 반면, 어떤 건축가는 협동작업이 해결책의 강도를 약하게 하는 것으로 보기도 한다. 컨설턴트가 디자인 프로세스에 참여하여 일하는 방법은 건축가의 개인적 철학에 달려 있다. 개념을 창조하는 데 단 하나의 정답이 없듯이, 디자인 프로세스에서 컨설턴트의 참여가 갖는 가치와 중요성 역시 중요하다는 것을 알아야 한다.

건축가의 성향은 크게 두 가지로 나타나는데, 기능성과 경제성을 추구하는 합리적인 건축가와 창의적 설계에 중점을 두는 낭만적인 건축가로 대별할 수 있다. 그러나 사실 건축가는 위의 두 가지 성향을 모두 갖추어야 할 것이다. 매우 어려운 일이지만 경제적이면서도 창의적인 작품을 추구해야 할 것이다. 간혹 어느 한 면에 치우치는 건축가의 경우 건축주와 마찰을 일으키는 일이 종종 일어난다. 이는 서로의 관점에 차이가 있기 때문인데, 이때 이러한 문제를 적절히 해결하고 대안을 제시하는 것도 건축가의 역할임을 인식할 필요가 있다.

3) 시공자

시공자는 건축가의 설계도서에 따라 공사를 담당한다. 즉 시공자는 설계도서에 의거하여 공사계획을 수립하고 그에 따라 공기 내에 질 높은 건축물을 완성시킨다. 그러기 위해서 그는 공사에 관한 모든 지식과 정보에 능통해야 하며 실현시킬 수 있는 기술과 능력이 있어야 한다. 또한 설계도서에서 표현하기 어려운 건축가의 조형 의도를 읽을 수 있는 충분한 재능과 설계도서에서 구체적으로 형상화하는 과정에서 창작에 참여한다는 긍지와 성실함을 함께 가져야 한다.

시공자는 통상 목공사, 콘크리트공사와 같이 그들을 위해 직접 일하는 몇 가지의 중요 업종을 갖고 있지만 많은 건설공사의 경우 배관공, 전기공, 석공, 타일공 등과 같은 전문시공업자에게 하청을 준다. 이때 원청자인 시공업자의 일차적인 기능은 특히 큰 공사에 있어서 다른 사람들에 의해 수행되는 건설작업을 관리하는 것이다. 이것은 최초의 입찰을 조절하고, 공사를 계획하고, 공사기간을 짜며, 현장작업을 감독하고, 하나 이상의 하청자가 관련된 작업을 조정하며, 여기에 품질관리의 감독을 포함한다. 물론 이 외에도 건축행정가, 재료생산자, 관련 타 분야 전문가 등 많은 사람들이 동원된다. 특히 건축행정가는 건축주와 시민 사이에서 그 건축물이 공공의 이익에 위배되지 않도록 하는 감시자일 뿐 아니라 그 건축물로 하여금 시민에게 더 훌륭한 생활환경을 조성할 수 있도록 하는 적극적 조정자이며 협조자여야 한다.

건축재료는 건축의 실제적인 질을 높이는 마지막 수단이다. 따라서 재료 생산공급자는 첨예한 현대기술과 경제성이 내포된 총체로서의 건축재료를 다양하게 연구 · 생산함으로써 건축의 설계 의도에 가장 적절한 것을 선택하도록 공급할 뿐 아니라 새롭게 개발된 재료로 하여금 새로운 건축을 만들어내는 역할까지도 담당해야 한다.

5.4.1 설계도서

설계도서는 크게 디자인 아이디어의 전개를 보여주는 계획단계의 도면들과 실제 실무의 기본설계단계나 실시설계단계에서 보여주는 도면들로 대별된다. 전자의 경우는 다음 절(5.4.2)에서 논의하기로 하고, 여기서는 주로 후자의 시각에서 살펴보기로 한다.

디자인한 것이 하나의 실체로 바뀌기 위해서는 실제로 공사하게 될 사람들에게 그 디자인을 전해 주어야 한다. 그것은 구조물이 어떻게 세워질 것인지를 정확하게 묘사한 일련의 도면들에 의해서 이루어진다. 공사를 하는 사람들은 그러한 도면이 있어야 아이디어를 실체화할 수 있다.

과거의 도면은 전사지 위에 펜이나 잉크로 렌더링되어야 완성되고 그런 다음 청사진 용지에 여러 장으로 복사하여 사용하였으나, 지금은 너무도 편리한 컴퓨터로 인해 언제든지 다양한 크기로 뽑아볼 수 있게 되었나.

설계도서는 일반적으로 건축, 구조, 기계설비, 전기설비, 기타 조경, 실내인테

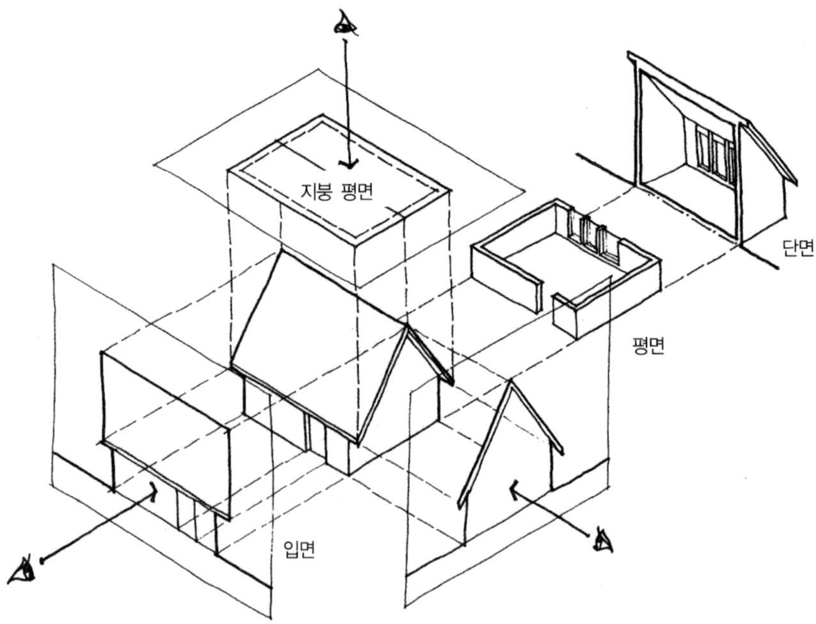

그림 5.19 기본도면에 대한 이해

리어, 토목 등의 설계도면과 이와 관련된 각종 서류들로 구성되며, 모든 도면은 크기, 글자 표현, 치수 표시, 타이틀 등이 표준화되어 있어야 하고 명확성, 가독성, 이해하기 용이함을 갖추는 것이 중요하다.

1) 배치도

배치도란 실제 건물이 완성된 후를 가상하여 하늘에서 수평방향으로 바라본 정투영도이다. 이것은 건물의 위치와 그 건물과 대지와의 관계를 보여주는 것이다. 건물 외부의 쾌적감에 대해서도 주의를 기울여야 한다. 필지의 경계, 경사의 종류와 경사도, 중요사항, 오배수, 조경, 포장재 등에 관한 사항도 표시된다. 하수구, 상수도, 전기 등과의 연결을 비롯한 현장작업에 필요한 다른 내용도 포함되어야 한다(그림 5.20, p.222 도면 5.1).

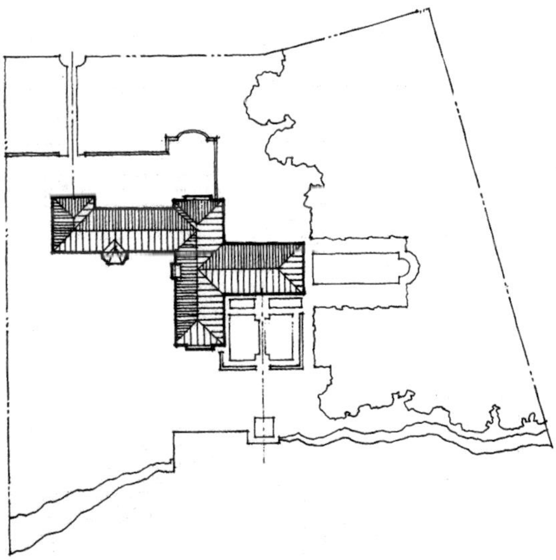

그림 5.20 계획설계의 배치도

2) 평면도

건물의 평면도란 건물을 수평면으로 절단한 후 잘라진 윗부분을 제거시키고 난 나머지 건물의 밑부분을 수평방향으로 바라본 도면이다. 이것은 실들의 배치를 보여주는 것이며 서로간의 관계를 분명하게 해준다. 평면도는 모든 도면 가운데 가장 기본적인 것들을 설명해준다. 이것은 견적산출, 부대시설물 명세작성, 건축물의 실제 현장공사에서 사용한다(그림 5.21, p.223 도면 5.2).

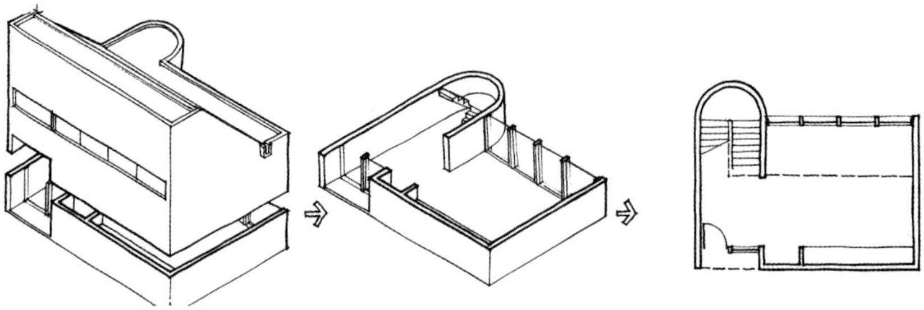

그림 5.21 평면도

3) 입면도

건물의 입면도는 건물의 외관을 수평방향으로 바라본 정투영도이다. 이러한 건물의 외관을 표시하는 입면도는 구조물의 형태와 매스(mass), 문·창문 등의 개구부(형태, 크기, 위치), 벽 패널, 재료, 질감, 주위환경 등과 같이 바깥에서 보이는 여러 요소들을 나타낸다. 입면도는 구조물 자체가 어떻게 감싸여지는가, 즉 외부의 표면을 표현하는 것이다(그림 5.22, p.224 도면 5.3).

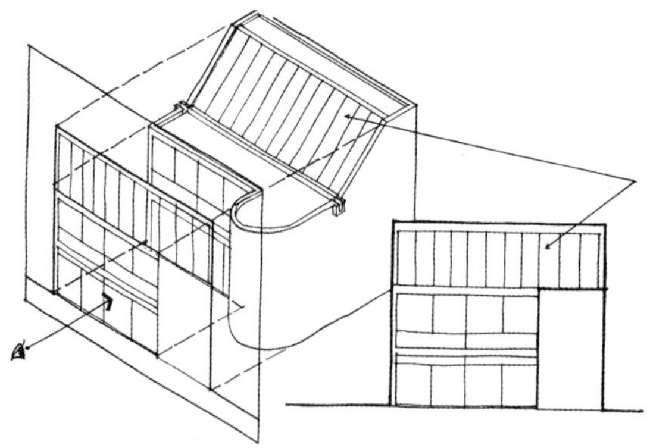

그림 5.22 입면도

4) 단면도

건물의 단면도란 평면도와는 달리 건물을 수직면으로 절단한 후 잘라진 앞부분을 제거시키고 난 나머지 건물부분을 수평방향으로 바라본 도면이다. 단면도를 만들 때는 마치 건물을 수직으로 크게 절단하여 내부를 들여다보는 것처럼 해야 한다. 각 단면도는 건물의 특정 요소를 분명하게 해 주어야 하며, 단면상세도에서는 계단, 벽, 대들보, 방 등의 디테일도 표시한다. 단면도는 공간적인 관계를 시각화하는 데 도움을 준다.

건축가는 건물의 전체 모습을 파악하는 데 필요한 최대한 많은 단면도를 제시하며, 입면도 및 전기 등과 같은 설비에 대한 것을 포함시킨다(그림 5.23, p.225 도면 5.4).

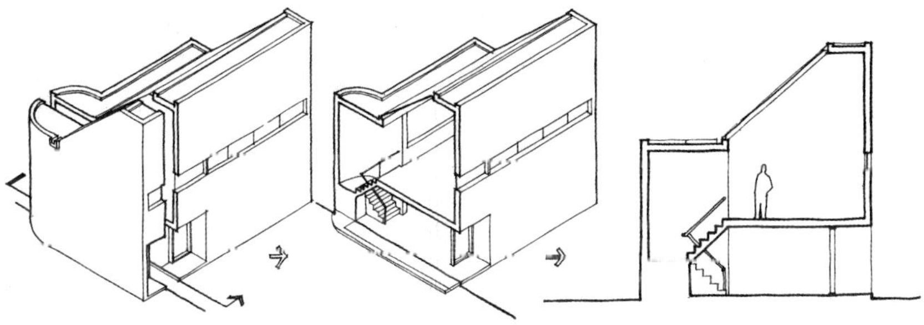

그림 5.23 단면도

5) 구조 도면

평면도, 단면도의 고려사항을 바탕으로 해서 내풍, 내진, 방화 등에 내구적인 구조가 되도록 하여 각종 철근배근도, 응력배치도, 기초 · 기둥 · 보 · 슬래브 등의 상세도를 포함한 각 부의 구조상세도를 표시한다.

구조작업은 보통 해당 작업을 전문으로 하는 인가를 받은 업자에 의해 이루어지는데, 그들은 주로 구조계산을 하여 기둥의 크기, 슬래브의 두께 등이 결정되면 이것을 바탕으로 건축가에 의해 구조도면이 작성된다(p.226 도면 5.5).

6) 설비 도면

이것은 전열, 전등, 난방, 급배수, 소방 등의 건축물의 설비를 표현하는 도면이다. 평면도나 단면도에 이에 대한 일부 내용을 표시하지만 뒤섞음으로 인해 야기되는 정보의 혼란을 막기 위해 상세한 내용을 따로 제시한다. 설비작업은 보통 해당 작업을 전문으로 하는 인가를 받은 업자에 의해 이루어진다(p.227~230 도면 5.6, 5.7, 5.8).

7) 토목 및 조경 도면

좁은 부지에 건축하는 경우 대지 주변에 말뚝 등의 가시설을 설치하고 굴토를 하는데, 이에 관계된 도면이 흙막이 설치 등의 토목 도면이며 대지 내 오수와 우수처리, 옹벽계획 등도 포함한다. 조경은 법적 면적에 따른 대지와 옥상 등의 식재계획과 데크, 벤치 등 시설물 설치계획 및 포장재계획 등을 작성한다(p.230~232 도면 5.9, 5.10).

8) 상세도(details)

건축물의 여러 부분을 확대한 것이 상세도이다. 보다 많은 주의가 필요하고 명확히 해둘 필요가 있는 부분에 상세도가 사용된다. 예를 들어 외벽체의 상세도는 완성 후에 볼 수 없는 그 안의 구성체를 매우 세부적으로 나타내며, 상세도가 그려지는 건물의 요소 가운데 하나는 특별히 맞춰지는 창문으로 이와 같은 창문은 건물 부지와 떨어진 장소에서 별도로 만들어지기 때문이다(p.233 도면 5.11).

9) 인테리어 도면

건축도면이 실내의 기초적인 사항들을 나타낸다면 건물의 인테리어 도면은 이보다 상세한 내용을 나타낸다. 평면도에는 바닥재, 가구의 형태 및 위치 등이 표시되고 입면도에는 공간을 둘러싸는 표면들의 디자인을 구체적으로 나타낸다(p.234 도면 5.12).

10) 시방서

시방서는 도면과 함께 설계의 중요한 부분으로서 설계 · 제조 · 시공 등 도면으로 나타낼 수 없는 사항을 문서로 적어 규정한 것으로, 사용재료의 재질 · 품질 · 치수 등 제조 · 시공상의 방법과 정도, 제품 · 공사 등의 성능, 특정한 재료 · 제조 · 공법 등의 지정, 완성 후의 기술적 및 외관상의 요구, 일반총칙사항(一般總則事項)이 표시된다.

시방서는 일반시방서, 특기시방서, 부문별 특기시방서 등으로 작성된다. 우리나라에는 표준시방서라는 것이 있는데 크게 건축공사와 기계설비공사, 전기설비공사로 나눌 수 있다. 건축을 처음 접하는 이들에게 이에 대한 자세한 설명은 아직 필요치 않아 보이나 그것의 분류를 보면 건축물이 전체적으로 어떻게 구성되며, 전문영역이 분업화되고 또한 통합되는지를 이해하는 데 도움이 될 것이다.

① 건축공사

가설공사 / 토공사 / 기초공사 / 철근콘크리트공사 / 철골공사 / 조적공사 / 방수공사 / 미장공사 / 타일 및 석공사 / 목공사 / 유리공사 / 창호공사 / 금속공사 / 수장공사 / 도장공사 / 부대공사 / 잡공사 / 조경공사

② 기계설비공사

장비설치공사 / 난방배관공사 / 급수급탕배관공사 / 위생기구설치공사 / 오배수배관공사 / 가스배관공사 / 소화배관공사

③ 전기설비공사

전력간선공사 / 전열공사 / 전등공사 / 약전공사 / 소화공사

11) 내역서

내역서는 전체공사비를 도면에 근거하여 투입되는 인건비 및 재료비 등을 산출한 것이다. 기업의 마진이나 경비 등은 여기에 포함되지 않는 건축물 자체에 대한 순수 공사비이다. 여기에는 공사공종별 공사비 및 원가계산서, 일위대가표, 수량산출 근거, 단가조사표가 있다.

12) 계산서

구조기술사가 건축물에 다양한 하중을 고려하여 산출해낸 구조계산서, 설비기술사가 기계 및 전기설비의 각종 부하 및 조도를 고려하여 산출해낸 설비계산서, 그리고 품질 향상을 위해 실시된 각종 시험성적표 등이 포함된다.

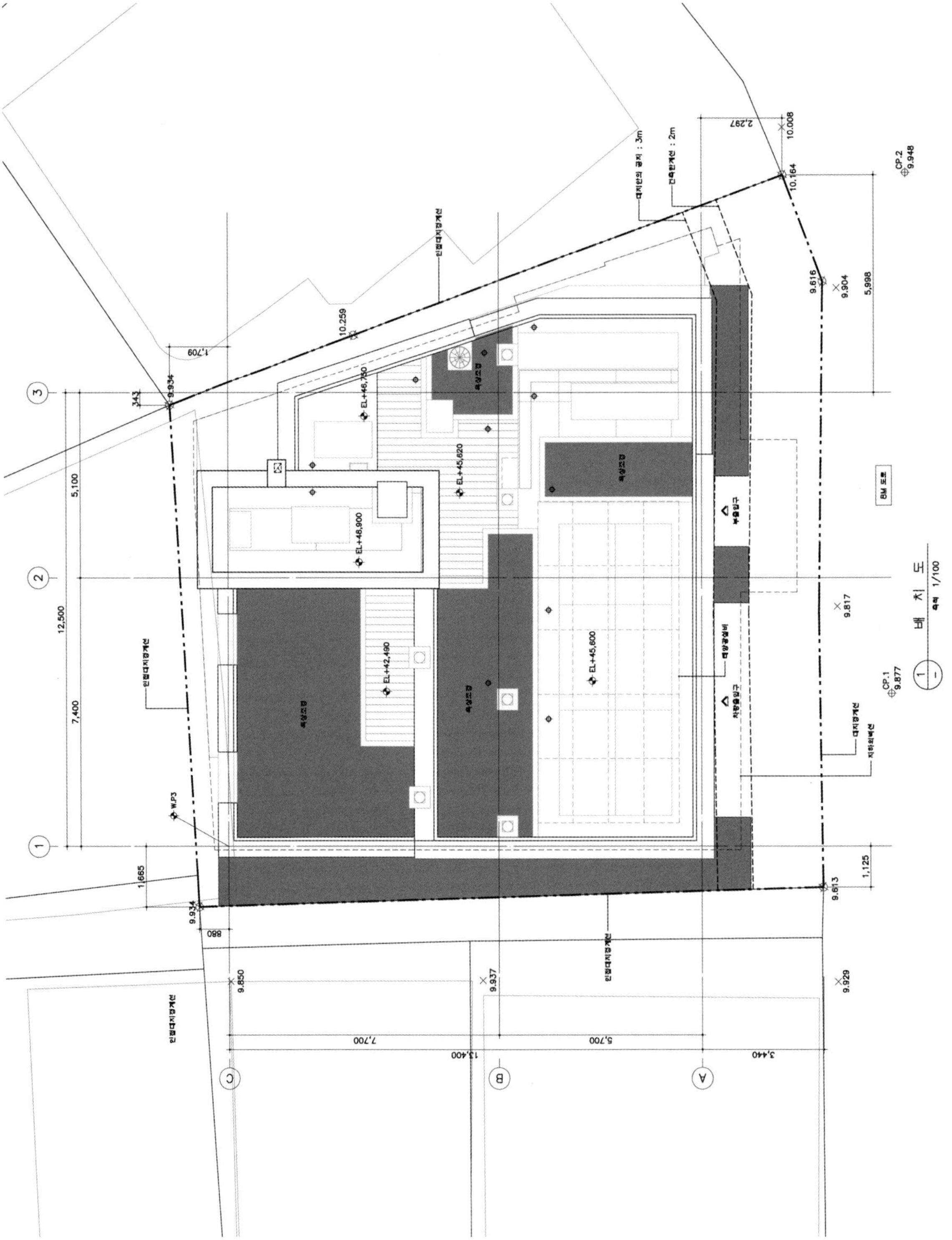

도면 5.1 실시설계 배치도

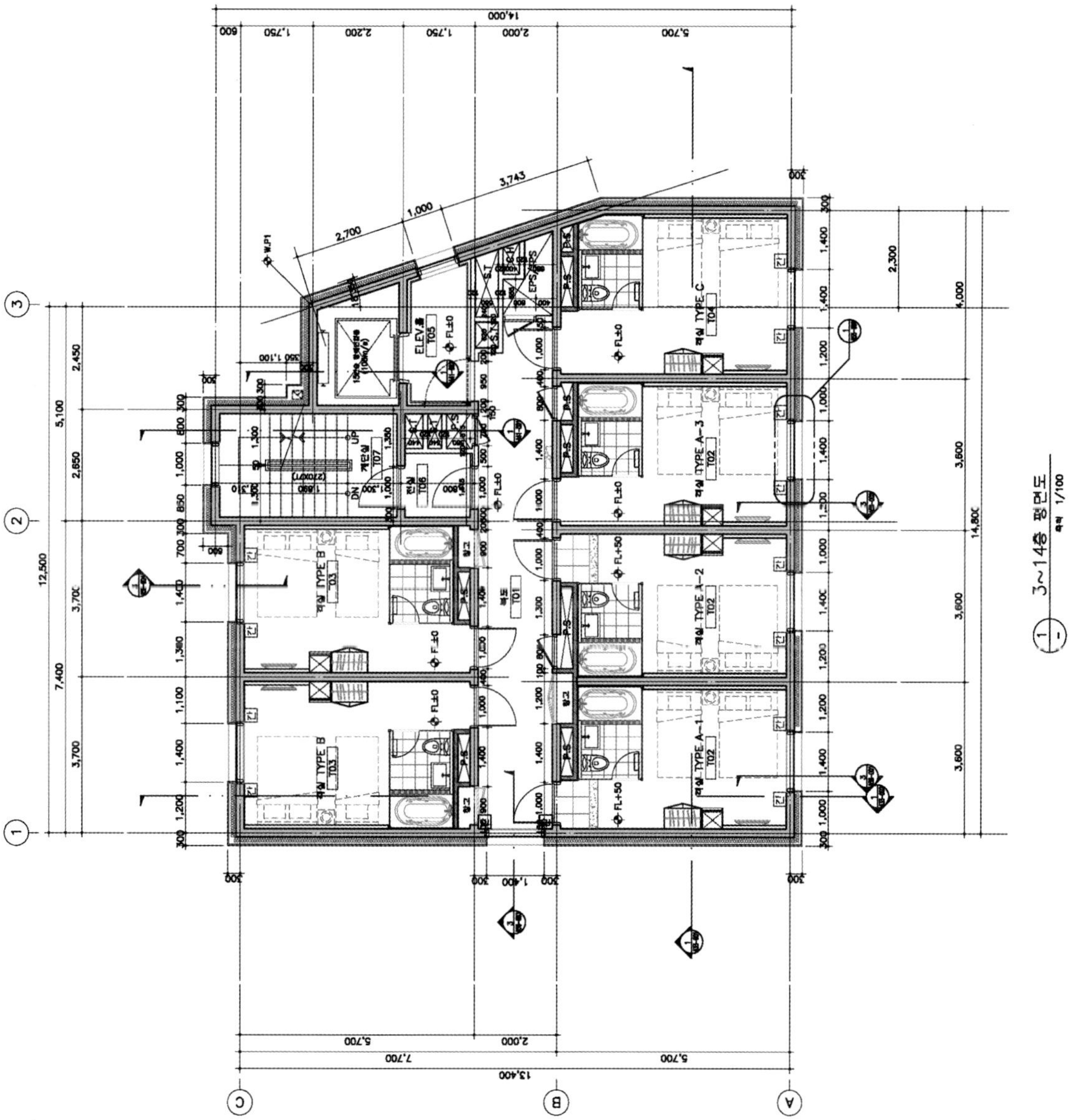

도면 5.2 실시설계 평면도

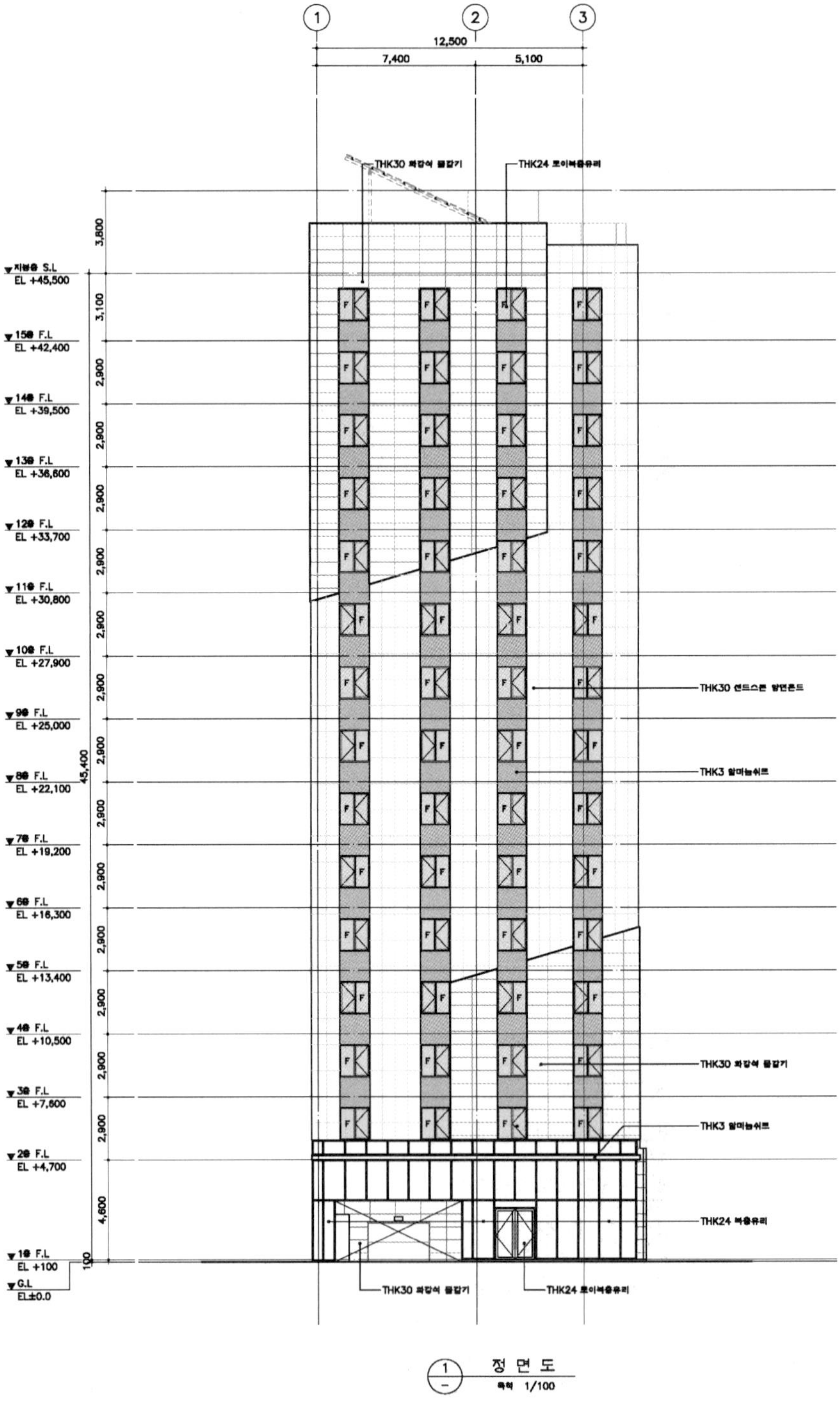

도면 5.3 실시설계 입면도

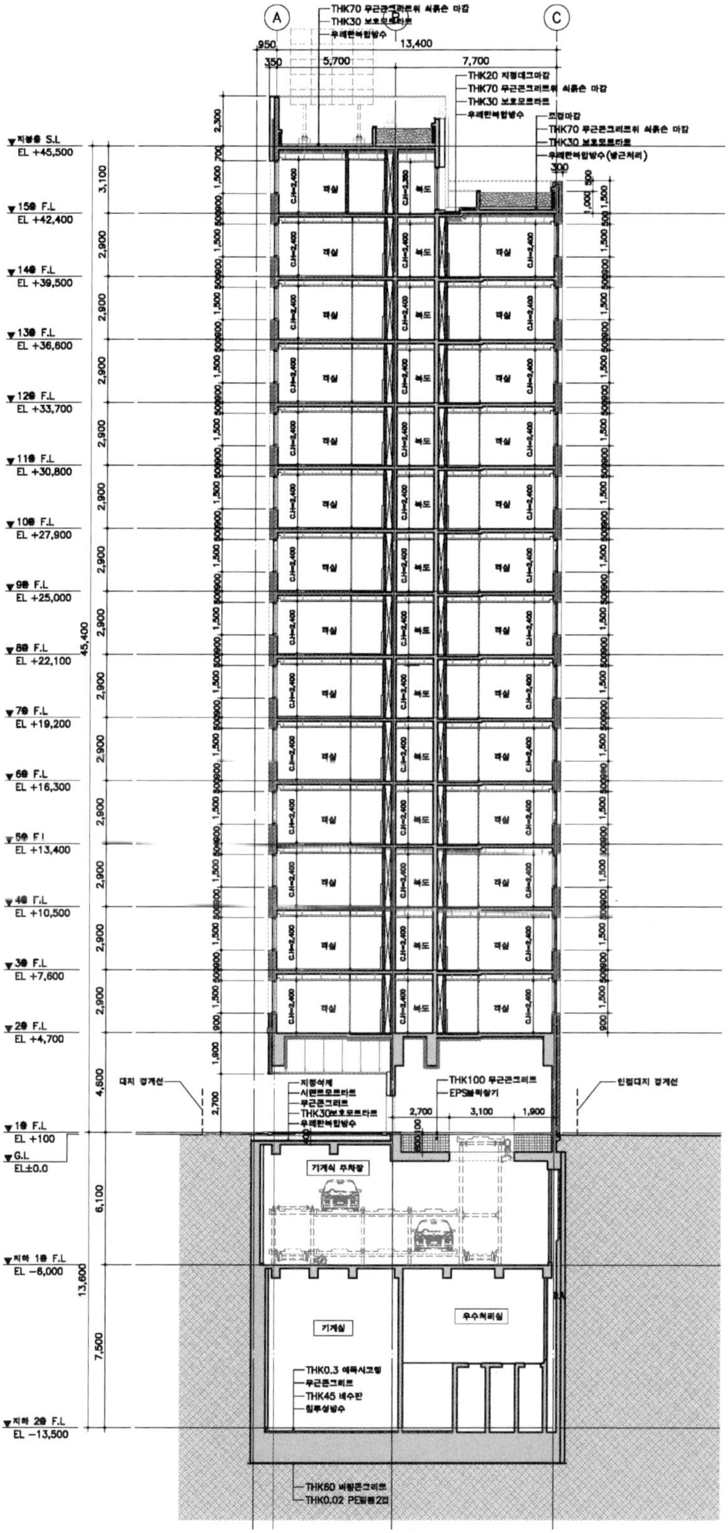

주단면도－2
축척 1/200

도면 5.4 실시설계 단면도

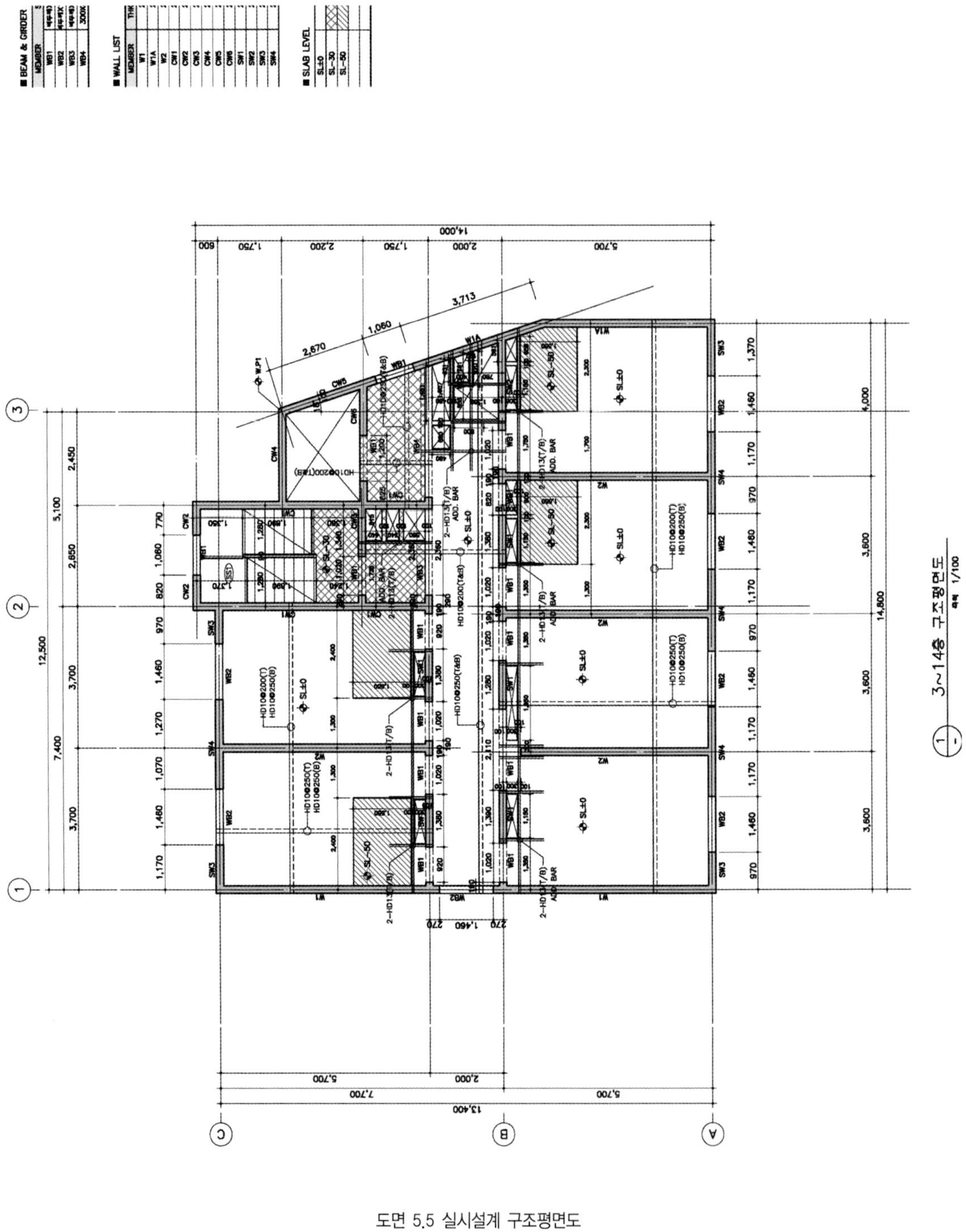

도면 5.5 실시설계 구조평면도

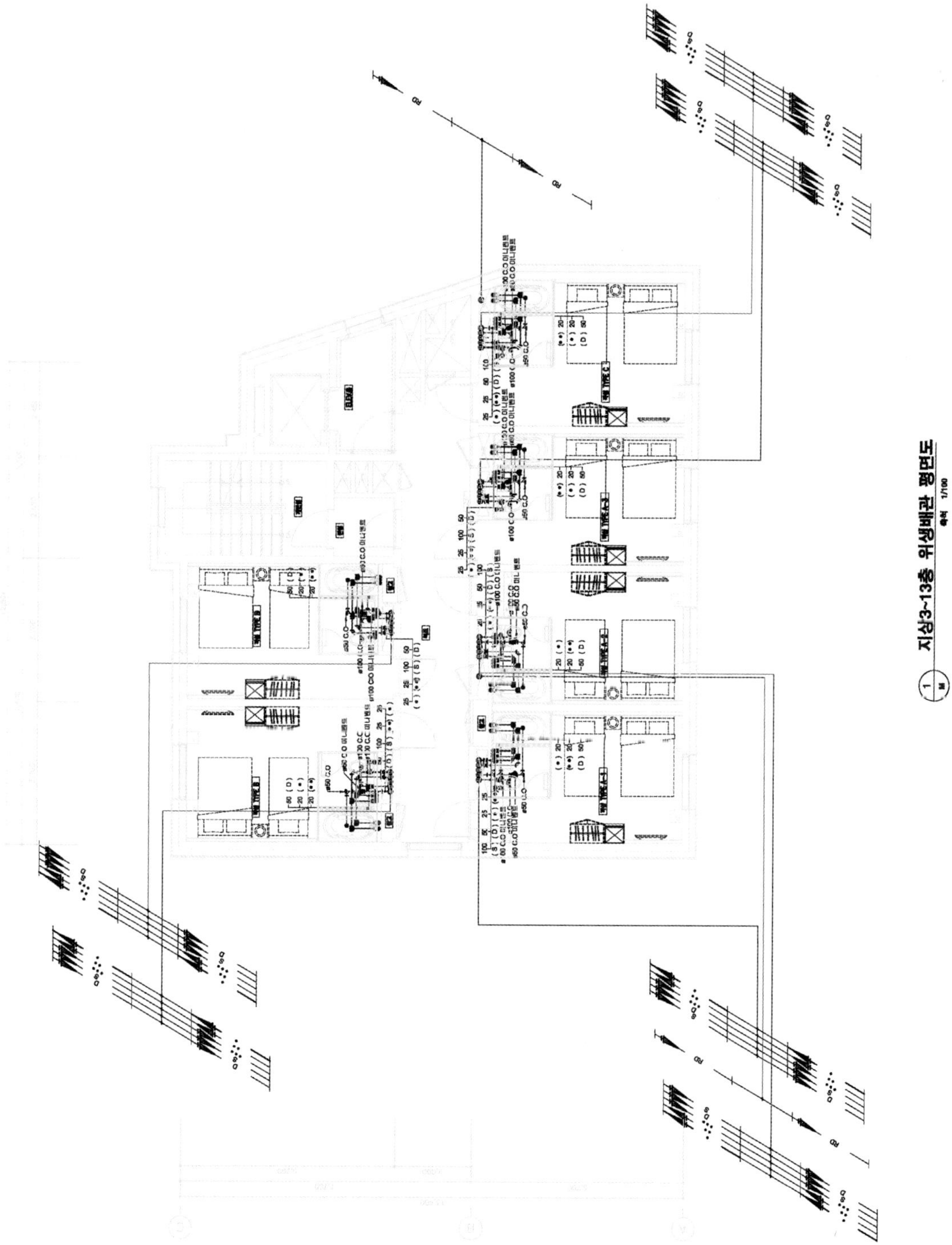

도면 5.6 실시설계 기계설비도(위생)

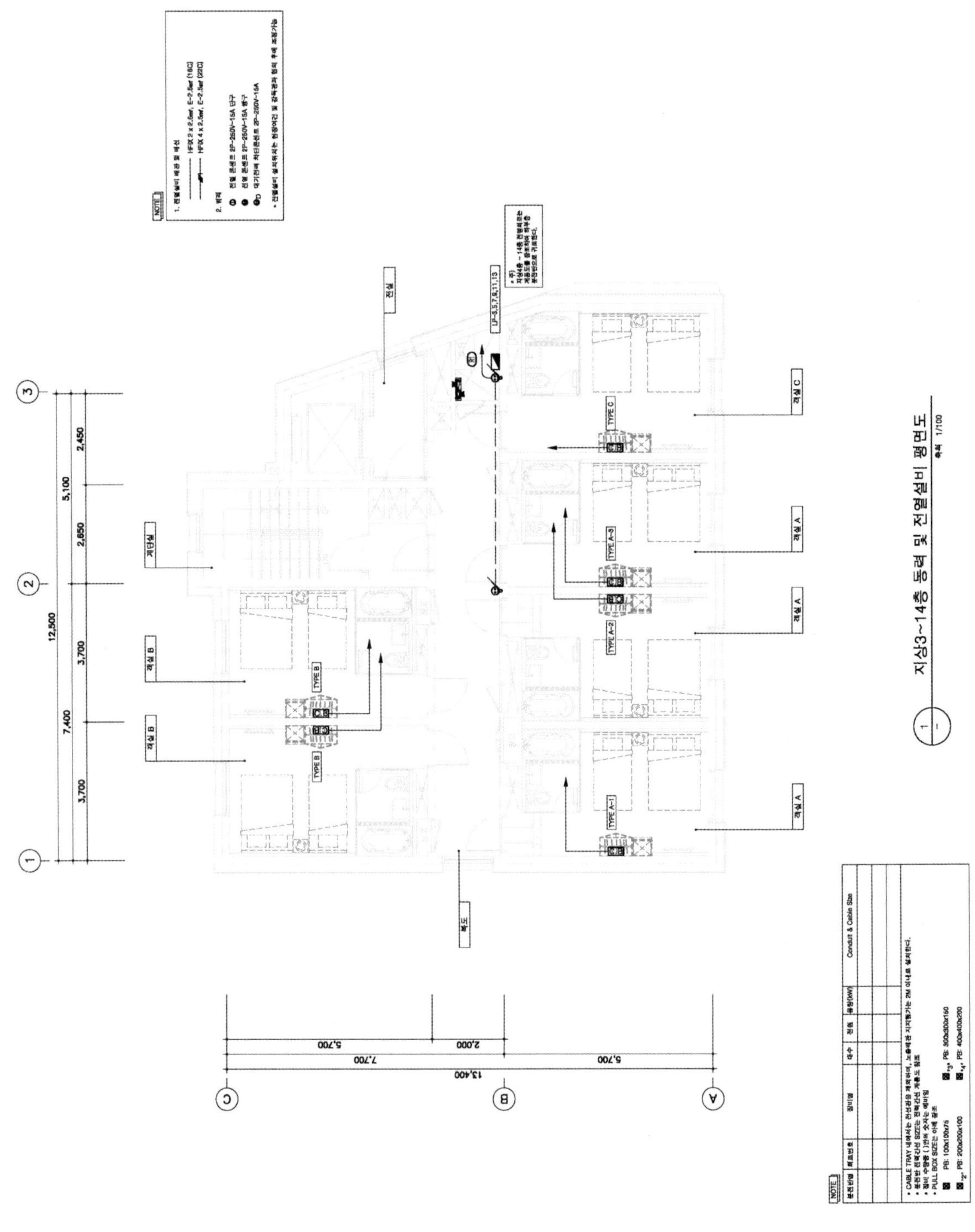

도면 5.7 실시설계 전기설비도(동력 및 전열)

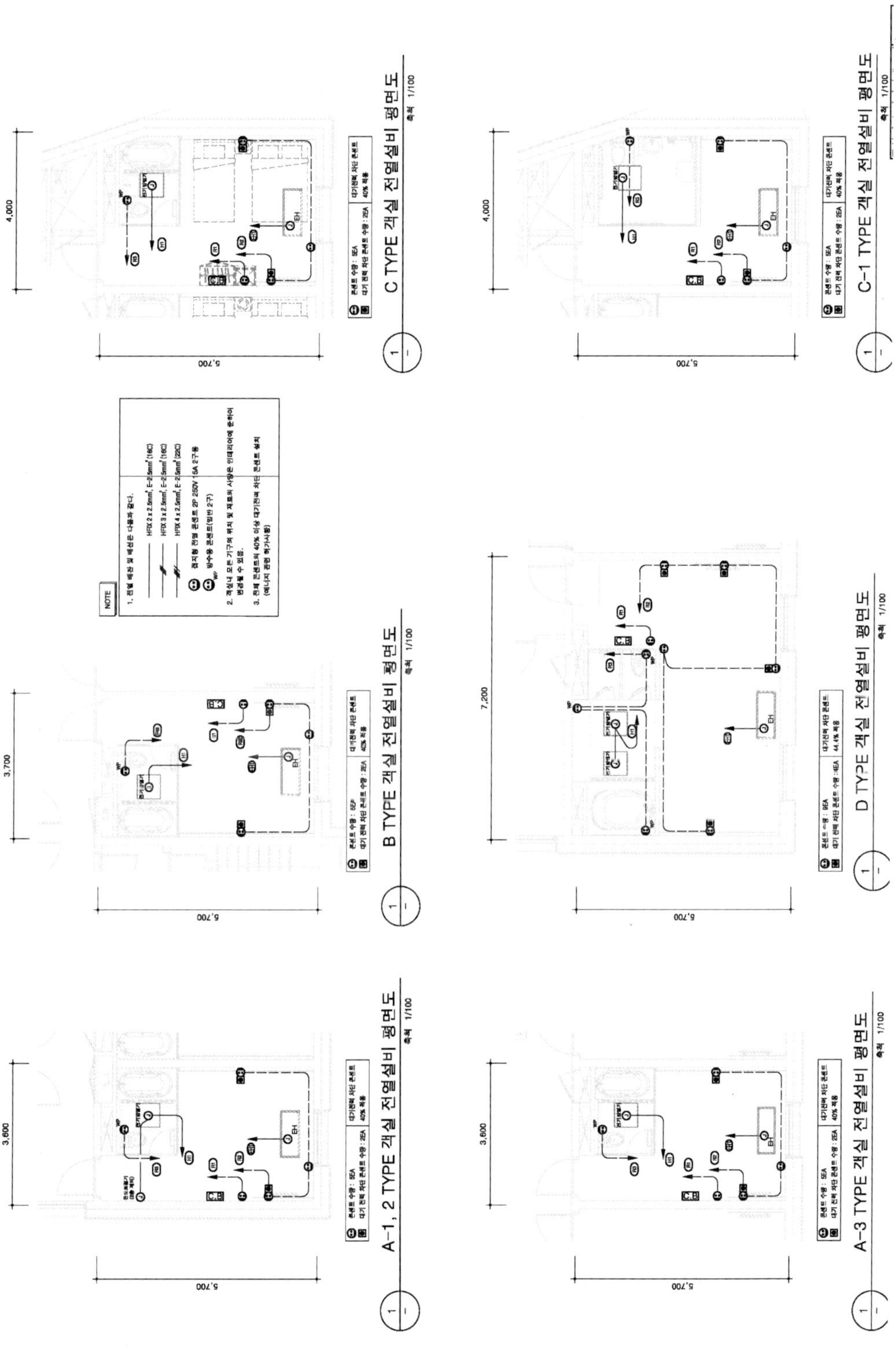

도면 5.7 실시설계 전기설비도(동력 및 전열 확대평면)

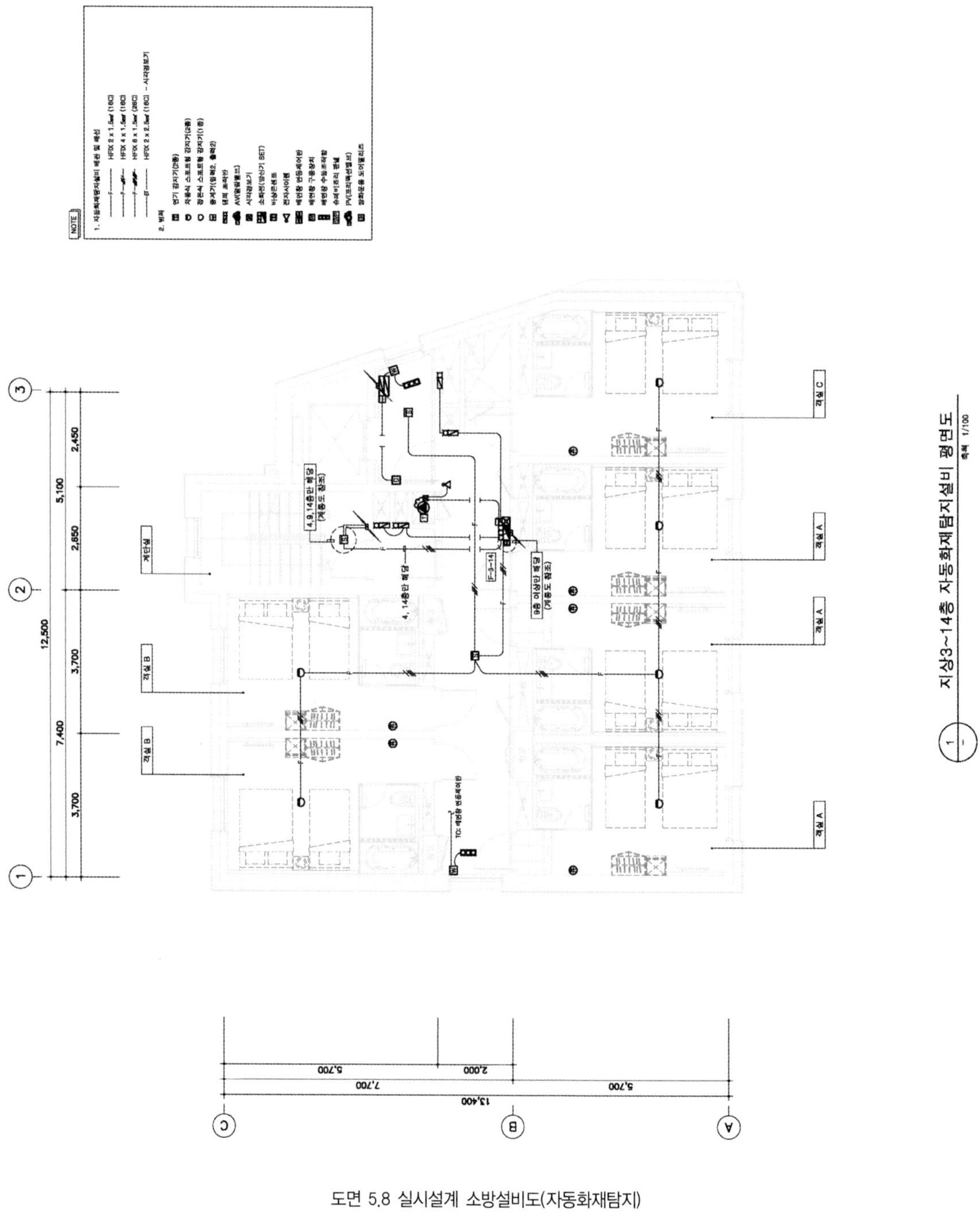

도면 5.8 실시설계 소방설비도(자동화재탐지)

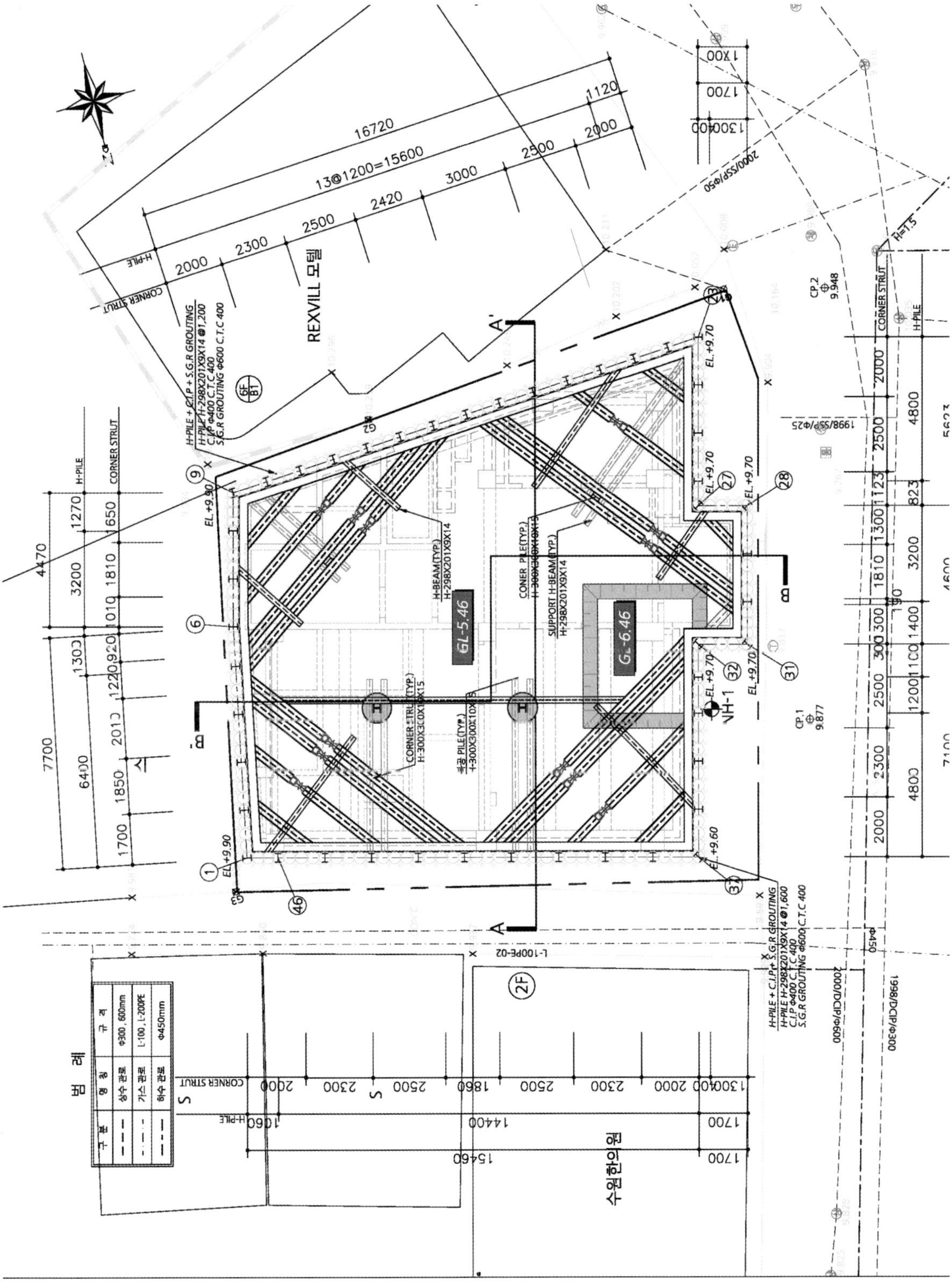

도면 5.9 실시설계 토목설계도(흙막이)

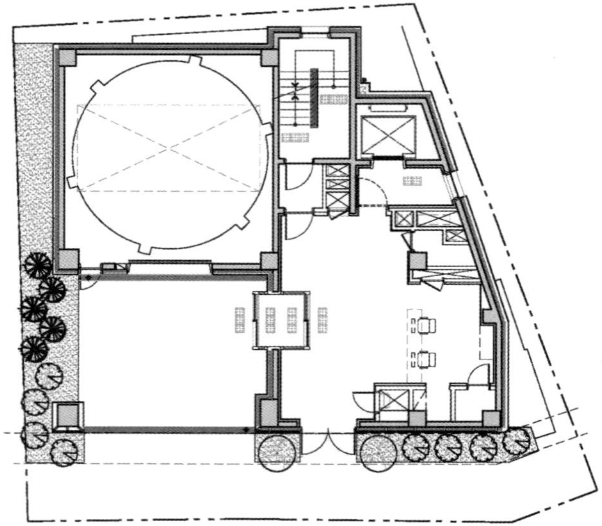

지상1층 조경 식재 계획도
축척 1/200

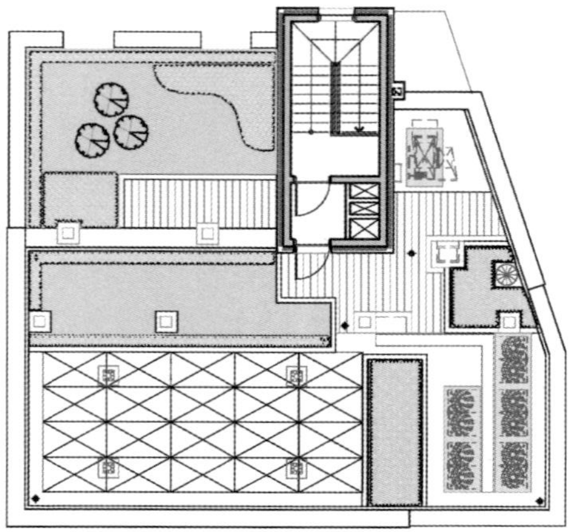

옥상 조경 식재 계획도
축척 1/200

■수목 수량 집계표 (지상1층)

구분	기호	품명	규격	단위	지상1층	비고
상록교목		스트로브잣나무	H2.5xW1.2xR6	주	5	
		상록교목합계		주	5	
낙엽교목		백목련	H2.5xR8	주	2	
		청단풍	H2.0xR6	주	6	
		낙엽교목합계		주	10	
		교목합계		주	15	
상록관목		사철나무	H1.0xW0.3	주	-	
		회양목	H0.3xW0.3	주	-	
		상록관목합계		주	420	
낙엽관목		산철쭉	H0.3xW0.3	주	90	
		조팝나무	H0.6xw0.3	주	-	
		낙엽관목합계		주	90	
		관목합계		주	90	
지피		맥문동	7~10분얼x10cm	본	300	
		지피합계		본	300	
잔디		잔디	0.3x0.3x0.03	m²	-	

■수목 수량 집계표 (옥상)

구분	기호	품명	규격	단위	지상15층	옥상층	비고
상록교목		스트로브잣나무	H2.5xW1.2xR6	주			
		상록교목합계		주			
낙엽교목		백목련	H2.5xR8	주			
		청단풍	H2.0xR6	주	3		
		낙엽교목합계		주	3		
		교목합계		주	3		
상록관목		사철나무	H1.0xW0.3	주	80	120	
		회양목	H0.3xW0.3	주	-	220	
		상록관목합계		주	80	340	
낙엽관목		산철쭉	H0.3xW0.3	주	80	-	
		조팝나무	H0.6xw0.3	주	40	-	
		낙엽관목합계		주	120	-	
		관목합계		주	200	340	
지피		맥문동	7~10분얼x10cm	본	-	-	
		지피합계		본	-	-	
잔디		잔디	0.3x0.3x0.03	m²	18.16	12.59	

도면 5.10 실시설계 조경계획도

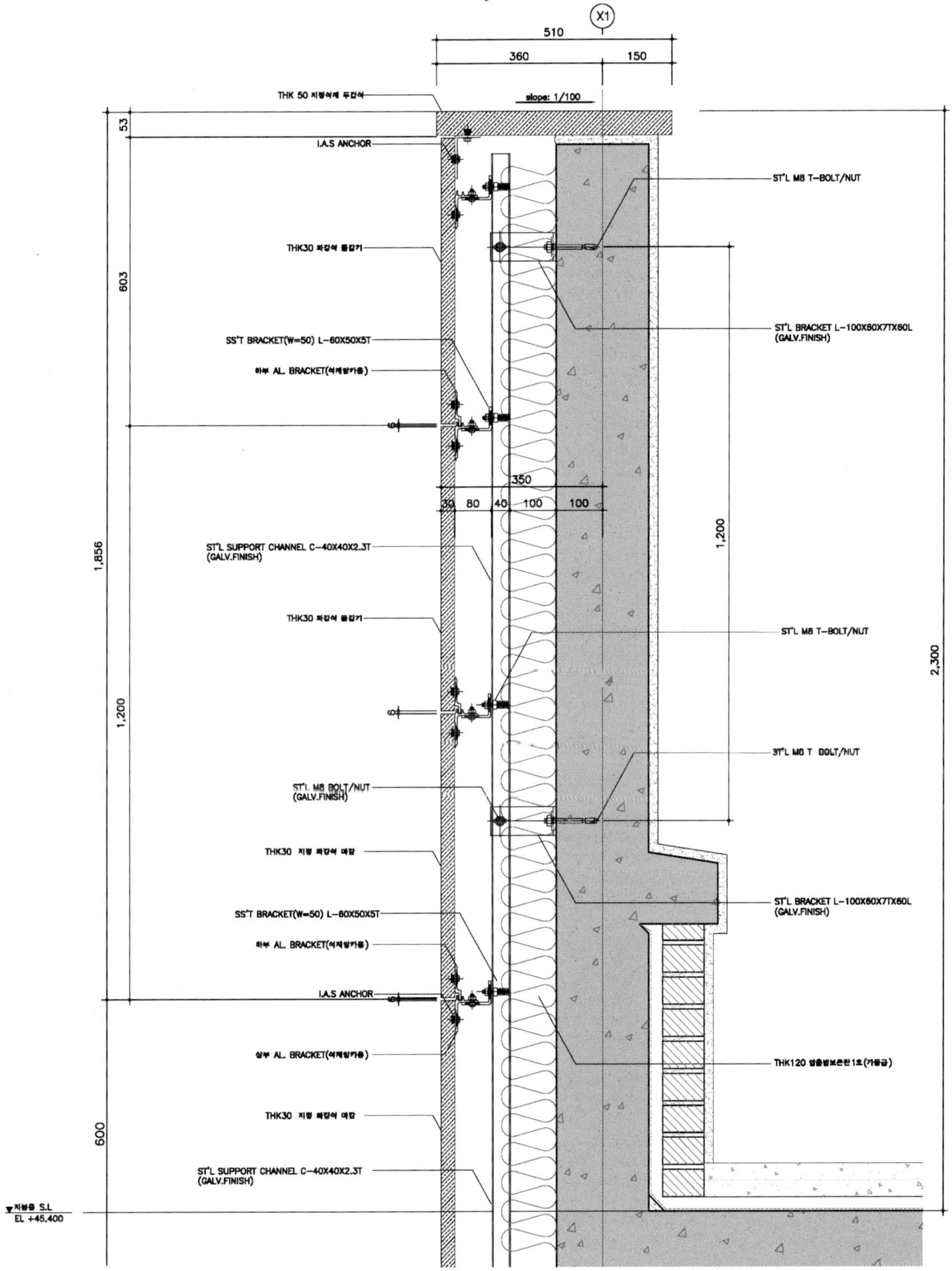

1 외장석재 단면 상세도(open joint)

축척 1/4

도면 5.11 실시설계 건축상세도

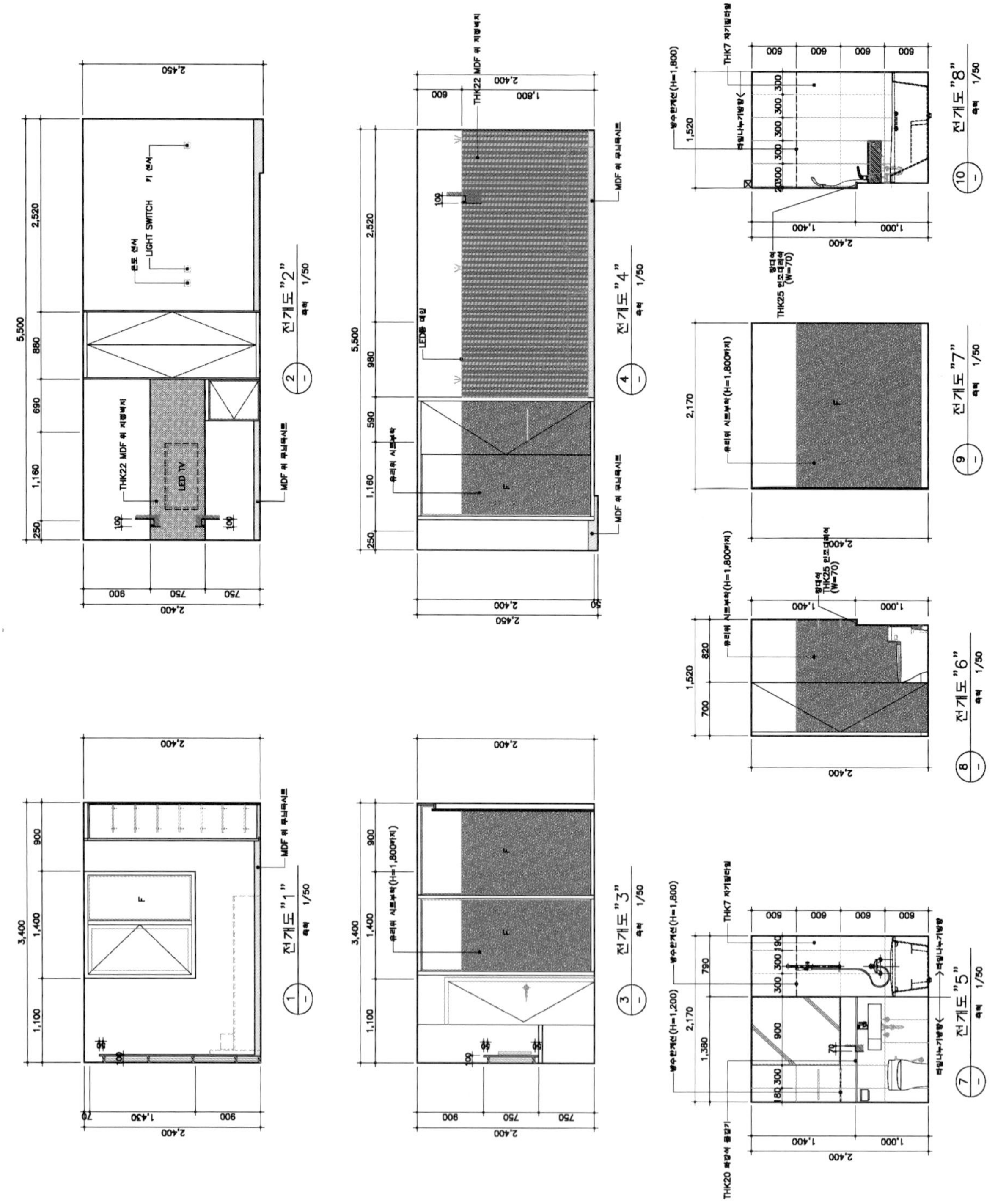

도면 5.12 실시설계 인테리어 전개도

5.4.2 설계 디자인 전개와 커뮤니케이션

1) 디자인의 개발

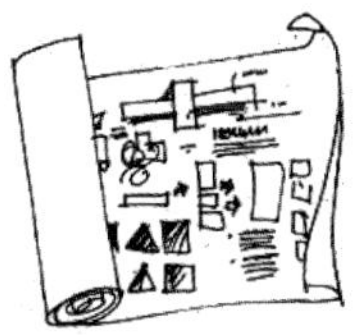

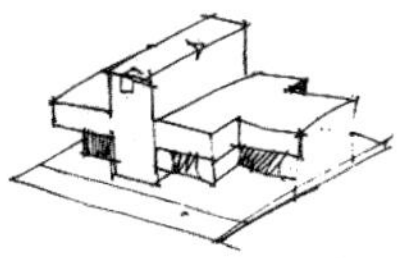

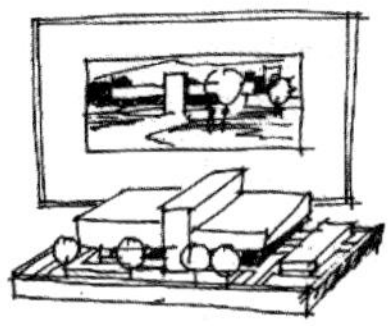

건축가는 하나의 디자인 문제를 해결하기 전에 그 문제에 대해 비록 그것이 구체화되기 전이라도 해결책을 충분히 예상할 수 있어야 한다. 그렇게 하기 위해서는 건축가의 머릿속에 가능성 있는 모든 해결책을 시각화해 보는 것이 필요하며, 그런 다음에는 그것을 재빨리 종이에 옮겨야 한다. 그 모두를 하나도 빠짐없이 재빨리 해야 한다는 것이 중요하다.

처음 하는 스케치가 좋고 나쁘고는 문제되지 않는다. 중요한 것은 가능한 많은 아이디어를 종이 위에 표현할 수 있느냐 하는 것이다(그림 5.24).

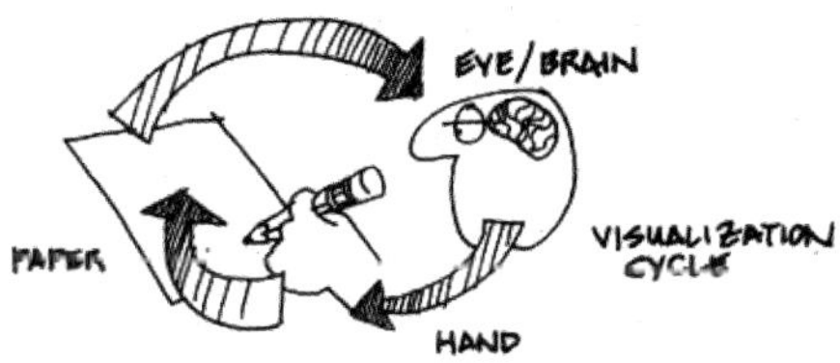

그림 5.24

상세한 것에 이르기 전에 건축가는 가능한 여러 번 건축주(client)와 접촉해야 한다. 건축주는 자기들이 원하는 바에 대한 분명한 아이디어를 갖고 있을 수도 있으며, 그 때문에 그들이 말하는 것에서 찾고 있는 바로 그 해결책을 얻게 될는지도 모른다. 만약 그러한 과정을 거치지 않고 마음대로 진행해 버린다면 건축주가 만족하지 못할 수도 있다. 처음부터 건축주와 접촉함으로써 많은 대화를 통하여 건축물 자체의 요구뿐 아니라 그들의 요구까지 충족시킬 수 있는 해결책을 찾는 것이 좋다.

① 러프 스케치(rough sketch)

이것은 스케치의 맨 첫 단계에 해당된다. 아이디어란 금세 머리에 떠올랐다가 곧 사라져 버린다는 사실을 깨닫는다면 스케치를 어떻게 해야 할지 알 수 있을 것이다.

"러프"라는 말이 중요하다. 값싼 얇은 트레이싱페이퍼(일명 yellow paper)를 이용하여 스케치하는 것이다. 마음에 드는 필기구, 예를 들면 사인펜, 연필 등 어느 것을 이용해도 무방하다. 될 수 있는 대로 가벼운 마음으로 아이디어가 떠오르는 대로 그려 본다. 대부분의 설계 초보자들은 종이 위에 무엇인가를 그리는 것에 대해 두려움을 갖고 있다. 그것은 스케치 능력이 없어서라든가 아직 구체적인 아이디어가 떠오르지 않아서 등 이유는 다양하다. 그러나 저자는 설계전문가로서의 경험을 토대로 무조건 그려 나가기를 강력 추천하고 싶다. 주저함이 없이 계속 그리다 보면 스케치 능력이 향상됨은 물론 아이디어도 점차 구체화되어 갈 것이다.

설계는 시각적으로 나타나야 한다. 머릿속에서만 맴도는 아이디어는 공상에 불과하며, 이를 시각적으로 나타내야만 상대방이 설계자의 건축적 아이디어와 의도를 이해할 수 있다.

필기구를 이용한 거친 스케치 위에 색연필이나 마카 등으로 색채를 칠하면, 비록 거친 스케치일지라도 아이디어의 윤곽을 확실하게 표현해줄 수 있다.

일련의 스케치를 하고 아이디어들이 더 이상 떠오르지 않을 때는 그때까지 스

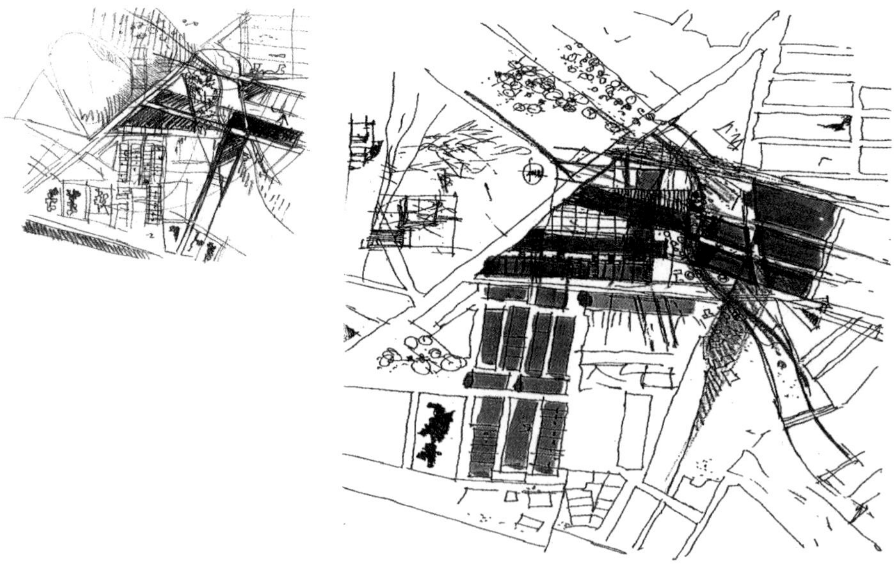

그림 5.25 배치개념 스케치

그림 5.26 건축가 고 김수근 씨의 스케치

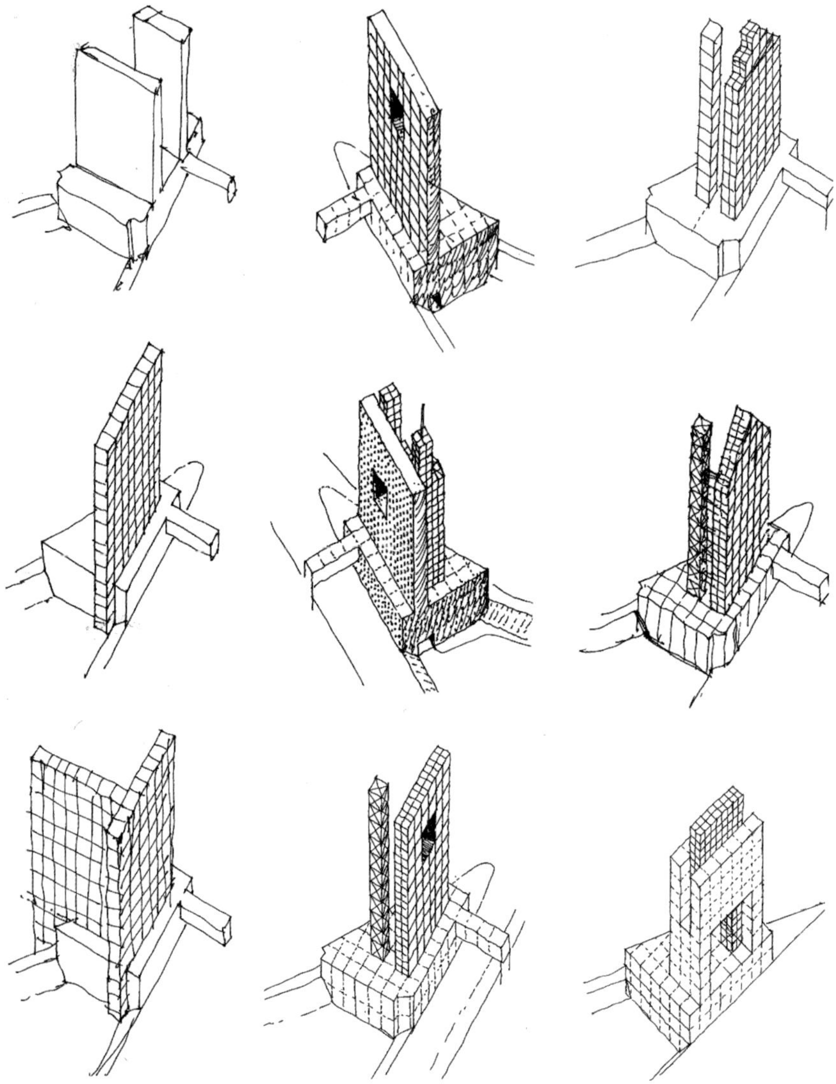

그림 5.27 형태에 대한 구체적인 스케치

케치했던 것을 다시 살펴본다. 그 스케치들 가운데 다른 것보다 두드러져 보이는 것이 있다면 가장 효과적일 것이라고 생각한 것을 골라 스케치를 계속해 나간다면, 이것이 하나의 설계 대안으로 발전할 수 있다(그림 5.25~27).

② 속성모델(quick models)

러프 스케치를 거친 다음에는 또 하나의 수단인 속성 모델을 이용할 수 있다. 스케치한 것 가운데 가장 훌륭한 것을 골라 모델을 만들어본다. 아이디어를 3차원적인 형태로 바꾼다는 정도로 모델을 만들어본다. 이 모델은 다른 사람에게 보여줄 것이 아니다. 그것은 단지 만들 수 있는 가장 훌륭한 디자인이 이루어지도록 돕는 수단에 지나지 않는다. 마음에 드는 모델이 만들어지면 더 나은 모델을 만들게 된다. 요즘은 스케치 업(sketch up)이나 MAX 등의 3D Modeling 프로그램을 이용하여 만들기도 하는데 프레젠테이션용으로 많이 활용되는 방법이다.

모델을 만드는 이 과정은 필수불가결한 것이다. 모델을 만들기 전까지는 디자인 문제에 대한 완벽한 해결책을 찾았다고 거듭 확신할 수 없다. 그러나 모델을 만들어보면 여러 가지 문제가 틀림없이 제기된다. 뿐만 아니라 1차원적인 도면에서 3차원적인 모델로 전환시킬 때 쉽게 해결책을 찾을 수 있는 것이다.

모델재료로는 여러 가지가 있을 수 있으나 일반적인 속성모델의 재료로는 아이소핑크(iso-pink)가 많이 사용되는데, 이것은 건축물의 단열재로 사용되는 재료이기도 하다. 이 아이소핑크가 많이 사용되는 이유는 자르기가 일반 보드보다 훨씬 수월하기 때문이며, 특히 열선 커터기를 이용하면 매우 정교한 모델을 만들 수도 있다(사진 5.5).

이 외에도 디자인을 개발하기 위한 여러 가지 방법이 동원될 수 있다. 예를 들어 이미지를 콜라주하는 방법, 어느 특정 이론을 건축에 접목시켜 시각화시키는 방법, 컴퓨터를 이용한 방법 등 매우 다양하다. 위에서는 가장 기본이 되는

사진 5.5 속성모델

두 가지만을 기술하였으나 사실 디자인 개발에는 어떠한 제한적 방법은 없으며 오직 창의적인 접근만이 있을 수 있다.

2) 디자인에 관한 커뮤니케이션

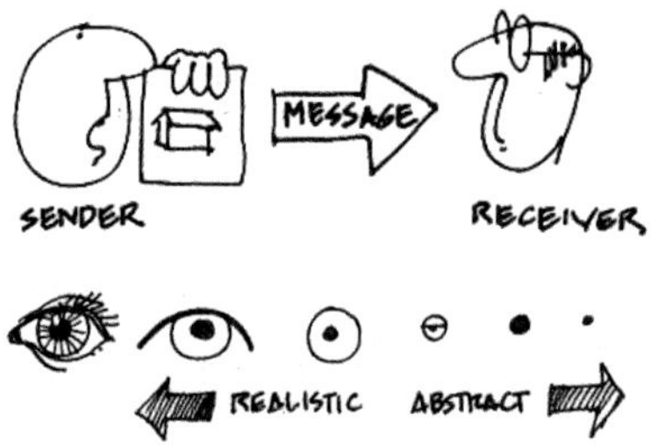

그림 5.28

앞에서 언급한 러프 스케치나 속성모델도 디자인에 관한 커뮤니케이션의 한 방법으로 활용될 수 있으나, 여기서는 주로 어느 정도 설계가 구체화되어 건축주에게 프레젠테이션(presentation)하는가의 기법에 초점을 맞추고자 한다.

가장 훌륭한 설계를 했더라도, 만약 그것에 관해 클라이언트와 커뮤니케이션하는 데 실패한다면 아무 쓸모가 없다. 클라이언트는 설계가 어느 정도 자신의 요구를 충족시켰는지, 그리고 앞으로 충족시키게 될 것인가에 관심을 가지는데 이 때문에 어려움이 생길 수 있다. 그래서 앞으로 세워질 건물의 시각화는 아주 중요하며 그 일은 시각적으로 제시하려 하기 때문에 특히 어려운데, 클라이언트는 어문적 지식을 가지고 있으므로 그들에게 시각적인 프레젠테이션과 동시에 어문적으로 설명을 덧붙여야 한다. 그래야 그들과의 생각의 간격을 좁힐 수 있다. 건축전문가에게나 익숙한 평면도나 입면도 같은 도면들은 대부분의 사람들과 정확한 의사소통을 할 수 없다. 도면을 읽지 못하는 경우가 많기 때문에 반드시 다른 보조수단과 병행해야 한다. 다양한 그래픽과 그들에게 익숙한 실제 건물과 비슷한 그림이나 사진, 또는 모형, 슬라이드나 파워포인트를 이용한 프레젠테이션이 바로 그것이다(그림 5.28).

① 그래픽

그래픽은 건축가가 하는 일의 일부이다. 건축가는 그래픽 솜씨를 통하여 아이디어를 다른 사람들에게 쉽게 이해시킬 수 있으므로 그래픽은 커뮤니케이션에 있어서의 주요한 요소의 하나이며 커뮤니케이션 과정의 중요한 일부이다.

건축가는 우선 자기의 내면에서 떠오른 아이디어를 이해하고 전개하는 데 도움을 얻기 위해 자기 자신과 커뮤니케이션하려고 도면이라는 형태로 그래픽을 이용한다. 아이디어란 가만히 머물러 있는 것이 아니라 진화한다. 건축가가 사고하고 스케치를 하는 중에도 새로운 아이디어가 머릿속에 떠오를 것이다. 그는 버릴 것은 버리고 받아들일 것은 받아들이면서 전체적인 계획이 일관성을 갖고 방향을 잡을 때까지 그에 근거하여 건축을 하게 될 것이다. 그리고 언어적 표현과 그림을 사용하여 건축주나 동료들과 같이 그 아이디어에 관해 논의할 것이다. 이와 같이 건축이란 원래 아주 시각적인 전문 분야의 하나이기 때문에 그래픽과 같은 시각화가 커뮤니케이션 과정 가운데 필수불가결한 일부이다. 아이디어와 도면들에 대해 이야기하고 글로 표현하는 것만으로는 충분하지 않으며 반드시 시각적인 표현으로 나타내는 것이 필요하다.

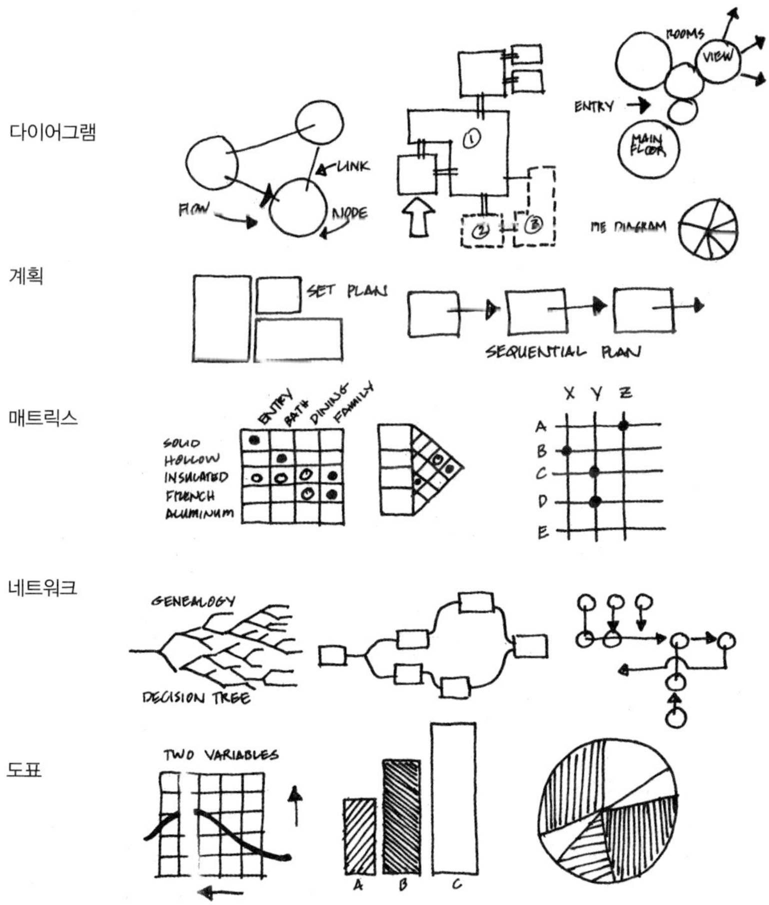

그림 5.29 그래픽의 종류

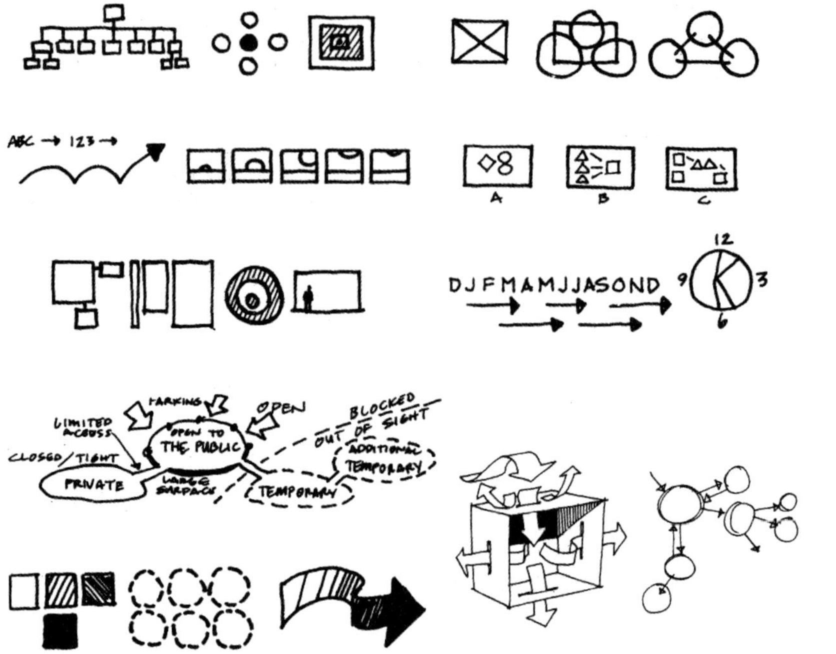

그림 5.30 시각화

그래픽의 종류는 매우 다양하고 또한 창의적으로 개발될 수 있으나 보편적인 모습은 다이어그램, 매트릭스, 차트 등의 형태를 취한다(그림 5.29).

그래픽은 여러 가지 형태를 띠지만 각각의 형태는 그 자체의 언어를 갖고 있다. 건축가의 의도가 이 그래픽으로 정리되고 종합되며 특정 아이디어를 부각시킨다. 이러한 서로 다른 그래픽이야말로 디자이너나 건축가가 마음대로 구사할 수 있는 도구이며 각각 그래픽의 언어는 최종 디자인의 방향과 건축주의 결정에 그 나름대로의 영향을 발휘한다(그림 5.30).

② 3D 렌더링(rendering)

렌더링이란 채색이 이루어지고 원근감을 살린 도면이다. 이 렌더링은 클라이언트로 하여금 건물 외부 또는 내부에 있는 것과 같은 느낌을 준다. 건물은 사람, 가구, 액세서리 등을 갖춘 완성된 최종적인 형태를 띤다. 렌더링을 위해 어떤 수단을 이용하는가는 문제가 되지 않는다. 클라이언트로 하여금 마치 그가

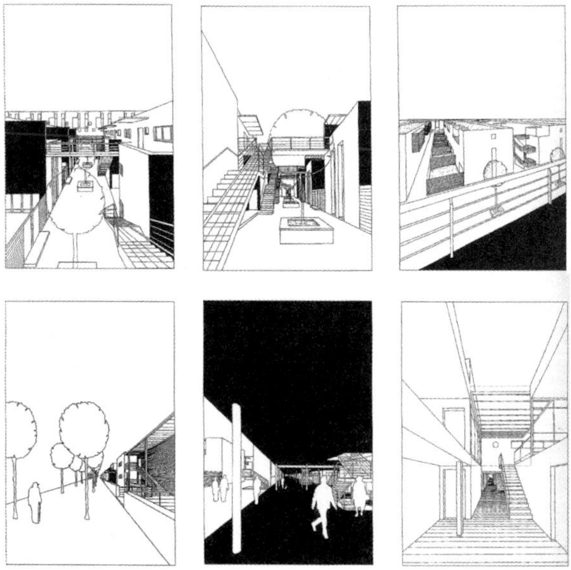

그림 5.31 개념적인 CG

그림 5.32 실질적 형태의 CG

그 건물 안에 존재하고 있는 것처럼 느끼도록 해야 한다.

과거에는 투시도나 조감도와 같이 직접 종이에 그린 도면이 사용되었으나 최근에는 컴퓨터 드로잉이 발전하고 일반화 되어 3D 렌더링이 주로 사용된다. 사실적인 사진이나 이미지가 그대로 사용되기 때문에 건축주는 실제 건축물이 완공된 시점의 모습을 정교한 형태로 접해볼 수 있는 것이다(그림 5.31, 5.32).

③ 프레젠테이션 모델과 설명

앞서 제시된 속성모델이 아닌 정교하고 세련된 모델을 만든다. 건물의 형태뿐만 아니라 재질감이 표현될 수 있으며 지붕, 창호 등의 디테일도 만들어진다. 건물 주변의 사람, 자동차, 나무 등을 포함한 광장, 주차장 등의 외부공간도 모형으로 표현된다. 건축주는 비로소 자신의 건축물에 대한 이미지를 구체화할 수 있으며, 그 건축물을 통한 자신의 꿈을 현실화 시킬 수 있을 것이다.

드로잉과 모델이 준비되었으나 여기에 하나 덧붙여지면 좋은 프레젠테이션의 도구는 슬라이드나 파워포인트 등의 컴퓨터 소프트웨어를 이용하여 디자인 의도와 생각한 개념들을 보여주는 것이 좋다. 아울러 디자인한 건물과 비슷한 느낌의 건물의 외관이나 내부의 사진들을 함께 제시하는 것도 설득력을 높일 수 있는 방법일 것이다(사진 5.6).

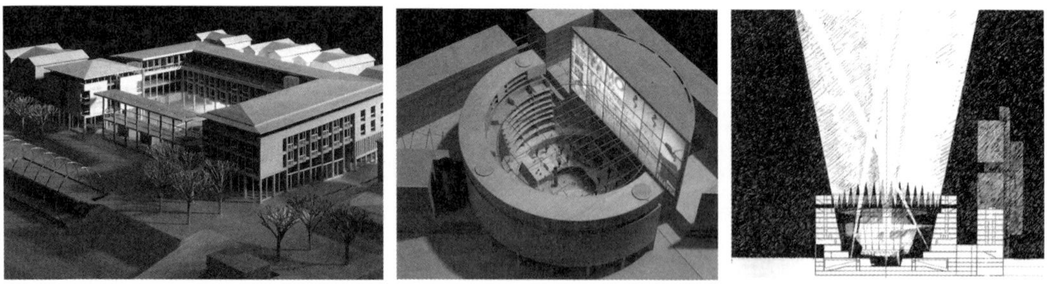

사진 5.6 실질적 모델과 프레젠테이션

5.4.3 프로세스와 전개

1) 디자인 프로세스

여기서 대략적으로 설명하게 될 여러 단계는 설계자가 어떤 방식으로 디자인에 접근하든 의식적으로나 잠재의식적으로 똑같은 단계를 거치는 경우가 많을 것이다. 그 단계들은 프로세스의 모든 과정, 개념 파악에서부터 완공에 이르기까지 진행된다.

새로운 프로젝트마다 그 자체가 하나의 도전이다. 설계자는 그에 대해 선입관 없이, 기꺼이 지금까지 그것에 대해 갖고 있던 생각을 버리고 그 일에 덤벼들 수 있어야 한다.

① 문제점 파악(identify)

새로운 프로젝트를 다룰 수 있으려면 우선 문제점을 파악해야 한다. 문제점이 무엇인가를 파악하고 해결되어야 할 것들과 이루어져야 할 필요가 있는 일을 점검해둔다. 그런 다음 어떤 종류의 건물이 필요한가, 건축주의 요구, 예산의 한계 등을 적어 놓는다.

이 단계에서 주의해야 할 일은 정말로 문제라고 생각되는 것을 적는 것이다. 때때로 사람들은 선입관에 의해 오류를 범할 수가 있다. 자기들이 해결하려고 하는 것을 미리 알고 있다고 생각하기 때문에 이 단계에는 아무 노력을 들이지 않는 것이다.

② 자료 수집(gather)

가능한 모든 아이디어를 수집한다. 문제점을 파악하는 일을 훌륭히 끝냈다면, 이제는 해결책이 될 만한 아이디어나 해결책으로 이끌어줄 만한 아이디어가 떠오를 때까지 그것을 적어 놓는다. 아이디어가 창조적이라면 어느 분야에서나 극히 중요하며, 이것은 문학이나 순수미술 등의 분야와 마찬가지로 건축에도 해당되는 말이다.

훌륭한 새로운 아이디어를 찾아낼 수 없는 건축가는 예전의 것을 똑같이 되풀이하는 제도사에 지나지 않는다. 물론 그렇다고 해서 전 건축가가 하는 모든 일이 전부 독창적이어야 한다는 의미는 아니다. 정말로 새로운 아이디어란 지극히 드물다. 가장 훌륭한 작업은 전혀 새로운 아이디어를 찾아내려고 애쓰는 사람에 의해서가 아니라 이전의 방식과 새로운 창조적인 방식을 결합할 수 있는 사람에 의해 이루어지는 것이다. 아이디어를 얻는 방법에는 이제까지 다른 사람들이 유사한 상황하에서 어떻게 해 왔는가를 검토하는 것, 다른 사람들과 그 문제를 집중 토의하는 것, 중요하다고 생각되는 문제를 그냥 나열해 보고 그런 다음 답을 찾는 것 등이 있다.

③ 세련화(refine)

수집한 자료와 아이디어를 정리하여 이제까지 확인해 본 요구사항과 견주어 세심하게 검토한다. 그러나 요구에 맞지 않는 것들은 버리고 적합하다고 생각되는 것은 골라 더욱 세련화 시킨다. 스케치한 것을 확대하여 세밀하게 그려나간다.

④ 분석(analyze)

이때까지 해 온 작업을 다시 살펴서 각각의 서로 다른 해결책이 과연 얼마나 효과가 있는가를 분석한다. 가장 훌륭하다고 생각되는 것의 모델을 만들어보는 것도 하나의 방법일 수 있다.

이 단계에서 아직 최종 해결책을 결정해서는 안 된다. 그리고 머리에 떠오르는 아이디어를 하나라도 버리지 말고 모두 적어두고 판단은 보류한다.

⑤ 결정(decide)

남아 있는 해결책 가운데 가장 효과가 뛰어난 것을 하나만 고른다. 만족할 만한 것이 없을 경우에는 처음부터 다시 시작한다.

⑥ 실행(implement)

디자인 문제에 대해 가장 훌륭하다고 생각하는 해결책을 얻었으면 이제 그 조그만 모델을 실물과 같은 크기로 만드는 과정을 밟도록 한다. 이 과정에는 건축주로부터의 최종 승인과 공사감리 등이 포함되어 있다.

⑦ 경험의 집적(feedback)

완결한 디자인은 설계자에게 새로운 경험을 집적시킴으로써 앞으로의 문제에 적용할 수 있도록 해 준다. 디자인하고 피드백하는 반복의 과정은 아주 훌륭한 교사이며, 자기 자신의 경험으로부터 교훈을 얻을 수 있는 사람이 현명한 사람이다. 그보다 더 현명한 사람이라면 다른 사람들의 경험으로부터 피드백과 중요한 정보를 얻을 것이며, 그리하여 자료조사를 되풀이한다든지 실수를 거듭하는 시간낭비를 피할 수 있을 것이다(그림 5.33).

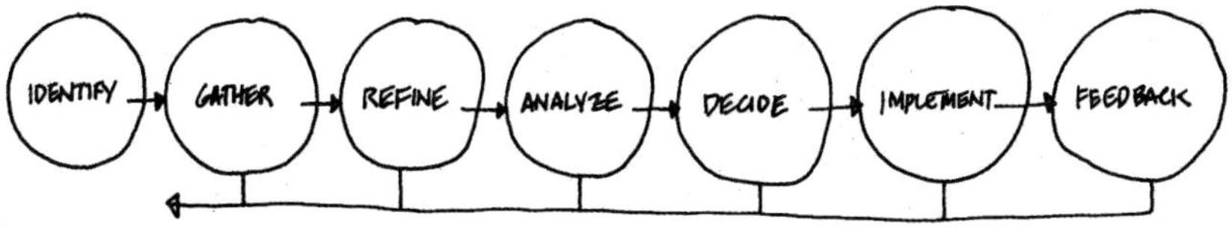

그림 5.33 디자인 프로세스

2) 프로젝트의 전개

위와 같이 어떤 프로젝트이든 간에 설계자는 보통 똑같은 기본단계를 거치게 된다. 건축설계의 진행은 상당히 표준화되어 있으나 프로젝트의 성격에 따라 더욱 창의적인 방법론으로 진행될 수도 있다. 아래와 같은 진행과정을 거치는 건축가는 애당초 건축적 프로젝트가 디자인되어야 했던 실제적 목적을 달성할 뿐만 아니라 클라이언트의 금융적, 정서적 요구까지도 충족시키는 디자인이 창출되리라고 확신할 수 있다(그림 5.34).

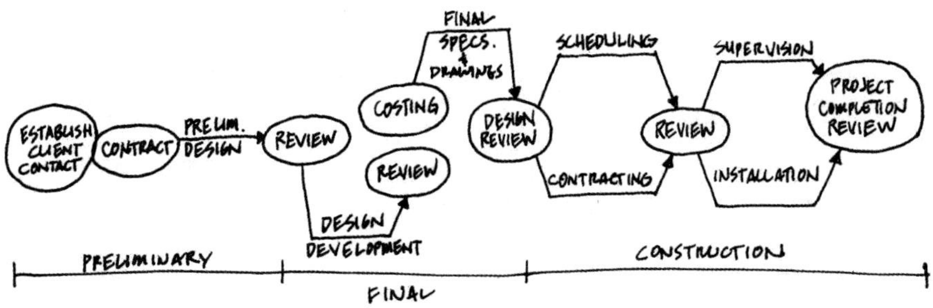

그림 5.34 프로젝트의 전개

① 소요공간의 추정

소요공간의 추정은 목적하는 생활의 조직을 물리적 공간으로 계량하는 작업이다. 그러므로 단순한 기능별 면적의 산출뿐만 아니라 각 공간의 성격, 질, 3차원적 크기 및 공간간의 상호관계까지 규정하고 건축주 또는 사용자의 세밀한 요구조건, 완성시기, 건설의 우선순위 등도 포함되며 완공 후의 경제성, 수지 등을 고려한 건설예산의 한정까지를 포함한다. 따라서 소요공간의 추정은 생활활동과 이들 조직에 대한 고찰을 통하여 소요되는 시설의 종류와 공간개념을 규정하고 계량한다.

- 생활조직의 분석
- 시설 프로그램
- 실별 상세표(detailed sheet of room) 작성

시각적으로 계량된 각각의 실들은 실별로 상세표를 작성하여 최종 설계와 완공 후 유지, 관리에 이르기까지의 근거를 기록해 둔다.

② 대지의 선택과 분석

대지를 선택하는 것은 가장 이상적인 대지를 발견하기 위한 것일 수도 있지만, 주어진 대지의 범위 내에 목적으로 한 건축물을 이상적으로 입지시키기 위한 작업이다. 어느 지방 어느 민족이든, 그 지방 그 민족 특유의 전통적인 대지의 선택 및 입지의 규율들은 불문율처럼 전래되어 왔고 뜻있는 사람들에 의해 정리, 기록으로 성문화되기도 하며 시대의 변천에 따라 조정, 발전되어 온 모습들을 어렵지 않게 찾을 수 있다. 그것은 그 지방의 자연조건과 그 민족의 생활양식 등에 깊이 관련된 자연관, 공간관, 환경관에 의거한 오랫동안의 경험과 지혜의 축적물이다. 그것으로 하여금 지방과 민족에 따라 서로 구별되는 독특한 건축을 생산해 왔다.

대지분석작업의 목표는 계획 대상지의 영향권 내에 있는 주변지역의 제반요소와 대지 내의 제반속성을 분석 · 종합함으로써 그것의 이점과 제약요소를 추출하며, 실시 이후의 변동상황을 예측하여 거기에 대처할 방안을 수립하는 것까지를 포함한다.

분석항목은 자연적 요소, 인문적 요소, 심미적 요소들로 대별되며 그 항목들은 프로그램의 규모, 건물유형, 용도, 성향 등과 대지의 조건에 따라 주안점, 분석의 정도, 우선순위 및 비중 등이 정해진다.

대지의 분석결과는 항목별로 설계에 영향을 미칠 요소, 강화되어야 할 이점, 조정 또는 해결해야 할 문제점 및 처리방안 등에 의해 종합되고 정리된다.

③ 기본계획

기본계획은 목적 건축물의 제반 기본적인 틀을 만드는 과정으로 설계와 공사에 대한 대안의 작성, 검토를 거쳐 기본개념 설계와 부문별 체계를 수립하고 그에 따른 기본설계도서 및 개략 공사비를 작성하여 건축주의 검토와 승인을 얻는 일련의 작업이다.

- 추정 소요공간 및 요구조건의 검토 : 건축주에 의해 주어진 추정 소요공간 및 요구조건들을 최종 확인하기 위하여 그것을 재검토하며, 건축주와의 상호 해석을 통하여 이해를 같이 하며 총괄적, 기술적, 경험적 입장에서 평가하여 확정한다.
- 옥내 · 외 기능의 공간적 배분 : 공간 이용의 주체인 생활, 활동을 대상으로 하는 것이므로 그것에 대한 깊은 이해와 그에 의한 활동유형의 합리적 해석이 필요하며, 부단히 생성 · 변화하는 현상 속에서 진화론적, 동태적 국면을 충분히 파악해야 한다.
- 동선체계 : 동선체계는 광범위한 뜻으로는 모든 커뮤니케이션 조직망의 흐름을 질서로 이해했을 때 생기는 개념이며 좁게는 자동차와 사람의 동선체계를 의미한다. 동선체계에서는 무엇보다 먼저 자연—사람—건물—동선망(교통)의 새로운 체계를 수립하고 각각에 적절한 스케일의 시공간을 제공하는 것이다. 특히 자동차와 보행자간의 적절한 혼합과 분리로 쾌적, 안전, 편리를 동시에 추구한다.
- 내외부 공간체계와 설계 : 기능을 가진 공간은 합목적한 질을 가지고 그것들은 집합방법에 따라 어떤 의도된 연계에 의해 연계되며 공간적으로 중첩된다. 공간의 질과 연계는 설계와 조형의 핵을 이룬다.
- 토목 및 공급처리체계 : 대지 자체에 대한 구체적인 해결방안이 제시되어야

한다. 대지의 굴토, 레벨결정은 물론 건축물에 주어지는 전기공급, 가스공급, 수도공급 등이 이루어져야 하며 건축물에서 생성되는 각종 하수, 폐수, 쓰레기 등을 처리할 수 있는 체계를 갖추어야 한다.

- 대안의 작성과 선택 : 확정된 소요공간을 가지고 구체적인 설계와 공사사항에 대한 복수 대안을 작성하여 비교 · 검토하여 최종 개념설계를 선택한다. 즉, 토지이용방안과 기능배분, 동선, 건물의 규모와 형태, 기본적 구조형식, 경제성 등이 포함된 대안을 작성하여 항목별 평가기준에 의한 비교를 통하여 선택한다.
- 성과물의 작성과 승인 : 부문별 조직체계에 의해 건축가는 건축, 구조, 기계설비, 전기설비, 기타 토목, 실내디자인 및 공사비 개요, 공정표 등의 기본계획도서를 작성하고 승인을 받는다.

④ 기본설계단계

승인된 디자인을 토대로 하여 건축물을 구성하는 모든 부문, 즉 건축, 구조, 기계설비, 전기설비, 조경, 토목 등의 체계를 전개된 설계에 의해 확정하고 다음 단계에 공급할 모든 기초자료, 표준설계도 등을 작성한다.

⑤ 실시설계단계

실시설계는 설계의 최종 단계로 승인된 기본설계도서를 근거로 공사를 위한 도면과 부속도서를 작성한다. 이 과정은 기계적인 작업 같지만 세밀한 곳곳에 건축가의 조형의지를 불어넣어 생명력을 주며 곳곳에 산재된 문제를 풀어나가는 기술적 역량을 발휘하는 단계이다.

⑥ 이후의 작업들

- 입찰, 낙찰단계 : 건축주는 시공사 선정 시에 수의계약에 의할 수도 있으나 대부분 공개 또는 일정 자격 이상의 시공자에게 지명입찰을 통하여 시공자를 선정하고 공사계약을 체결한다. 이 단계에서 건축가는 시공자(입찰자)에 의해 제출된 제반서류의 검토와 기술적 자문을 행한다.
- 건설단계 : 건축가는 착공에서 완공에 이르기까지 별도의 계약에 의거하여

감리업무를 수행한다. 공사감리는 건축시공의 질을 건축주의 입장에서 감시하고 기술적 자문을 하며 법에서 규정한 대관업무의 수행 등이 주 임무이지만, 오히려 이 단계는 설계의 발전 및 전개의 단계로 해석할 수 있다. 즉, 설계 당시에 충분하지 못했던 점, 도면이 시공되는 과정에서 발생하는 문제점, 현장여건이나 상황변동에 따른 설계변경 등을 해석하고 방안을 제시하는 과정이다.

⑦ 기타

건축설계는 전술한 각 단계의 합리적 귀결과정의 총체로 이루어진다. 그러나 이러한 단계과정은 오히려 불연속적 결단의 연속이라고 이해함이 옳다. 건축은 문제해결이 아니라 총체적 제안인 것이다.

어떤 의미에서 건축설계는 생활에 대한 틀 정도를 제공한 하나의 씨앗에 지나지 않는다. 이제 씨앗이 자라 그늘을 이루듯, 건축은 건축주와 사용자에 의해 자랄 것이다. 건축가는 시공 중이거나 완공 후에도 관심을 기울여야 한다. 설계 당시의 상상과 실제 현상 사이에 발생한 괴리를 치유하고 변화와 성장 시에 본래의 뜻을 전달하며, 그것이 곱게 자라도록 보살피는 애정이 필요하다. 건축은 이렇듯 성장하는 유기체이며, 그런 의미에서 이것은 건축가의 끊을 수 없는 분신이기 때문이다.

5.4.4 표준적 실무에서의 설계과정

다음은 건축설계 실무에서 가장 보편적으로 인정되고 통용되는 설계 프로세스로서 미국건축가협회(AIA)가 제공하는 5단계와 여기에 저자의 실무경험을 토대로 추가되는 단계를 포함하여 종합적인 과정을 보다 체계적으로 소개하고자 한다.

미국건축가협회(AIA)는 미국에서의 개업 건축가들로 구성된 주요한 전문가 단체이다. AIA는 여러 종류의 계약을 위한 표준서식을 포함한 갖가지 서비스를 회원들에게 제공해 준다. 그 서식 중 하나에 건축가가 건축주에게 이행해야 할 기본업무가 기술되어 있다. 표준계약서 내용은 협상을 통해 여러 항목들이 삭제되거나 첨가될 수 있으나, 건축주들이 전형적인 업무로서 기대하고 있는 전문직의 입장에서 생각한 것에 대한 기초적인 서술은 설계과정을 고찰하는 데에 유용한 참고가 될 것이다.

건축가의 기본업무는 연속적인 6단계로 나누어질 수 있는데 기획설계, 계획설계, 기본설계, 실시설계, 감리업무, 완성후 업무 등이 그것이다. 이 6단계를 통한 진행은 건축주에 의한 각 단계의 승인에 달려 있다. 이것은 건축주와 건축가 모두를 보호해 주는데, 이는 이 시점까지의 결과에 모두 동의하기 전에는 더 이상의 일이 진척되지 않기 때문이다. 예를 들면 실시설계단계에서 건물 프로그램의 변경은 계획설계 발전 단계에서 상당량의 재작업을 요구하게 될지도 모른다. 건축가는 그 변경의 앞 단계에서 승인된 내용으로부터 상당히 벗어나는 경우에는 추가보수를 요구할 수 있다. 이와 같이 건축업무는 설계과정으로서 뿐만 아니라 법적제약 요소로서의 구실을 하도록 짜여 있다.

1) 기획설계(Predesign : PD)

설계 수주를 위한 건축 가능 여부의 조사와 사업성(규모) 검토를 하는 단계이다. 건축주의 프로그램, 재정, 요구시간 및 업무범위의 설정 등을 검토해야 하며, 시설계획과 경제적 타당성 검토, 프로젝트 일정표와 예산 확립 등이 필요한 단계이다. 즉, '어느 정도의 품질을, 어느 시간 안에, 얼마의 비용으로,' '무엇을, 언제, 얼마만큼의 규모로' 그리고 '어디에' 건설할 것인가를 필수적인 의사결정을 통하여 프로젝트를 정의하는 것이다.

기획설계는 기획업무와 대지분석업무로 분류할 수 있다. 기획업무는 건축주의 계획, 재정, 요구시간 및 프로젝트의 범위를 설정하는 단계이다. 즉, 설계수주를 위한 설계 가능 여부의 조사와 사업성 검토를 하는 단계로서, 이에 필요한 최소한의 자료 및 법규 검토가 선행된다.

조사 · 분석된 자료를 바탕으로 사업계획이 수립되고 업무범위를 정하며 이에 따라 설계자와 건축주 간의 계약이 이루어진다(표 5.1).

표 5.1 기획설계-기획단계

단계1		단계2	단계3	단계4	단계5	단계6
기획설계		계획설계	기본설계	실시설계	감리단계	완성 후 업무
기획단계	대지분석					

단계 정의
- 설계 수주를 위한 건축 가능 여부의 조사와 사업성(규모)을 검토하는 단계
- 건축주의 프로그램, 재정, 요구시간 및 업무범위 설정
- 시설계획과 경제적 타당성 검토, 프로젝트 일정표와 예산 확립
- '어느 정도의 품질을, 어느 시간 안에, 얼마의 비용으로,' '무엇을 , 언제, 얼마 만큼의 규모로', 그리고 '어디에' 건설할 것인가 하는 필수적 의사결정을 통하여 프로젝트를 정의

건축주 업무
- 부지 선정
- 사업계획 제시
  - 사업 의도, 기본일정 제시
  - 시설계획 개요, 조건 제시
- 자금계획, 예산안 입안
- 건축주 요구사항 작성

단계목적
- 수주
- 프로젝트 목표의 명확화, 설계조건의 명확화
  - 건축주 목표 정리, 건물수준 협의
- 시설계획 및 프로그래밍
  (사업개요, 부지, 시설내용 조사)
- 경제성 및 경제 타당성 조사
- 프로젝트 일정표 및 예산작성

건축가 업무
- 부지 선정 협력
- 사업 의도 조건 정리
- 사업성 검토
- 건축주 요구사항 체크
- 프로젝트 업무범위 리스트 작성
- 실행예산계획
- 건축주-건축가의 합의사항 정리
- 팀의 편성과 총괄
- 건축주 예산체크
- 계약
- 프로젝트 업무계획
- 착수 회의

주요 협의사항
- 건축주의 의도, 요구조건을 명확히 하기 위해 유사 예시를 제시하거나 부지, 법적 조건, 요구사항들을 알기 쉬운 자료를 사용해 협의
- 판단의 기준을 건축주와 공유
- 설계조건을 검토, 정리할 때 항상 완성 시킬 구성과 형태를 고려하여 협의

대지분석업무는 프로젝트의 대지관련 제반사항을 설정하는 단계이다. 즉, 프로젝트의 프로그램, 예산, 일정표와 관련하여 정해진 대지 또는 잠재적인 대지를 평가하는 작업이다. 그러한 분석은 대지와 프로그램의 이해를 통해 디자인 방향을 제시하며, 효율적인 대지의 사용뿐만 아니라 대지의 선택 및 프로그램 개발의 기초가 된다(표 5.2).

표 5.2 기획설계-대지분석

단계1		단계2	단계3	단계4	단계5	단계6
기획설계		계획설계	기본설계	실시설계	감리단계	완성 후 업무
기획단계	대지분석					

단계 정의
- 대지분석은 프로젝트의 프로그램, 예산, 일정표와 관련하여 정해진 대지 또는 잠재적인 대지를 평가하는 작업이다.
- 대지와 프로그램의 이해를 통해 디자인 방향을 제시하며, 논리적이고 현명한 대지의 사용뿐만 아니라 대지의 선택 및 프로그램 개발의 기초가 된다.

건축주 업무	단계목적
• 사업계획 발전 • 건축주 요구사항 작성 • 대지관련 세부자료 제공 (지질조사보고서, 경계명시 측량도 등)	• 프로그램 평가 –건물개요 파악, 주차, 동선, 프로그램 평가 요약 정리 • 대지조건 평가 –물리적 조건 파악 –문화적 조건 파악 –법규적 조건 파악

건축가 업무
- 프로젝트 관리
- 분야별 조정/문서 검토
- 법규 검토/승인
- 대지분석 및 선정
- 대지개발계획
- 대지공급 시설 상세 연구
- 대지내 공급시설 연구
- 대지외 공급시설 연구
- 환경연구와 보고
- 도시계획과 절차 협조
- 프로젝트 전개 스케줄링
- 프로젝트 예산 수립
- 보고
- 건축주, 이용자 요구 분석
- 대지환경 요소 분석
- 주변환경 요소 분석
- 프로그램 작성

2) 계획설계(Schematic Design : SD)

계획설계는 프로젝트의 일반적인 구조, 개념설계, 구성요소의 규모 및 관계를 설정하는 단계이다. 즉, 건물의 기능, 형태, 구조, 재료 등 건물 자체에 대한 종합적인 방침을 수립하여 건축주의 이해와 승인을 얻어내는 것이 주요 업무목표이다. 프로젝트의 프로그램을 명확히 하고 가장 적합한 디자인 해결책을 제안하며 프로젝트의 비용분석을 위한 신뢰할 만한 기초자료를 제공해야 한다.

계획설계는 건축주에게 대안으로서 제시되기도 하는데, 이것에는 각 공간의 크기와 구성, 동선계획, 배치계획뿐 아니라 건물의 일반적인 이미지가 표현된다. 이 일의 목적은 주요 문제점들을 규명하고 뒤이은 단계에서의 기초역할을 하는 최초의 의사결정을 내리는 것이다. 건축가가 건축주의 포부를 높여주거나 그의 상상력을 사로잡는 시기가 바로 이때이다.

이것은 또한 건축가가 건물의 개념을 밝히는 단계이기도 하다. 계획설계는 건축주의 유형과 건축주와 건축가 간의 업무상의 관계에 따라 일련의 약식 스케치나 간단한 보고서, 일상적인 시각적 표현 등으로 나타낼 수 있다. 여기서 중요한 것은 아직은 개념 전달에 좀 더 치우친다는 것이다. 디자인 개념 설정, 법규 검토, 기능분석, 배치계획, 이미지 표현 스케치, 매스 스터디, 조닝계획, 개략적인

표 5.3 계획설계

<table>
<tr><th colspan="2">단계1</th><th>단계2</th><th>단계3</th><th>단계4</th><th>단계5</th><th>단계6</th></tr>
<tr><td colspan="2">기획설계</td><td rowspan="2">계획설계</td><td rowspan="2">기본설계</td><td rowspan="2">실시설계</td><td rowspan="2">감리단계</td><td rowspan="2">완성 후 업무</td></tr>
<tr><td>기획단계</td><td>대지분석</td></tr>
</table>

<table>
<tr><td colspan="2">단계 정의
• 설계의 기본목표와 방향을 수립하는 설계의 가장 중요한 단계
• 건물의 기능, 규모, 형태, 구조, 재료 등 종합적인 방침을 수립
• 명확한 개념과 형태를 갖추어 건축주의 이해와 승인 획득
• 프로그램을 명확히 하고 디자인 해결책을 제안, 프로젝트의 비용분석을 위한 기초자료 제공</td></tr>
<tr><td>건축주 업무
• 팀 편성, 의사결정기구 확립
• 사업계획의 수정, 변경 등 장래계획
• 공사비 예산, 유효면적, 건물수준 설정
• 시설규모 배분에 대한 방침</td><td>단계목적
• 건축주의 개념 공유회
• 디자인 목표 확정(프로젝트 방향 부여)
• 건물수준 재협의
• 단계별 표현방식 선택
• 건축주 기획구상에 근거한 내용 검토, 시설 구성 프로그램을 만들어 건물형태와 배치방법 구상
• 복수의 안(案)을 제안하고 건축주 기획 구상과 설계조건을 조정 · 확인하여 1개 안으로 확정
• 관계자의 역할, 결정 시기, 법 절차의 개략 일정 파악</td></tr>
<tr><td>건축가 업무
• 프로젝트팀 확정
• 디자인 목표 설정, 설계조건의 확인
• 법규 검토
• 건물에 대한 종합적인 계획 수립
(기능/규모/형태/구조/재료 등)
• 계획안 예상공사비 산정
–공사비 목표 설정
• 개략적인 사업공정, 설계공정
• 복수의 계획안 제출
–계획안 승인</td><td>주요 협의사항
• 프로젝트의 가치를 결정하기 위해 건축주 요구조건 파악, 디자인 개념, 계획안의 광범위한 의견 수렴
• 건축주 의사결정 주체 결정
• 자재, 장비 리스트 검토
• 시방서 항목 선정 등 시방서 작성 준비
• 공사비 목표 설정
• 개략적인 사업공정 확인
• 계획설계의 프레젠테이션</td></tr>
</table>

평면디자인을 포함한 일련의 프로세스가 아직은 융통성이 많으며, 건축주로 하여금 이 융통성의 범위 안에서 자신의 의견을 충분히 피력할 수 있고 건축가도 자신의 개념과 그것의 방향성을 충분히 표현해 주어야 한다(표 5.3).

3) 기본설계(Design Development : DD)

기본설계는 계획설계에서 설정된 기본구상이 실시설계에 반영되도록 프로젝트의 모든 중요한 사항을 정의하고 설명하여 실시설계를 준비하는 단계이다.

표 5.4 기본설계

단계1		단계2	단계3	단계4	단계5	단계6
기획설계		계획설계	기본설계	실시설계	감리단계	완성 후 업무
기획단계	대지분석					

단계 정의	
• 계획설계에서 설정된 기본구상이 실시설계에 반영되도록 중요한 사항을 정의, 설명하여 실시설계를 준비하는 단계 • 계획설계에서 해결하지 못한 문제점을 해결하고 실시설계에서 보완할 사항을 최소화하며 지속적인 다듬기와 조정을 거쳐 디자인이 완성된 건축으로 실현 • 기본설계도서는 건축, 구조, 설비, 전기, 재료 및 기타 관련 부분을 종합적으로 반영	
건축주 업무 • 사업계획 확정 • 계획안 결정 • 기본공간 구성 검토 • 관리운영 조건 • 각 용도 및 시설별 조건 제시 • 규모, 설비, 건무수준 결정 • 임대방법의 기본방침 결정 • 기본설계도서 승인	**단계목적** • 건축주의 의도, 여건을 체계화 • 계획안의 법적 · 기술적 근거 검토 • 프로그램 분석 및 확정 • 기능과 품질, 건축계획, 기술, 건물배치, 평면과 공간의 구성, 예산의 균형 검토(실내외 디자인 입안) • 관계 관청과의 절충 및 법규분석 • 기본설계도서의 건축주 승인 득 • 건축주 기본조건 변경 및 관청지시 외 설계변경
건축가 업무 • 설계취지, 방침 제시 • 내외부 종합적 디자인 방침 결정 • 개략 시방서 검토 • 개략 공사비를 예산과 균형 검토 • 시설배치, 건물공간 구성, 용도/면적 배분 확정 • 기본평면형 검토 • 구조, 전기, 설비 각 시스템 검토, 건물 수준 설정 • 인허가 절차 준비	**주요 협의사항** • 건축, 구조, 전기, 설비 등 각 분야를 통합 조정 • 건물수준 검토, 확정하고 공사비 협의 • 기본설계의 프레젠테이션 • 인허가 업무

즉, 계획설계에서 해결하지 못한 모든 문제를 해결하고 실시설계단계에서 보완해야 할 사항들을 최소한으로 줄여야 하며, 지속적인 다듬기와 조정을 거쳐 디자인이 완성된 건축으로 실현될 수 있도록 해야 한다.

프로젝트의 구체적인 범위와 특성을 결정함에 있어 일련의 협의와 의사결정에 건축주가 자주 참여한다. 거기에는 추정 건축비, 외관, 품질, 성능 등이 다루어진다. 대안이 규명되며 기본적인 구조, 기계설비 기타 기술적인 요소 등에 관한 결정이 내려져야 하는데, 그 이유는 특히 이러한 결정사항들이 건물의 비품, 융통성, 최종 건축비 등에 미치는 영향 때문이다. 건축가가 전문가로서 그 대부분의 결정을 내려주기를 원하는 건축주들이 있는가 하면, 자신이 꼭 참여하기를 주장하는 건축주도 있다.

건축가들은 이러한 기본설계단계를 설계과정의 핵심으로 생각한다. 이것은 종합적인 기술정보를 필요로 하며, 특히 복잡한 프로젝트에서는 많은 인원의 작업을 필요로 한다. 나머지 단계가 효율적으로 진행되기 위해서는 원활한 상호작용의 확립과 정보 및 인원의 조정이 요구된다. 이 단계에서 작업된 것을 건축주에게 제시하는 도면들은, 결정되어야 할 여러 상세한 사항들에 맞추어지는 것이 보통이다(표 5.4).

4) 실시설계(Construction Document : CD)

실시설계는 기본설계에서 승인된 것을 바탕으로 구체적으로 도면에 나타내어 실제로 공사가 가능하도록 하는 단계이다. 실시설계도서는 건축주에게 프로젝트의 내용을 전달하고 건축주와 시공자 간의 역할 설정, 공사에 관련된 모든 사항에 대한 시공자와의 의사전달 등의 역할을 가지며, 공사를 착수할 수 있는 규정적이고 재정적인 승인이 바탕이 된다.

'실시설계도서'란 말은 건물 시공은 '실시설계'라고 하는 도면들과 '시방서'라고 하는 기록된 요구사항들의 결합에 근거를 두고 있다는 사실을 반영한다. 일반적으로 도면은 위치와 수량을 나타내며, 시방서는 질과 관련된 절차를 밝혀준다.

실시설계의 목적은 청부업자가 응찰하고 시공하기 위해 알아야 할 정보를 명확하고 간결하게 보여주는것이다. 추가사항과 자재 제조업자에 의해 그려지는

표 5.5 실시설계

단계1		단계2	단계3	단계4	단계5	단계6
기획설계		계획설계	기본설계	실시설계	감리단계	완성 후 업무
기획단계	대지분석					

<table>
<tr><td colspan="2">단계 정의
• 기본설계단계에서 승인된 도서를 바탕으로 구성되며, 기본설계를 구체적으로 세부적으로 도면에 나타내어 실제로 공사가 가능하도록 하는 단계
• 실시설계도서는 시공단계에서 건축주, 시공자 간에 정확한 커뮤니케이션이 되도록 도면구성, 표현방법, 치수 크기 등을 논리적으로 정확하게 구성</td></tr>
<tr><td>건축주 업무
• 기본설계 방침의 확인
• 관리운영 방침 설정 및 조정
• 별도공사 방침 설정
• 인허가 신청 절차
• 실시설계도서 승인</td><td>단계목적
• 기본설계도서에 근거 디자인과 기술의 양면에 걸쳐 상세한 설계 추진
• 건축, 구조, 전기, 설비 등 모든 요소에 대하여 각 분야에 대한 조화와 일치를 이루며 상세 검토
• 기본계획내용, 재료, 공법 등의 결정 및 건축주 승인
• 시공자가 설계내용을 정확하게 파악하도록 실시설계도서 정리
• 실시설계도서의 품질확인 및 건축주 승인</td></tr>
<tr><td>건축가 업무
• 건축주의 의도 및 기본설계 추가, 수정사항 조정
• 설계법규 재확인
• 종합적인 상세 검토
• 특수 분야 컨설턴트와의 조정
• 실시설계 진행(실시설계도서 작성)
• 시방서 작성
• 공사비 가견적(실시설계 80%)
• 공사비 상세견적(실시설계 완료시)</td><td>주요 협의사항
• 계획 결정을 위해 합의사항 정리
• 시방서의 구성방식, 작성방법 및 범위 검토
• 자재와 공법, 예산의 확인
• 설계도서 간의 상호 검토
• 추가 발주분에 대한 설계방침 확정</td></tr>
</table>

시공도와 같은 그 밖의 보충 도면들이 있지만 그 프로젝트는 한 벌의 실시설계도서로 시공이 가능해야 한다. 시방서는 재료가 어떤 것이며, 그 재료에 기대되는 기능이 무엇이며, 그것이 어디에서 구할 수 있는가를 알게 된다(표 5.5).

5) 감리업무(Construction Administration : CA)

건축주의 승인을 얻은 후 입찰이나 계약 협상을 위해 실시설계도서가 배포된다. 여러 명의 도급업자가 응찰할 수 있으며 혹은 건축주가 한 명의 도급업자와

표 5.6 감리단계

단계1		단계2	단계3	단계4	단계5	단계6
기획설계		계획설계	기본설계	실시설계	감리단계	완성 후 업무
기획단계	대지분석					

단계 정의
- 실시설계에서 승인된 도서를 바탕으로 시공함에 있어서 시공자가 계약된 내역서에 따라 설계도서와 시방서대로 시공되는지 감독하고 지도하는 단계
- 공사 전 공정을 명확하게 숙지하여 공사기간 안에 합리적으로 공사가 진행될 수 있도록 건축주와 시공자 간의 의사를 잘 조율하면서 업무를 수행

건축주 업무
- 시공업체 결정
- 현장여건이나 상황변동 시 건축가와 협의하여 결정
- 건축가가 제시하는 디자인 관련 부분 결정
- 기성에 따라 공사비 지급

단계목적
- 시공자의 공사 품질관리
- 설계 의도와 설계도서대로 시공되는지의 감독 및 지도 업무
- 설계도서에 명시되지 않은 부분 등 처리 수행으로 건축물의 질 향상
- 현장과 설계도서상 불일치 부분 발생시 해결방안 제시
- 공사 중 설계변경이나 시공과정에서 발생하는 문제점에 대한 신속한 대처 및 해설
- 공사현장 안전관리

건축가 업무
- 현장조사와 안전관리대책 수립
- 공정표 검토
- 건축물 및 대지가 관계법령에 적합하도록 공사 시공자 및 건축주 지도
- 상세시공도면의 검토, 확인
- 구조물의 위치와 규격의 적정 여부의 검토, 확인
- 품질시험 실시 여부 및 시험성과의 검토, 확인
- 설계변경의 적합 여부의 검토, 확인
- 감리중간보고서 및 완료보고서 작성
- 공사비 지불 심사, 확인

주요 협의사항
- 시공자가 제출한 공사견적, 공정표 및 일정표 검토
- shop.drawing 첨부 시 결과물 검토
- 자재 승인 및 검토
- 시방서 항목 선정 등, 시방서 작성 준비
- 현장여건이나 상황변동에 따른 설계변경 시 대안 검토
- 개략적인 사업공정 확인
- 계획설계의 프레젠테이션

협상하기를 원할 수도 있다. 건축가는 보조의 역할을 맡는 것이며, 시공계약은 건축가와 도급업자 사이가 아니라 도급업자와 건축주 사이에 이루어지는 것이다.

공사도급계약이 체결되어 공사에 착수한 시점부터 준공까지를 시공감리단계라 하는데, 설계 의도가 정확하게 시공자에게 전달되고 구체적으로 실현될 수 있도록 해야 한다. 여기에는 건축물이 설계도서와 도급계약서에 표시된 제반조

건에 적합하게 준공되었음을 확인하고 준공도서와 준공서류를 건축주에게 제출하는 업무를 포함한다(표 5.6).

6) 완성 후 업무(Post Contract Service : PS)

완성 후 업무는 납품 후 설계 지원업무와 준공 후 업무로 분류할 수 있다. 납품 후 설계 지원업무는 설계 프로젝트의 실시설계도서를 납품한 후 공사기간 중에 발생하는 설계 Follow-up, 현장점검, 건축주 지원업무 등을 포함하는 단계이다. 준공 후 업무는 납품도서 관리, 하자보증 검토, 준공건물 평가 등을 통해 설계기술 자료의 데이터베이스화 및 고객 서비스를 강화하는 단계이다(표 5.7).

표 5.7 완성 후 업무

단계1		단계2	단계3	단계4	단계5	단계6
기획설계		계획설계	기본설계	실시설계	감리단계	완성 후 업무
기획단계	대지분석					

단계 정의	
• 설계 프로젝트의 도서납품 후 도서관리, 설계지원, 고객의 만족이 조사되는 단계 • 감리 프로젝트의 건물준공 후 도서관리, 하자 및 유지관리, 고객의 만족 및 거주후 평가가 이루어지는 단계	
건축주 업무 • 변경된 요구사항에 대한 기록 유지 • 건물 유지 및 관리기록 작성 • 고객만족도 조사 협조 • 거주후 평가 협조	**단계목적** • 건축물 및 건축주 사후관리 • 설계기술 자료의 데이터베이스 구축 • 프로젝트 결과의 피드백 • 고객만족도 조사 • 거주후 평가
건축가 업무 • 납품도서 관리 • 납품 후 설계지원 • 준공도서 관리 • 건물 유지관리에 대한 조언 • 개수계획, 증개축계획에 대한 대응 • 고객만족도 조사(2회 : 납품 후, 준공 후) • 거주후 평가(건물준공 후 1년 경과 시점)	**주요 협의사항** • 고객만족도 조사 • 거주후 평가 • 건축주 사후관리

5.4.5 건축실무에 있어서의 컴퓨터

1968년 '건축에서의 컴퓨터 그래픽에 관한 예일회의'에 실무 건축가, 교육자, 학생, 연구원, 그리고 컴퓨터 전문가들이 참가하였다. 이렇게 형성된 두 그룹은 실무 건축가 대 비전문가 그룹일 것이라는 예상과는 달리 컴퓨터를 신뢰하는 사람 대 신뢰하지 않는 사람으로 나뉘어졌다. 스티븐 캔터(Steven Canter)는 Architecture지에서 "컴퓨터의 정확성에 노예가 되는 것은 부당하다. 당신은 디자인의 어느 단계에서도 그러한 정확성을 필요로 하지 않는다."라고 말했다. 이와는 반대로 데니스 닐리(Dennis Neely)는 1991년 Progressive Architecture 9월호에 실린 논설에서 "진보는 학교가 대응할 수 있는 것보다 훨씬 빠르게 이루어진다. 모든 학생은 컴퓨터를 가져야 한다. 그것은 미래에는 누구나 할 수 있는 것이 될 것이다."라고 말했다.

이제는 위와 같이 상반된 논의를 계속할 필요는 없을 것 같다. 왜냐하면 건축에서 컴퓨터가 차지하는 비중은 어느 누구도 부정할 수 없는 위치에 이르렀기 때문이다.

사실 일반 건축사무소에서 컴퓨터의 사용이 일반화되면서 수작업으로 완성된 실시설계도면의 보관을 위한 캐비닛이 사라졌으며, 이를 재생시키는 청사진 기기 또한 사라졌다. 이것은 곧 공간이 깨끗해지고 쾌적해졌다는 것을 의미하기도 한다. 한 번 넣은 데이터는 보관 및 복사는 물론 옮기기, 변환, 재생, 분류, 조합, 삭제, 분석, 편집 등이 가능하다. 또한 미리 수치화되어 소장된 요소들과 디지타이저(digitizer)는 투시도, 평면도, 입면도 등으로 된 어떠한 위치에서도 관찰할 수 있는 건물의 가시적 모델의 구성을 용이하게 한다. 여기에는 채색기술도 포함되며 이것은 각 측면의 색상과 밝기는 물론 질감까지 표현하는 것이 가능하고 여러 가지의 대안적 표현을 버튼 하나로 손쉽게 바꾸어 볼 수 있는데, 이것을 노동력으로 환산하여 비교해 본다면 그 효과는 대단한 것이다.

이와 같은 컴퓨터 사용은 장점에 비해 부정적인 면 또한 많은데, 건축가는 자신의 아이디어를 자신의 손을 이용한 기술로 시각화 할 수 있어야 한다. 손가락으로 버튼을 누르는 기술이 아니라 스케치하고 모델을 만들어 보는 과정에서 자신의 아이디어를 구체화시킬 수 있다. 그러나 이러한 기술의 습득이 없이 컴퓨터에 의존하여 컴퓨터 그래픽이 모든 것을 해결해 줄 것이란 착각을 하기 쉽다.

설계 초기단계에서의 스케치는 자신의 수작업으로 이루어져야 한다. 스티븐 캔터가 말했듯이 컴퓨터의 노예가 되는 것은 부적당하다. 스케치 단계에서는 정확성보다는 아이디어의 구상이 주된 목적이기 때문이다. 그럼에도 불구하고 컴퓨터에 익숙해진 학생들의 경우 스케치 단계에서부터 컴퓨터를 켜놓고 모니터 앞에서 아무 생각이 없는 듯 멍하니 앉아 있는 모습을 보게 된다. 가까운 미래에도 개념적 디자인 아이디어를 만들어내는 데에는 컴퓨터가 연필을 대신할 수 있는 것 같지는 않다. 또한 손으로 그려진 건축드로잉을 예술로 생각하는 오랜 전통이 있었기 때문에, 디자인과 교수는 대부분의 학교나 설계사무소에서 당연히 사용하고 있는 CAD시스템에 의해 만들어지는 생명력 없는 기계적 이미지에 호감을 갖지 못한다.

컴퓨터의 장난섬이 존재하고 시대적 흐름을 무시할 수 없어 어떤 극단적인 결론을 내리기는 곤란하지만, 우리가 이러한 테크놀로지를 어떻게 분별하여 사용할 것인가에 대한 정립이 필요하다고 생각한다. 디자인을 발전시키기 위해 사용할 것인가? 디자인을 시각화시키기 위해 사용할 것인가? 아니면 아이디어를 문서화하기 위해 사용할 것인가? 건축주에게 프레젠테이션하기 위해 사용할 것인가? 공간을 통해 움직이는 것을 시뮬레이션하기 위해 사용할 것인가? 혹은 실시설계도서를 만드는 프로세스에서 단지 제도연필을 대신하는 도구로 사용할 것인가? 등 각각의 작업을 위해 요구되는 기술과 도구는 매우 다르다. 우선 건축의 표현에 대한 충분한 기술과 감각(sense)을 습득하여 이를 기초로 하고, 컴퓨터의 속성을 파악하여 그것의 장점을 활용할 줄 아는 것이 컴퓨터에 대한 올바른 접근법이 아닐까 생각한다.

마지막으로 전통적인 컴퓨터를 이용한 기본적인 드로잉 방식인 2D CAD시스템에서 3D CAD시스템으로의 변화를 일으키고 있고, 최근 여러 면에서 많은 관심의 대상이 되고 있는 BIM(Building Information Modeling)에 대해 간단히 살펴볼 필요가 있다고 생각한다.

1) BIM의 정의

BIM의 통상적 정의는

Building　　– 대상건물의 전 생애주기(설계, 시공, 운영 및 관리)

Information – 대상건물의 전 생애주기에 포함된 모든 정보

Modeling　　– 전 생명주기에 포함된 모든 정보는 생산, 관리, 출판을 제공하는 통합도구 및 플랫폼이므로 BIM은 디지털 툴이나 플랫폼보다는 상위개념으로 볼 수 있다.

다시 요약하면 컴퓨터상에서 직접 건축물을 시공해 보고 상호 호환성을 가지는 다양한 도구를 이용하여 건축물이 전 생애주기 동안 유지하기 위해 필요한 정보를 구축하여 활용하는 과정이라 할 수 있다.

2) BIM의 특징

① BIM의 일반적 속성

BIM의 데이터는 건축물의 객체들(벽, 슬래브, 창, 문, 지붕, 계단 등)이 지니고 있는 각각의 속성(기능, 구조, 용도)을 표현하며, 매개변수에 의해 상호유기적인 관계를 인지하여 건축물 모델의 정보를 구축하고 있으며, 변경사항이 발생할 경우 변경요소들을 즉시 반영하는 속성을 가지고 있다. 때문에 BIM은 모든 건축물 객체들 내에 특성, 관계, 정보를 모델 데이터를 이용한 시뮬레이션 또는 계산에 의해 얻을 수 있어 풍부한 모델로서 간주된다.

속성들의 주요 특징은 다음과 같다.

- 기하 : 객체들은 측정 가능한 기하정보로서 표현된다.
- 확장 가능한 객체속성 : 모델에서 객체들은 기 정의된 속성들을 포함하고 있으며 많은 관련 속성들의 확장을 허용한다.
- 이러한 속성들을 포함하는 모델은 분석 및 시뮬레이션을 위해 접근할 수 있는 많은 관계 유형들을 제공한다.
- 속성 통합 : BIM은 속성들을 포함하는 모든 정보의 지속성, 정확성, 접근성을 보증하기 위해 통합되며 건물의 생애주기 동안 모든 정보를 지원한다.

② BIM의 목적

- 도면 확인을 통한 시공상의 오류를 미연에 방지
- 예산과 비용에 대한 분석

- 대지 평가 및 분석
- 건축물의 면적 및 체적 산출
- 건축요소(창호, 가구, 조명 등)의 일람표 추출
- 입체적인 시공계획 수립
- 건물 유지관리비용 절감

BIM은 건축설계 · 시공 · 유지관리를 위한 효율적인 정보관리 기법이며 효과적인 프로세스라고 할 수 있다. 정보관리 측면에서는 프로젝트 정보의 구축과 각 주체 간에 정보교환이 원활하게 이루어질 수 있도록 해 주며, 프로젝트 참여자가 올바르게 데이터를 공유, 해석할 수 있도록 모델에 인공지능을 부여하고 있다. 이렇게 향상된 설계 프로세스를 통하여 디자인 실수를 줄일 수 있으며 정보의 과잉생산과 관리비용을 최소화시켜 시간을 단축시킬 수 있다.

③ BIM의 기대효과

- Design Capability : 2D CAD를 이용할 경우 시설물을 구상하고 발전시키는 일련의 설계 행위와 이를 가시적인 결과로 표출시키는 도면작성 행위가 분리되는 것과는 달리, BIM 개념의 3D CAD시스템을 이용할 경우 설계와 도면작성이 일체화되므로, 궁극적으로는 설계역량을 강화하고 설계품질을 높일 수 있는 결과를 기대할 수 있다.
- Sustainability : BIM의 형상정보와 시설물 구성요소별 속성정보를 이용함으로써 설계단계의 다양한 엔지니어링 시뮬레이션(에너지해석, 구조해석, 일조해석, 법규해석)을 통하여 친환경적 시설물로의 설계가 가능해지고 생애주기 비용을 감축할 수 있는 기회가 제공된다.
- Interpretability : BIM은 연관되는 각종 건설관련 엔지니어링 시스템 간의 정보교환을 위한 프로토콜로서 작동함으로써 엔지니어링 분석 및 설계, 공사관리와의 통합, 유지관리 정보로 활용하는 것이 가능해진다.
- Project Efficiency : BIM을 통하여 정보교환 및 의사소통이 원활해지고 중복업무들을 상쇄시킴으로써 단계 간의 정보전달 손실을 최소화하여 프로젝트 수행 프로세스를 단축시키고 프로젝트 관리상의 효율을 향상시킬 수 있다.

Chapter 6

건축의 제약조건

Chapter **6** | # 건축의 제약조건

이 장은 사실 본 저서의 앞부분에서 언급해야 할 내용일 수도 있다. 건축을 하기에 앞서 각종 제약조건을 검토하고 이것을 설계나 시공 등에 고려해야 하기 때문이다. 그런데 이것을 뒷부분에서 언급하는 이유는 건축에 대한 제반 제약 및 기준을 알기에 앞서 자유롭게 건축을 전개시키고, 이것에 대한 충분한 이해를 한 후에 보다 현실적이고 실질적인 문제를 다루고자 함이다. 제약이라는 다소 부정적인 관점을 먼저 언급함으로써 창의적이고 합리적인 건축의 세계를 추구하려는 열정에 나쁜 영향이 끼치지 않게 함이기도 하다.

건축을 '제약'한다는 표현은 어떤 면에서는 부적절한 표현인 것 같다. 사실 제약한다기보다는 건축물이 그 역할을 충실히 수행할 수 있도록 어떤 '기준'을 제공한다는 것이 올바른 표현이라고 생각한다. 그러나 어떤 의미에서든 결국 이것은 인간에게 쾌적함을 제공하기 위함이다.

그러면 쾌적이란 무엇인가? 건축환경공학적으로 쾌적이란 인간의 심리적 · 생리적 반응을 나타내는 것으로, 환경에 대하여 만족하는 마음의 상태라고 할 수 있다. 그러나 이것을 단일수치의 지표로 나타내기는 매우 어렵다. 미적인 쾌적성, 기능적 쾌적성, 물리적 쾌적성(냉온감, 시청감 등), 심리적 쾌적성(음향, 색채, 형태 등)에 관한 모든 것이 종합적이고 요소들 서로 간에 영향을 미치기 때문이다.

하나의 기준으로서 모든 디자인은 SAFE라는 기준에 맞추어야 하는데 이 기준을 이용하면 문제해결에 효과적인 테크닉을 발휘할 수 있다. SAFE라는 것은 무엇인가? 그것은 모든 디자인은 단순하고(simple), 적절하며(appropriate), 기능적이며(functional), 경제적(economical)이어야 한다는 의미이다. 현대건축이 매우 복잡하고 다양한 형태를 취하지만 여기서 단순이란, 디자인은 부수적인 잡다한 것 없이 필요한 것을 충족시켜야 한다는 것을 의미한다. 필요에 대한 충족도가 지나쳐서는 안 된다는 것이다. 적절이란 수월하게 필요한 것을 충족시켜야 한다는 것을 의미한다. 디자인은 고려되어야 할 문제를 효과적으로, 그리고 그 문제들만을 처리해야 한다. 기능이란 디자인이 효과적이어야 한다는 의미이다. 디자인은 필요로 하는 것이 처리될 수 있도록 해야 한다. 경제적이란 이용 가능한 자금, 시간, 재료로써 디자인이 이루어져야 한다는 의미이다.

6.1 한계 및 해결책

프랭크 로이드 라이트(Frank Lloyd Wright)는 "인류는 한계가 극도에 달했을 때, 그래서 무엇인가를 세우기 위해서는 상상력이 최대로 요구되었을 때 가장 훌륭한 것을 건축해냈다. 한계라는 것은 건축의 가장 훌륭한 벗이었다고 생각한다."라고 했다.

모든 건축가는 제약(한계)을 갖고 작업하지 않을 수 없다. 무제한의 자금을 사용하며 자기 마음대로 아무것이나 할 수 있는 건축가란 없다. 건축가는 제약 때문에 중요한 요구에 반응하는 독특한 무엇인가를 창출할 수 있는 기회를 갖게 된다.

세계의 모든 건축가는 문제를 해결하는 사람이라고 할 수 있다. 반복적으로 제기되는 문제는 건축주 및 사용자의 요구를 충족시킴과 동시에 미적으로나 기능적으로도 만족스러운 건축을 창출해야 된다.

디자인의 제요소는 모두 다기능적이며 복합적이다. 건물 각 부분이 갖고 있는 여러 가지 복합적인 성격을 파악해야 하며, 다음 절(6.2)에서와 같은 모든 환경적 요인들에 대한 충분한 인식이 요구된다. 예를 들어 침실은 밤에는 수면을 하는 곳이며 낮에는 독서 등 취미활동을 할 수 있고 저녁에는 조용한 대화를 가질 수 있는 곳이다. 또한 실의 온도가 알맞다 하더라도 시끄러운 환경이거나, 밝기는 적당하지만 대단히 어두운 환경에서는 결국 종합적으로 만족스런 건축환경을 제공한다고 볼 수 없다.

독일인들이 제공하고 있는 여러 가지 값진 개념들 가운에 게슈탈트(Gestalt)라는 것이 있다. 이 게슈탈트의 의미를 간단히 정리하면 다음과 같다.

① 하나의 디자인 해결책에 있어서의 부분 부분들은 뚜렷하게 구분되는 요소들로 고려되어 분석평가를 받을 수 있다.

② 각 부분들 사이의 관계는 부분들과 마찬가지로 전체적으로 중요하다.

③ 하나의 디자인 해결책의 전체는 그것의 각 부분들과는 다르며, 그것들을 합한 것보다 더 크다. 그렇기 때문에 두 가지 계층, 즉 하나는 특정한 것, 다른 하나는 일반적인 것을 디자인해야 할 필요가 생긴다. 두 가지 중 어느 한 쪽이 없다면 불완전하다(그림 6.1).

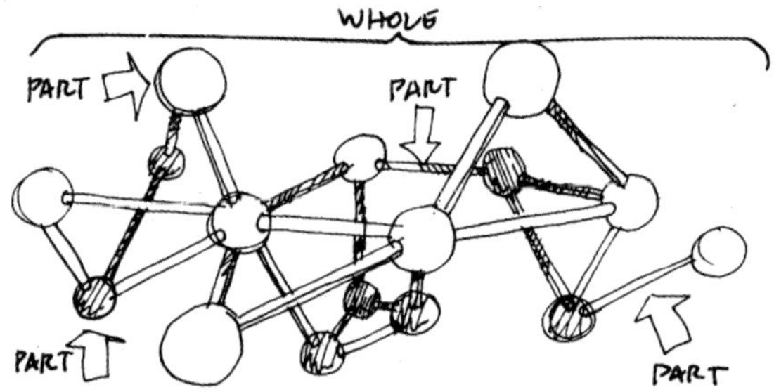

그림 6.1 게슈탈트 이론

이 이론의 의미는 결국 어떠한 해결책이 부분적이든 전체적이든 간에 서로 다양한 관계를 가지며, 이 복합적인 관계 속에서 적절한 합일점을 찾아야 한다는 것이다.

이런 맥락에서 건축가는 무슨 일을 하던 간에 협상과 절충을 하게 된다는 사실을 명심해야 한다. 건축가 마음대로 설계를 하도록 맡겨줄 건축주를 찾는다거나 무제한적 자금을 갖고 있는 건축주를 찾는 것은 불가능한 일이다. 어떤 한정된 환경에서 1층 로비공간도 커야 하고, 외부공간도 커야 하며, 주차공간도 많이 나오는 그런 해결방안은 존재하지 않는다. 그러므로 건축가 자신이 실행할 수 있는 것과 원만한 관계를 이룰 것이라고 생각하는 것을 절충을 통해서 얻어내야 한다. 절충이란 필수적인 것이므로 지혜롭게 해야 한다.

6.2 환경적 규제

1) 자연적 환경

인간 생활의 주변에서 상호작용하는 모든 외계(外界)를 의미하며, 이것은 지역에 따라 다르며 지역의 자연특성에 따라 건물의 특징이 나타나고 자연조건에 따라 건축은 제한을 받는다.

인류는 원시시대에는 움막집이나 동굴에서 자연의 비, 바람, 추위와 더위를 피해 왔는데, 지혜가 생기면서 채광을 위한 창이나 환기를 위한 통풍구 등과 같이 생활공간에 자연을 교묘히 이용하였다. 나아가 근래에 이르러서는 산업의 발달로 인한 인구집중, 건물의 고층화·대형화와 더불어 쾌적한 생활공간을 만들기 위하여 조명, 냉난방과 같이 자연을 적극적으로 조절하게 되었다.

자연환경은 주거를 비롯한 건축의 형식이나 생활양식에 많은 영향을 미쳐 왔으며, 이러한 자연환경은 기후적 환경과 지리적 환경으로 크게 나눌 수 있다. 기후적 환경은 특정 지역의 자연조건으로 기온, 습도, 비, 바람, 기압, 일조 등과 같은 기후요소를 말하며, 지리적 환경이란 평야, 고지, 경사지, 연안지 등과 같이 토지의 지리적 위치로 나타내는 것으로 이것을 기후인자라고 한다.

바람이 심한 지역에 사는 사람들이 필요로 하는 집은 풍압을 이겨낼 수 있어야 한다. 프랑스의 노르망디 지방을 개척한 사람들은 바다의 강풍에 익숙한 어부들이어서인지 배의 선체를 거꾸로 뒤집은 듯한 형태로 자기들의 집을 디자인하여 바람을 피했다. 또한 춥고 눈이 많이 오는 기후에서 쾌적하게 지낼 수 있는 방법으로 이글루가 있는데, 출입구는 길고 구불구불한 터널이기 때문에 가끔 환기가 잘 안 되는 경우가 있다. 그러나 주생활공간은 입구보다 층이 높아 이글루에서 지내기가 포근한 또 하나의 요인이 된다.

사계절의 변화에 따라 실내 부하가 겨울에는 플러스(+), 여름에는 마이너스(−)로 변화하며, 실내의 쾌적 범위도 외부기후에 대한 인체의 순응작용 때문에 계절을 통해 변동하고 있다. 외부적인 변화가 건물에 미치는 영향은 건축적 수단인 건물 부위의 성능에 의해 감쇄되고 설비적 수단에 의해 실내환경은 쾌적범위로 유지된다.

2) 인습적 환경

인습적 환경은 자연적 환경과 같이 절대적인 것은 아니다. 어떤 의미에서는 인간의 성격이나 감정이라는 것이 자연적 환경으로부터 영향을 강하게 받아 생각하는 방법을 만들어 가기 때문에 인습적 환경이라는 것도 자연적 환경을 떠나서는 생각할 수 없을 것이다. 그러나 자연적 환경과는 달리 인습적 환경이란 인간의 의욕에 따라 변해갈 수 있는 환경이다.

인습적 환경으로는 생활습관, 성격, 민족성 등의 사회문화적 요소들, 그리고 도시나 농어촌 등의 지역적 요소들과 교통, 직업, 종교 등 다양한 조건들이 이에 포함된다고 볼 수 있다.

생활습관에서는 우선 좌식생활과 입식생활을 생각할 수 있다. 우선 시선 면에 있어서 눈높이의 차이가 생긴다. 앉아서 보는 시선과 서서 보는 높이에 따라 차이가 생기는데, 온돌방의 경우는 앉아서 생활하므로 창문의 높이는 입식생활보다는 낮게 하는 것이 밖을 내다볼 때 더 편하다. 또한 실내의 밝기도 달라지는데, 앉아서 생활을 하는 경우에는 바닥 위가 제일 밝아야 할 것이며, 입식생활에서는 테이블에서 작업하는 경우가 훨씬 많으므로 조명이 제일 밝아야 될 면도 테이블 근처로 하면 된다.

이러한 생활습관은 공간의 전용성에도 영향을 미친다. 좌식생활에서는 가구도 소형이고 수도 적기 때문에 공간의 전용성이 용이하다. 반면 입식생활에서는 소파나 침대와 같이 가구도 대형이고 무거워 공간의 전용이 힘들다.

넓게는 민족성, 좁은 의미에서는 개인성격과 관계가 있다. 프랑스 건축은 개성적이면서도 우아한 맛이 있고 미국 건축은 실용적이면서 현실적이며 일본 건

사진 6.1 세 작품의 비교

축은 아기자기하며 장식적이다. 그로피우스(W. Gropius) 건축은 독일인다운 냉철함이, 르 코르뷔지에(Le Corbusier) 작품은 자유분방함과 로맨틱한 면이, 라이트(F. L. Wright) 건축은 자연주의의 향취가 있다(사진 6.1).

세계의 몇몇 지역에서는 한 남자가 여러 명의 부인을 거느리는 것이 합법적이며 또한 관례로 되어 있다. 이러한 경우의 문제점이란 각각의 가정이 그들의 프라이버시를 유지하면서 남편과 아버지에게 쉽게 접근할 수 있는 방법을 찾는 것이다.

세상의 종교는 얼마나 다양한가! 샤머니즘에서부터 기독교, 불교, 이슬람교 등 우리의 역사는 곧 종교의 역사라 할 만큼 그 영향력은 대단하다. 불교의 영향력이 강한 동양권과 기독교의 영향이 강한 서양권, 그리고 이슬람교의 영향이 강한 아랍권 사람들의 생각과 속성은 공통점보다는 차별성에 더 무게를 두어야 할 것이다. 이러한 모든 것들이 하나의 제약이기도 하지만, 역설적으로 보면 이에 대한 해결책의 기준이 될 수도 있다.

3) 행태적 환경

인간의 반응이란 사용자의 주위환경에 대한 반작용이며 그래서 항상 주관적이다. 그러나 건축가란 사용자의 반응에 영향을 줄 수 있다. 사실 훌륭한 디자인이란 제요소들에 대한 사용자의 반응을 미리 예견하여 결합한 것을 의미한다.

반응을 미리 예견할 수 있도록 돕는 것 중의 하나는 사람이 안락감을 느끼는 것이 무엇인가를 파악하는 일이다. 조명, 진동상태, 청각적인 것, 환기, 방의 배치 등 여러 가지 요소가 결합됨으로써 사용자의 반응을 일으킨다. 이와 같이 어떤 특별한 요소에 대한 반응과는 달리 전체적인 어떤 것 또는 보이지 않는 차원의 어떤 것에 의해 인간의 반응이 다르게 또는 특별하게 다타난다. 사람들은 이러한 옥내환경에 대해 특별한 반응을 보일 수가 있다. 사람들은 감각을 통하여 어떤 기미를 느끼면 자동적으로 사회적 · 심리적 형태로 반응한다. 성당에 들어서면 숨소리를 죽이는 것은 좋은 예이다. 이런 패턴을 알고 그것을 이용할 수 있으면 건축가에게는 상당한 도움이 될 것이다.

사실 건축가들은 이러한 면으로의 접근을 등한시하여 왔거나 매우 상식적인 접근만을 시도하였다. 그러나 이러한 환경 및 행태연구(environmental &

behavioral studies)는 전문적이며 학문적인 연구에 관한 최신 분야로 발전되어 왔다. 확실히 이러한 연구는 건축가가 설계한 공간에서의 행동을 예측할 수 있다는 것을 의미하기 때문에 건축적 표현의지의 중요한 자료가 된다.

건축에서의 환경-행태연구는 환경과 인간행태 사이의 관련성을 체계적으로 조사하고 이것을 설계과정에 응용하는 것을 뜻한다. 기본 논제는 사람들이 어떻게 건조환경(built-environment)과 상호작용하는가? 또 그들의 요구는 무엇인가? 그리고 우리는 그와 같은 이해를 설계과정에 어떻게 응용할 것인가? 라는 물음이다. 건축가는 연필을 잡을 때마다 인간요구에 대해 가정을 하고, 또 어떻게 건조환경에 이러한 요구들을 잘 충족시킬 수 있는가에 대해 해결책을 제시하게 된다. 대부분의 경우 이와 같은 가정들은 무의식적이며, 그 결과 과정은 분석적이 아니기 때문에 그 결과로 된 건물에 관하여 그것이 실제로 얼마나 쓸모가 있었는지를 알아내기 위한 평가는 행해지지도 않았고 그럴 필요도 없었다.

건축에서의 환경-행태연구는 단순히 기능만이 아닌 그 이상의 것을 포괄하고 있다. 일반적으로 건축의 기능은 설계 본래의 의도대로 흑판의 위치나 벽의 스위치 배치 등과 같은 치수적인 고려와 활동들 간의 접근성, 유통의 흐름과 같은 계량적인 고려를 뜻한다. 그러나 행태의 여러 요인은 환경 사용자가 건물형태, 공간의 분위기, 사회적 상호작용 요구, 생활방식적 차이, 그리고 건물의 의미와 상징성을 어떻게 보는가 하는 사용자의 심리학에까지 깊이 도달하고 있다.

에드워드 홀(Edward T. Hall)의 저서인 『보이지 않는 차원(The Hidden Dimension)』에서 인간의 공간이용에 관한 매우 기초적이면서도 심도 있는 분석자료를 제공하고 있는데, 예를 들면 다음과 같은 내용이다.

> "개인적이 아닌 비즈니스는 일반적으로 사회거리(social distance)에서 이루어진다. 사회거리는 관여도(involvement) 여하에 따라 4~12피트의 범위에서 변화한다. 같이 일을 하고 있는 사람들은 서 있을 때나 앉아 있을 때나 짧은 사회거리를 확보하는 경향이 있다."

만약, 회의용 탁자의 형태와 규모에 따른 참석자의 참여도에 대한 조사연구가 수행되었다고 하자. 그러면 이러한 분석자료는 대학의 회의장(conference center) 설계의 부분을 형성하는 데 쓰일 수 있고, 건축 후에는 잘 사용되리라는

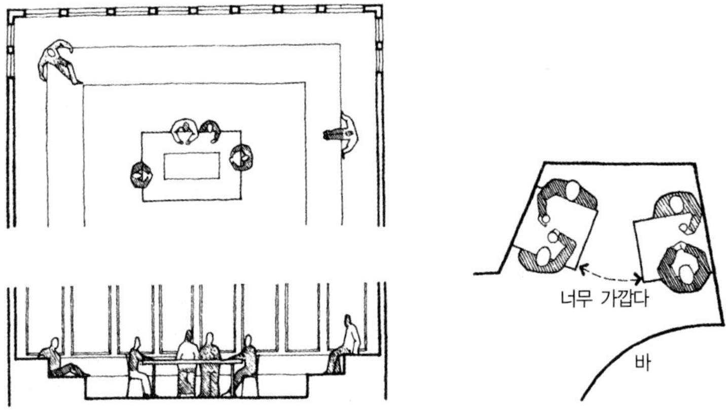

그림 6.2 행태환경 무대의 스케치

합리적인 신뢰성을 부여할 수 있을 것이다. 어떠한 과학적 자료뿐만 아니라 이러한 인간행동에 대한 심리적, 내면적 자료가 적절한 건축기획 자료에 통합된다면 공간형성에 대한 더욱 합리적인 해결책을 제시할 수 있을 것이다(그림 6.2).

4) 정치, 경제적 환경

건축은 그 사회의 거울이다. 지어진 건물은 그 사회에서 하나의 지표가 되기 때문에 그것이 정치적, 경제적 환경에 영향을 받는 것은 당연한 일이다. 건축과 경제와의 관련성과는 달리 건축과 정치는 다소 관련성이 없어 보이기도 하지만 서로의 관계는 생각보다는 대단하다.

우선 근대건축 초기의 신고전주의(Neo-Classicism) 건축을 생각할 수 있다. 과거로부터의 단절과 장식은 죄악이며, 새로운 시대를 위한 새로운 양식(style)을 표방했던 근대건축의 활기찬 물결 속에 갑자기 고전주의라는 과거로의 회귀 현상이 일어났다. 과거와는 완전히 다른 기능주의 건축을 주장했던 르 코르뷔지에, 미스 반 데어 로에 등 근대건축의 4대 거장이라는 건축가들도 주춤했던 신고전주의는 결과적으로는 정치적 산물이었다.

독일의 히틀러, 이탈리아의 무솔리니는 그들 제국의 우월성을 표출하는 데에는 근대건축의 평등성보다 고전건축의 절대성이 적절했기 때문이다. 미스 반 데어 로에의 경우 이로 인해 결국 미국으로 망명하게 되는 결과를 초래하였을 정

사진 6.2 바우하우스의 폐교(The End of the Dessau Bauhaus)

도이다(사진 6.2~6.4).

건축과 정치의 연관성은 근래 우리나라의 경우에서도 찾아볼 수 있다. 1990년대 모 정권에서는 100만호 주택공급이란 선거공약을 내세웠다. 그 결과 분당이라는 콘크리트 박스의 거대한 아파트촌이 형성되었다.

크든 작든 간에 경제적인 힘의 변화는 개발의 매개체 및 어려움의 정도에 있어 커다란 변화를 가져왔다. 이것은 디자인을 결정함에 있어 심각하게 영향을 주기 때문에, 개발업자나 건축가는 이러한 요인에 대해 주의 깊고 사려 깊은 태도로 접근해야 한다. 개인 부문에서 개발, 심지어 유형 및 형태를 가능하게 하도록 영향을 주는 대규모의 경제적이고 사회적인 힘은 수없이 존재한다. 토지의 획득 및 조절, 인구성장의 규모 및 위치, 건설의 비용, 재정확보, 세법 및 경제의 상태 등이 이러한 힘의 가장 중요한 부분이다.

건축물 자체만 보더라도 건축만큼 여러 가지 공업제품을 쓰는 것도 없다. 건축은 공업제품의 결합이다. 그러므로 수준 높은 건축을 짓기 위해서는 아무래도 폭넓은 기초적인 공업력, 즉 경제력의 발달이 필요하다. 최근에 재료 및 공법이 현저하게 발달하면서 결코 그대로 머물러 있지만은 않는다. 경제의 발달과 더불어 공법이 발달하면서 건축 디자인도 지속적으로 변해 가고 있다.

건축가의 역할이 변화하면서 장래 건축가라는 직업에 대한 의미도 매우 중요해지고 있다. 경제적인 설계의 변수들이 한편으로는 매우 긴박하게 돌아가지만, 그 운영을 위해서는 수많은 변수들이 동원될 것이다. 대지, 커뮤니티, 시장, 환경, 건설 및 일상생활로부터 오는 제약조건에 대응하기 위해서는 창의적인 해결

사진 6.3 독일 수상 관저

사진 6.4 독일제국을 위한 돔

책이 요구될 것이며, 이러한 해결책으로 인해 디자인에 있어서 강력하고 풍부한 건물을 만들어낼 가능성을 지니고 있다.

5) 건축적 환경

본 내용은 앞 절(4.2)에서 보다 체계적으로 언급하였으므로 여서는 간단히 보충 서술하고자 한다.

건축적 환경이란 건축물 그 자체보다는 주변환경과의 관계를 의미한다. 어떤 법적인 제약 이외에도 요즘은 조망권과 소음 등과 관련하여 민원이 많이 제기되며 심지어는 법적소송까지 이어지는 경우도 생긴다. 쾌적한 환경에 대한 권리가 나에게만 존재하는 것이 아니기 때문에 서로의 관계 속에서 그 해결책을 강구해야만 한다. 이는 주변 건축물에 대한 제약이지만 조화라는 측면에서 매우 중요한 부분으로, 비단 외관이나 층수 등 보이는 부분뿐만 아니라 내부용도, 사용자 등도 고려되어야 한다.

건축물 그 자체 하나만으로는 의미가 없을 수 있다. 대단위 규모의 아파트단지가 세워진다고 가정해 보자. 이것이 주거단지로서 기능을 발휘하기 위해서는 너무도 많은 요구조건들이 따라 다닌다. 우선 물공급, 전기공급, 가스공급 등의 인프라 시설은 물론 하나의 커뮤니티가 성립되기 위해서는 각종 근린생활시설(편의점, 의원, 약국, 세탁소 등)과 학교시설 등이 갖추어져야 할 것이다. 또한 이러한 단지를 수용할 수 있는 새로운 도로체계의 구축, 대중교통체계의 정리, 공원시설 등도 고려대상이다. 전체는 전체로서, 부분은 부분으로서 서로 짜임새

사진 6.5 뉴욕 초고층 건축군

사진 6.6 테헤란로

를 갖추고 갖가지 제약조건들을 하나하나 해결해 나감으로써 체계적이면서도 쾌적한 건축적 환경이 조성될 수 있을 것이다(사진 6.5, 6.6).

6.3 법적 규제

6.3.1 규제의 필요성

건축물이 단독으로 산재하던 옛날에는 남에게 영향을 끼치지 않으므로 규제의 필요성도 느끼지 못했다. 하지만 다수의 건축물이 인접하여 세워지면서 그것들 사이에는 서로 영향을 주는 상황이 발생하였다. 경계선을 침범하거나 조망을 차단하고 일조와 통풍을 방해한다. 그리고 화재 시에는 인근 건축물에까지 연소시키는 등 여러 가지 폐해를 가져온다.

당연히 남에게 피해를 주지 말아야 하며, 부득이할 경우 그 피해를 최소한으로 억제해야 한다. 저밀도의 사회에서는 자연히 발생한 관습에 의해 건축환경의 질서가 유지되어 온 것이 사실이며, 이 관습을 성문화한 것이 바로 민법 중 일부 규정이다.

건축물의 집단규모가 더욱 커져 도시로 발전하면 건축물이 필연적으로 밀집화, 대형화, 고층화된다. 그리고 여기서 제기되는 문제는 건축물 상호간의 관계에 그치지 않고 그 건축물 각각에 대해 구조안전, 방화, 피난 등 종전에 없던 새로운 문제가 사회, 경제, 기술적으로 복잡하게 제기된다. 이와 같은 문제들은 예전의 양심이나 관습으로만 대처할 수는 없으며 법률적인 차원에서 규제해야 할 사항이다. 그러나 법률이 구속력을 가지므로 건축법을 이상적인 기준으로 만들어 놓으면 건축물과 환경도 이상적으로 실현할 수 있을 것이라 생각할 수 있으나 현실은 반드시 그렇지만은 않다. 아무리 바람직한 내용으로 법률을 규정한다 해도 지나친 부담만 안겨준다면 범법사태만 야기하고 결국 지켜질 수 없게 된다. 따라서 꼭 지켜야 할 내용은 최저기준으로 정해야 한다.

우리의 이상은 모든 건축물의 최저기준을 만족하고 보다 나은 양질의 건축물을 기대하는 것이지만, 현실적으로는 그 최저기준을 지키는 것이 고작인 경우가 많다.

6.3.2 건축관련 법규

1) 건축법

이 법은 건축물의 대지, 구조 및 설비의 기준과 건축물의 용도 등을 정하여 건축물의 안전, 기능 및 미관을 향상시킴으로써 공공복리의 증진에 이바지함을 목적으로 한다.

모든 건축물에서 준수해야 할 공통조건에 대하여 최소한의 기준을 규정한 것이 건축법이다. 이 세상에는 똑같은 건축물은 없으며 제각기 개성을 지니고 있거니와, 사회발전과 더불어 건축적 조건도 변화하므로 이를 규제하는 건축법의 규정도 항상 이에 대처해야 한다. 무수한 요구조건을 미리 결정하여 이를 성문화한다는 것은 현실적으로나 법제기술상으로 한계가 있다. 따라서 건축법에 성문화할 수 없는 것은 건축 행위 과정에서 그때마다 당사자가 보완할 수밖에 없다. 건축법은 크게 건축법과 건축법시행령, 시행규칙, 건축조례로 구성된다.

2) 건축사법

건축사법은 건축사의 자격과 그 업무에 관한 사항을 정한 법률로서 건축물의 질적 향상을 도모함을 목적으로 한다.

건축사법은 건축교육을 받고 소정의 실무경력을 가진 자에게 시험을 거쳐 건축사의 면허를 부여하고, 이들만이 건축물의 설계 및 공사감리를 할 수 있게 마련한 제도이다.

건축사가 되려면 건축사 자격시험에 합격하고 국토교통부장관의 면허를 받아야 하며, 면허를 득한 때에는 국토교통부장관이 면허증 및 면허수첩을 교부한다. 건축사는 타인에게 자기의 이름을 사용하여 업무를 행하게 하거나, 면허증 또는 면허수첩을 대여하거나, 부당하게 행사하여서는 안 된다.

건축사는 건축물의 설계와 공사감리에 관한 업무를 행한다. 건축사는 건축물이 관계 법령의 규정에 적합하고 안전·기능 및 미관에 지장이 없도록 업무를 성실히 수행해야 하며, 업무를 수행함에 있어 고의 또는 과실로 인하여 건축주에게 발생한 재산상의 손해를 배상할 책임이 있다.

건축사가 업무를 하고자 할 때에는 건축사 자격등록을 한 후, 국토교통부장관에게 건축사사무소의 개설 신고를 해야 하고, 등록사항의 변경 또는 휴업 · 폐업 등에 대해서도 신고해야 한다. 국토교통부장관은 건축사사무소 개설자나 이에 소속한 건축사 또는 건축사보에 대하여 기술 및 자질향상을 위하여 필요하다고 인정할 때에는 연수교육을 받게 할 수 있다.

건축사사무소 개설자는 건축사협회를 설립한다. 건축사협회는 건축물에 관한 조사 · 연구, 건축물의 품질 및 시공기술의 향상을 위한 지도, 건축사 업무의 개선 · 발전, 회원의 품위 보전 및 윤리 확립, 건축사 및 건축사보의 자질향상을 위한 연수, 회원의 복지향상 및 연금제도 운영, 손해배상책임의 보장 및 자금의 융자를 위한 공제사업 등을 수행한다.

3) 건설산업기본법

설계가 완성되면 공사단계에 들어간다. 공사능력이 없는 자에게 공사를 맡기면 불공정한 행위로 인하여 공사의 질 저하, 공사사고, 공사중단, 준공 후 하자 발생 등 돌이킬 수 없는 문제에 부딪힐 우려가 크다. 이와 같은 폐단을 방지하기 위하여 마련된 것이 건설업법이다. 이 법에 의하여 건설업도 소정의 자본금, 기술능력, 공사장비를 갖추어 건설업 면허를 취득한 자만이 건설공사를 할 수 있도록 제도화되어 있다.

건설산업기본법은 건설업의 면허, 건설공사의 도급 · 시공 · 기술관리 등에 관하여 필요한 사항을 정함으로써 건설공사의 적정한 시공과 건설업의 건전한 발전을 도모함을 목적으로 한다. 건설업은 일반건설업 · 특수건설업 및 전문건설업으로 구분한다. 건설업자는 업종별로 국토교통부장관의 면허를 받아야 한다. 국토교통부장관은 건설업의 면허를 승인함으로써 건설업면허증 및 건설업면허수첩을 교부한다. 건설업자는 명의 대여를 하지 못한다.

건설업자는 국토교통부장관이 결정한 도급한도액을 초과하여 건설공사를 도급받을 수 없다. 수급인은 발주자에 대하여 하자담보책임이 있고 하수급인은 발주자에 대하여 수급인과 동일한 의무를 진다. 수급인은 준공금 또는 기성금을 받은 때에는 그에 상당하는 하도급대금을, 선급금을 받은 때에는 그 내용과 비율에 따른 선급금을 하수급인에게 지급해야 한다.

발주자는 일정한 경우에 하도급대금을 직접 하수급인에게 지급할 수 있다. 수급인은 하도급공사의 시공과 관련하여 하수급인에게 불리한 행위를 강요하여서는 안 된다. 건설업자가 도급받은 건설공사의 도급금액 중 근로자에게 지급해야 할 노임에 상당하는 금액에 대하여는 압류할 수 없다.

국토교통부장관 소속하에 건설업분쟁조정위원회를 둔다. 위원회는 분쟁의 조정신청을 받은 날로부터 60일 이내에 조정안을 작성하여 각 당사자에게 제시해야 하며, 당사자가 조정안을 수락하여 작성한 조정서의 내용은 재판상의 화해와 동일한 효력을 갖는다.

건설업자는 건설공사의 현장에서 시공관리를 할 수 있는 자격을 가진 건설기술자를 1명 이상 배치해야 하고, 건설공사의 내용을 기재한 표지를 내걸어야 한다. 건설업자는 자기나 하도급인의 고의 · 과실로 인하여 건설공사의 시공관리를 조잡하게 하여 타인에게 손해를 가한 때에는 그 손해를 배상할 책임이 있다. 국토교통부장관은 건설업의 경영에 관한 지노나 권고, 경영자연수교육, 건설공사 하도급의 계열화에 관한 지도 및 기타 필요한 조치를 할 수 있다.

국토교통부장관의 인가를 받은 일반건설업자 및 특수건설업자는 건설협회를, 전문건설업자는 전문건설협회 또는 업종별 공사입협회를 설립할 수 있으며, 각 협회는 법인으로 한다. 건설업의 면허를 받은 자는 그 면허를 받은 날로부터 협회의 회원이 된다.

4) 국토의 계획 및 이용에 관한 법률

건축물은 도시에 있어서 가장 중요한 구성성분의 하나이다. 그리고 집단화하여 환경을 조성하며 거꾸로 각 건축물은 그 집단적 환경의 지배를 받게 된다. 따라서 건축물의 규제는 당연히 도시계획적 차원에서도 고려되어야 한다.

국토의 계획 및 이용에 관한 법률은 도시의 개발, 정비, 관리, 보전 등을 위한 도시계획의 수립 및 집행에 관하여 필요한 사항을 규정함으로써 공공의 안녕과 질서를 보장하고 공공복리를 증진하며 주민의 삶의 질을 향상하게 함을 목적으로 한다.

도시계획은 도시의 주거기능, 상업기능, 공업기능 등이 조화를 이루고 주민이 편안하고 안전하게 생활할 수 있도록 수립 · 집행해야 하며, 국가 및 지방자치단체와 주민은 도시가 환경적으로 건전하고 지속 가능하게 발전되도록 함께 노력해야 한다.

국토교통부장관은 도시발전종합대책을 5년마다 수립해야 하며, 국토교통부장관이 국무회의의 심의를 거쳐 확정한다. 특별시장 · 광역시장 또는 시장은 20년을 단위로 하여 도시기본계획과 광역도시계획을 수립하여 국토교통부장관의 승인을 얻어야 한다. 도시계획은 특별시장 · 광역시장 · 시장 또는 군수가 입안하여 도시계획위원회의 심의를 거쳐 결정하는데, 그 고시일로부터 5일 후에 효력이 발생하고 그 고시일로부터 2년이 되는 날까지 지형도면의 고시가 없는 경우에는 2년이 되는 날의 다음날 도시계획 결정은 효력을 상실한다. 특별시장 · 광역시장 · 시장 또는 군수는 5년마다 도시계획에 대하여 타당성 여부를 전반적으로 재검토한다.

국토교통부장관은 도시계획구역을 지정할 수 있으며, 국토교통부장관 또는 시 · 도지사는 도시계획구역 안에 있는 토지에 대하여 지역과 지구의 지정을 도시계획으로 결정할 수 있다. 도시계획구역 안에 설치하는 도시기반시설은 도시계획으로 결정해야 하며, 그 고시일로부터 20년이 경과될 때까지 도시계획시설사업이 시행되지 않는 경우 도시계획시설 결정은 그 고시일로부터 20년이 되는 날의 다음날 효력을 상실한다. 지역과 지구에서는 그 종류별로 건폐율, 용적률과 행위제한이 정해진다.

국토교통부장관 또는 시 · 도지사는 지구단위계획구역의 지정을 도시계획으로 결정할 수 있으며, 그 고시일로부터 3년 이내에 지구단위계획이 결정 · 고시되지 않는 경우에는 3년이 되는 날의 다음날 당해 지구단위계획구역의 지정에 관한 도시계획 결정은 효력을 상실한다. 특별시장 · 광역시장 · 시장 또는 군수는 도시계획시설 결정의 효력이 발생한 날부터 2년 이내에 제1단계, 2단계의 집행계획을 구분하여 수립해야 한다. 도시계획에 관한 사항을 심의하기 위하여 도시계획위원회를 둔다.

노후, 낙후된 주거지역의 주택재건축, 재개발, 주거환경개선 등을 위한 사업에 대해서는 그 시행절차가 매우 복잡하므로 도시 및 주거환경정비법이 뒷받침하고 있다.

5) 소방법

최근 들어 강화된 것이 바로 이 소방법이다. 건축법에 의하여 건축물의 구조를 내화적으로 하고 피난시설도 강화했지만 건축물의 사용 중에 화재가 발생하고 인명피해의 우려는 존재한다. 따라서 소방법은 화재가 발생하면 신속히 발견하여 소화할 수 있는 일련의 소방시설을 건축물에 구비하도록 규정한 법이다.

소방법은 화재를 예방, 경계, 진압하고 재난, 재해 및 그 밖의 위급한 상황에서의 구조, 구급활동을 통하여 국민의 생명, 신체 및 재산을 보호함으로써 공공의 안녕질서의 유지와 복리증진에 이바지함을 목적으로 한다.

시 · 도는 그 지방자치단체의 소방업무를 수행하며, 소방본부장 또는 소방서장은 특별시장 · 광역시장 · 도지사의 지휘 · 감독을 받는다. 소방본부장 또는 소방서장은 사람이나 물건에 대하여 화재의 예방에 필요한 명령과 조치를 할 수 있다. 다중이용업의 관계인은 소방, 방화 등에 대한 기준에 따라야 한다. 시 · 도는 매년 11월 9일을 소방의 날로 정하여 불조심에 관한 기념행사를 할 수 있다.

위험물의 제조소 등을 설치하고자 하는 사람은 시 · 도지사의 허가를 받아야 하며, 위험물의 저장 또는 취급은 기준에 따라야 한다. 위험물탱크안전성능시험자가 되고자 하는 사람은 시 · 도지사에게 등록하여야 한다. 제소소 등의 설치자는 위험물취급자격자를 위험물안전관리자로 선임해야 하며 위험물시설안전원을 둘 수 있다.

특수 장소의 관계인은 소방대상물에 관한 규정을 준수해야 한다. 소방시설관리유지업을 하고자 하는 사람은 시 · 도지사에게 등록하고, 소방시설관리사가 되고자 하는 사람은 시험에 합격해야 한다. 소방용 기계, 기구 등의 제조에는 행정자치부장관의 형식승인과 검정을 받아야 한다. 소방시설공사업을 하고자 하는 사람은 시 · 도지사에게 등록해야 한다. 소방시설공사업자는 소방설비기사의 책임하에 시공관리를 해야 한다. 소방시설의 설계업 및 공사감리업을 하고자 하는 사람은 영업의 종류별로 시 · 도지사에게 등록해야 한다.

행정자치부에 중앙소방안전기술위원회를 두며, 시 · 도에 지방소방안전기술위원회를 둔다. 소방본부장 또는 소방서장은 이상기상의 예보 또는 특보가 있는 때에는 화재예방상 필요한 경보를 발해야 한다. 시 · 도지사는 화재경계지구를 지정할 수 있다.

소방본부장, 소방서장 또는 소방대장은 소방상 필요한 때에는 부근에 있는 사람이나 물건에 대하여 필요한 처분을 할 수 있다. 특별시, 광역시와 시 · 읍 · 면에 의용소방대를 둔다. 행정자치부장관, 소방본부장 또는 소방서장은 구급대와 구조대를 편성 · 운영할 수 있다. 한국 소방안전협회와 한국 소방검정공사를 법인으로 설립한다.

6) 주차장법

주차장법은 주차장의 설치, 정비 및 관리에 관해 필요한 사항을 정함으로써 자동차 교통을 원활하게 하여 공중의 편의를 꾀하기 위해 제정한 법이다.

주차장의 종류는 노상주차장, 노외주차장, 부설주차장으로 나눈다. 시장 · 군수 · 구청장은 정기적으로 구역별 주차장 수급실태를 조사하고 주차장 확보율이 기준이하인 구역을 주차환경개선지구로 지정할 수 있다.

노상주차장은 특별시장 · 광역시장, 시장 · 군수 또는 구청장이 설치한다. 노상주차장 관리자는 주차요금을 받을 수 있되 소방차, 구급차 등 긴급 자동차는 예외이며, 배기량 800cc 미만의 경자동차는 50% 이상 감면한다.

노외주차장을 설치 또는 폐지한 자는 시장 · 군수 · 구청장에게 통보해야 한다. 교통혼잡을 가중시킬 우려가 있는 지역은 노외주차장의 설치를 제한할 수 있다. 택지개발 등 단지조성사업을 시행하는 때에는 일정 규모 이상의 노외주차장을 설치해야 한다. 노외주차장 관리자는 주차요금을 받을 수 있다.

건축물, 골프연습장 등 주차수요를 유발하는 시설의 내부 또는 부지 안에 부설주차장을 설치해야 한다. 부설주차장 관리자는 주차요금을 받을 수 있다. 부설주차장은 대통령령이 정하는 기준에 해당하는 경우를 제외하고는 주차장 이외의 용도로 사용할 수 없다.

기계식 주차장치의 제작자 등은 시장 · 군수 · 구청장으로부터 해당 장치의 안전도를 인증받아야 한다. 기계식 주차장치의 보수업을 경영하려는 자는 시장 · 군수 · 구청장에게 등록하고 손해배상보험에 가입해야 한다.

관계 행정청은 노외주차장 설치에 적극 협조해야 한다. 국가나 지방자치단체는 노외주차장 설치비용을 보조할 수 있다. 이 법에 따라 징수한 주차요금 등은 주차장의 설치 · 관리 및 운영 이외의 용도에 사용할 수 없다.

최근 서울시의 경우 교통혼잡지역은 부설주차장 설치제한지역(주차상한제)이라 하여, 오히려 법적 주차대수를 기존보다 2배 정도 완화하여 적용함으로써 주차수요 발생을 억제하는 정책을 조례에 반영하여 규제하고 있다.

7) 주택법

1972년 12월 30일에 제정된 주택건설촉진법이 열악한 주택보급률을 향상시키는 데는 기여하였으나, 주거생활의 질적 수준을 높이는 데는 한계가 있다는 지적에 따라 주택건설촉진법을 전면 개편해 제정하였다.

주택법은 쾌적한 주거생활에 필요한 주택의 건설 · 공급 · 관리, 이를 위한 자금의 조달 · 운용 등에 관한 사항을 정함으로써 국민의 주거안정과 주거수준의 향상에 이바지하는 데 목적이 있다.

주요 내용은 리모델링조합 설립 등을 통한 리모델링 촉진, 주거복지 · 환경 · 관리 부문을 보강한 10개년 주택종합계획의 수립, 최저 주거기준 설정, 주택정책의 수립 · 시행에 필요한 기초자료 확보 및 주거실태 조사, 민간주택 건설공사와 관련된 감리비의 자율적 기준 마련, 인가받은 조합 명의에 의한 조합원 모집공고 및 사전 신고를 통한 조합 가입자의 피해방지에 대한 규정 등이다.

세목별로는 1장은 목적 및 용어의 정의, 2장은 주택종합계획의 수립, 3장은 주택건설사업자 및 사업의 시행, 주택조합에 관한 내용을 규정하고 있다. 4장은 주택의 공급, 5장은 주택의 관리방법과 리모델링 관련, 6장은 국민주택기금과 국민주택채권 등과 관련된 주택자금, 7장은 주택의 거래, 8장은 협회, 9장은 주택정책심의위원회, 10장은 보칙, 11장은 벌칙에 관한 내용이 규정되어 있다.

8) 장애인, 노인, 임산부 등의 편의증진보장에 관한 법률

헌법 제10조는 "모든 국민은 인간으로서의 존엄과 가치를 가지며, 행복을 추구할 권리를 가진다."라고 규정한다. 인간의 존엄과 가치는 헌법의 최고이념이다. 이러한 헌법이념이 실현되기 위해서는 최소한의 인간다운 생활이 보장되어야 한다. 그래서 헌법 제34조 제1항은 "모든 국민은 인간다운 생활을 할 권리를 가진다."고 하여 인간다운 생활권(사회권적 기본권)을 보장하고 있다. 이를 구체화 하는 내용들이 같은 조문의 제2항에서 제6항까지 규정되어 있는데, 그중 제5

항은 "심신장애인 및 질병, 노령 기타의 사유로 생활능력이 없는 국민은 법률이 정하는 바에 의하여 국가의 보호를 받는다."는 내용을 담고 있다.

그동안 헌법의 이런 취지를 반영한 법들로 장애인복지법, 장애인고용촉진 등에 관한 법률을 위시하여 건축법, 도시계획법, 주차장법, 주택건설촉진법, 도시공원법, 도로법, 지방자치법, 공무원법들이 있었다. 장애인복지제도의 기본법은 장애인복지법이라고 할 수 있다.

공공건물을 비롯한 다수의 건축물에 이 장애인 관련 법률을 적용하게 되어 있다. 최근에는 베리어프리 인증제도가 도입되어 장애물 없는 생활환경 인증에 관한 규칙이 시행되고 있다.

8) 녹색건축물조성 지원법

2013년에 시행된 법으로 「저탄소 녹색성장 기본법」에 따른 녹색건축물의 조성에 필요한 사항을 정하고, 건축물 온실가스 배출량 감축과 녹색건축물의 확대를 통하여 저탄소 녹색성장 실현 및 국민의 복지향상에 기여함을 목적으로 한다.

주요 내용은 에너지소비 총량제, 에너지절약계획서 제출 의무화, 공공건축물 일정규모 이상 녹색인증과 에너지효율등급 인증 의무화, 에너지소비증명제 등이다.

Chapter 7

전문직으로서의 건축

Chapter 7 전문직으로서의 건축

7.1 전문가로서의 이미지

"아마추어, 나약한 사람, 회피자, 게으름뱅이를 위한 여지는 없다." *–윈스턴 처칠 경*

아마추어와 프로의 차이는 무엇일까? 건축과 학생의 경우 CAD를 접한 초기 단계에서는 매우 흥미를 느끼고, 스케치하거나 모델을 만드는 것보다도 더욱 자발적으로 그것의 기능에 숙달하려고 노력한다. 컴퓨터 그래픽이란 이제까지 경험할 수 없었던 매우 매력적인 것만은 사실이다. 만약 그들이 두 학기 동안 이것에 투여한 시간을 계산해보자. 개략 한 학기를 넉 달이라고 가정하고 일주일에 3시간씩 수업을 한다면 총 투여된 시간은 다음과 같을 것이다.

3시간/주×4주/달×8달=96시간

과제를 하는 시간을 포함하면 대략 110시간 전후가 될 것이다. 이것을 설계사무소에서 근무하는 직원과 비교해 보자. 그들은 거의 하루 종일 컴퓨터를 켜놓고 이것저것을 그려낸다. 하루 8시간만을 일한다고 가정하고 1년 365일 중 휴일을 제외한 300일 정도를 일한다면 단순하게 8시간/일×300일=2,400시간 정도가 투여된 셈이다. 96시간 대 2,400시간! 이것이 아마추어와 프로 세계의 차이일 것이다. 투여된 시간, 즉 노력과 경험을 통해 전문가의 경지에 이르는 것이다.

건축가의 이미지는 그의 행동 하나하나에서 모두 나타난다. 건축주의 기대가 얼마나 달성되느냐 하는 데에 따라 건축가를 전문가 또는 아마추어, 아니면 사기꾼으로 보게 될 것이다. 이 분야에 종사하는 소수의 게으름과 방종 때문에 모든 사람의 이름이 더럽혀질 수도 있다. 그러므로 개개의 건축가는 전문가적인 행위를 통해 그 이미지를 고양시켜야 한다.

모든 건축가들이 봉착하는 문제들 중의 하나는 건축가는 가능한 최상의 결과를 얻는 동시에 또한 건축주를 만족시켜야 한다는 것이다. 아마도 이와 같이 심미적인 요구를 건축주의 요구 및 금융적인 제한과 절충시키는 것이 건축이라는 직업에서 가장 큰 문제가 될 것이다. 전문건축가는 자기가 맡은 모든 일에서 그와 같은 절충을 꾸준히 모색하고 있다(그림 7.1).

진정한 건축가란 하는 일의 모든 상세한 내용을 파악하여 모든 측면에서 두루 훌륭히 그 일을 수행하고자 하는 사람이다. 결국 건축가의 영향력 행사나 금전적인 보상은 그러한 전문가로서의 이미지에 의해 결정되는 것이다.

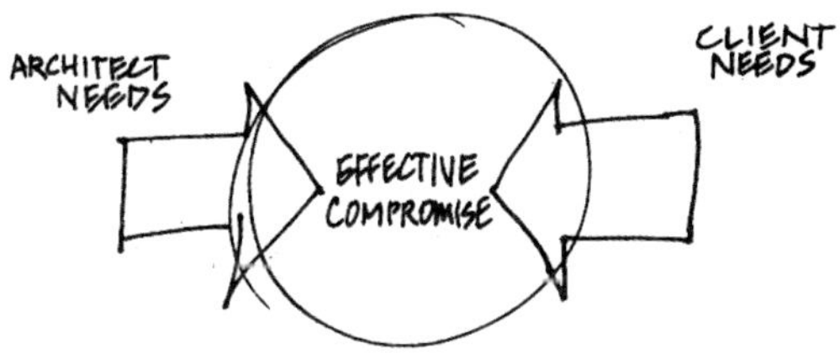

그림 7.1

7.2 사업과 건축

건축은 사업이다. 건축이란 세상의 어느 사업과 마찬가지이다. 문필을 업으로 삼는 작가가 수입과 지출에 신경을 쓰지 않는다면 그는 곧 빈털터리가 될 것이고, 배관공이 고객을 유치하지 못한다면 그는 곧 폐업을 해야 할 것이다.

건축가 중에는 스스로를 예술가라고 생각하는 사람도 있지만, 그러나 그들은 그 사업을 오래 계속하지 못한다. 가장 성공적인 건축가란 예술적인 것과 실무적인 것을 겸비한 사람이다. 서류를 정리하고 견적을 산출하며 자료를 보관하고 조사·분석을 하는 등, 이 모두가 건축가가 하는 일의 일부이다.

두 가지 측면 모두를 만족시키면서 병행한다는 것은 사실 매우 어려운 일일 것이다. 비록 예술적 창작에 비중을 두고 설계사무소를 시작한다 해도 건축주와의 만남, 회의, 수주를 위한 다양한 네트워크의 형성 등에 모든 시간을 빼앗기기 때문에 정작 설계만을 구상하는 창의적인 펜에서 손을 떼는 경우가 허다하다. 반대로 설계사무소의 목적이 오직 돈벌이에만 국한되는 경우 창의적인 설계안은 고사하고 너무나 상투적이며 상업적인 건축물만을 생산해내는 경우도 있다. 세상의 모든 건축가가 예술적인 건축물만을 디자인 할 수는 없으며, 건축가로서의 긍지 및 위치, 역할, 그리고 건축적 철학이 유지되어야 할 것이다.

건축을 직업으로 하는 사람의 형태는 여러 가지이다. 여기에는 혼자 해나가는 경우에서부터 대기업에 취업하는 것에 이르기까지 모두 포함된다. 어떤 형태를 택하느냐 하는 것은 자신이 가지고 있는 솜씨와 능력 그리고 자기가 바라는 것이 어떤 것이냐에 달려 있다.

1) 독자적 운영

사업으로서의 건축에 있어서 가장 많이 볼 수 있는 형태가 독자적인 운영이다. 이것은 가장 단순한 형태의 사업이며 건축가가 곧 운영자이다. 건축가는 아틀리에 형태의 사무실에서 직원 몇 명과 함께 건축설계는 물론 드로잉(drawing)과 모델 만들기부터 세무관련 장부정리, 커피 끓이기, 우편물 보내기, 은행업무까지 모든 것을 하게 된다. 다른 사람의 도움을 얻을 수는 있지만 궁극적으로 모든 책임은 건축가에게 있다. 독자 운영을 함으로써 운영자가 모든 이윤을 독점한 반면에 모든 채무와 손실도 그의 책임이다.

2) 동업(partnership)

이것은 두 사람 이상이 법적 계약을 맺는 것이다. 보통 학교에서 같이 건축을 전공한 친구나 선후배 간에 동업을 하는 경우가 많을 것이다. 동업자들은 똑같이 운영에 참여한다.

아무리 막역한 사이라 할지라도 동업을 할 때에는 세심한 주의를 기울여야 한다. 동업자 간에는 서로의 행동으로 인해 손실을 보게 되는 경우도 종종 생기게 되며, 서로간의 관계가 부부사이보다 더 미묘한 경우도 적지 않다.

그렇지만 동업에는 이점이 있다. 다른 누군가와 함께 운영을 한다는 것은 그 부담을 엄청나게 덜어준다. 결정을 내릴 때 함께 참여함으로써 사업을 활기 있게 이끌어갈 수 있고, 더 많은 클라이언트를 유치할 수 있으며 그들을 만족시키는 데에도 용이하다.

하지만 이윤문제에 있어서 누가 프로젝트를 수주했느냐 그리고 누가 주도적으로 디자인할 것이냐에 따라 갈등이 생길 수도 있고, 디자인 문제를 의논함에 있어서도 시각차에 의해 보이지 않는 갈등이 야기되기도 한다.

부정적인 시각보다는 긍정적인 접근이 바람직하지만, 업무분담도 잘되고 수주에 의한 이윤배분도 원활할 것이라는 긍정적인 측면만을 바라본다면, 그 반대의 경우에 대해서는 전혀 해결책을 찾을 수 없을 수도 있다.

3) 합동사무소(associated practice)

두 개 이상의 회사가 함께 일하기로 계약할 때 합동사무소라고 불린다. 자본과는 거의 관계가 없으며 사업은 이전부터 진행되어 오던 것들이다.

합동사무소의 경우 종종 그 경영에는 두 부류의 사람 – 건축가 겸 경영주와 단순히 건축만 맡는 보조자가 참여한다. 경영주는 보조자에게 업무를 진행할 수 있는 근거를 제공하며 보조자는 경영주에게 동업자나 피고용인으로서의 불편함 없이 경험을 제공하는 것이다.

합동사무소를 갖기 이전에 관여하는 사람들의 책임소재, 보수의 할당, 어느 정도의 유연성 등을 기재하는 공식적인 계약을 체결해야 한다.

4) 기업형태(corporate practice)

기업화하기 위해서는 법률규정에 따른 조건을 만족해야 한다. 기업형태는 여타 형태의 사업들과는 달리 독자적인 법인을 가진다는 점에서 차이가 있다. 기업은 경영주 마음대로 해체될 수 없으며 법률이 정하는 바에 따라 운영되어야 한다.

기업이 가지는 가장 중요한 이점 중 하나는 경영주의 유한책임이다. 법인이라는 법적인 가상인물을 내세움으로써 경영주는 기업의 부채에 대해 개인적으로는 책임을 지지 않는 것이 보통이다. 또한 기업체는 세제상의 혜택도 받으며, 외부인사를 주주로 받아들일 수도 있는데 이들은 자본투자를 통해 기업의 운영을 돕는다.

그러나 조직하는 데에 보다 많은 비용이 들며 인건비와 행정당국의 규제 등으로 인하여 운영하는 비용도 많이 든다는 단점이 있다.

5) 합작형태(joint venture)

이것은 여러 명의 사람 또는 회사가 일시적으로 협동하는 것이다. 합작에 참여하는 모든 사람들은 개별적으로든 합동으로 맡은 프로젝트를 완결시켜야 하는 책임을 진다. 그 일이 끝나면 합작은 존재하지 않는다.

최근에 민간투자사업방식(BTL)이 늘어나면서 설계사와 시공사, 그리고 다른 협력사들 간의 이러한 합작형태가 많이 이루어지고 있다.

합작에는 일이 끝났다고 해서 이윤이 발생하는 것이 아니며 과세도 되지 않는다. 보수의 지급은 계약에 따라 일정한 절차로 일정한 금액이 합작 참여자들에게 각각 배분되기 때문이다. 작업량, 작업 종류 등도 모두 미리 계약체결 때 규정된다.

합작은 모든 관계자들의 참여도를 규정하는 공식 계약서가 체결된 후 발효되어야 한다. 그 계약서는 작업과 금전의 배분, 작업의 진행절차, 보수의 지급절차, 서로의 관계 등을 분명하게 해 주어야 한다.

6) 사업의 확장

회사의 클라이언트가 많아지면 그 회사가 영향을 미치는 영역도 넓어질 것이다.

최근에는 건축가가 설계만 하지 않고 감리전문회사를 비롯하여 구조, 설비, 조경, 실내부분까지 한 공간에 갖춰놓기도 하며, CM이라 하여 사업성 검토부터 설계, 시공, 준공, 사후관리까지 해 주는 전문회사도 생기고 있다.

또한 한정되어 있었던 국내의 건축시장을 국제적으로 확장하면서 중국이나 중동지역으로까지 진출하는 경우가 늘어나고 있다. 각 나라에 지사법인을 세우고 그 나라에서의 프로젝트를 수행하며 국내 회사와 협력하는 것이다. 다른 나라로 갈 때에는 그 나라의 문화, 전통, 종교, 법률, 정부, 기후 등을 상세하게 익혀야 한다.

7) 건축주와의 관계

건축주의 설계의뢰 없이 건축 행위는 일어나지 않는다. 이러한 건축주로부터 수주를 받는 것은 하나의 경쟁이며 사업의 성패는 여기에 달려 있다. 통상적인 행위이기도 하지만 사업적 측면에서는 보다 체계적이며 일관성 있는 접근이 필요하다.

① 관계

클라이언트와 함께 일하는 다음의 7단계는 어떻게 하면 건축가가 이 문제를 성공적으로 처리할 수 있느냐 하는 방법을 제시해줄 것이다.

- 접촉 : 클라이언트와 처음 접촉할 때는 편지나 전화로 한다. 클라이언트에게 당신이 어떤 사람이며 그의 요구를 충족시키기 위해 어떤 일을 할 수 있다는 것을 말한다.
- 면담 : 다음 단계는 직접 만나 면담하는 것이다. 여기서 당신은 클라이언트에게 그의 요구를 달성시킬 수 있음을 확신시킨다.
- 화합 : 면담을 할 때 중요한 일은 클라이언트와 화합을 이루는 것이다. 클라이언트가 필요로 하는 것이 무엇인지 건축가가 이해한다는 점을 보여준다. 함께 훌륭히 일할 수 있겠나는 느낌이 클라이언트에게 들도록 해야 한다.
- 신뢰감 : 약속한 것을 이해할 능력이 있음을 보여주어야 한다. 건축가의 작품집과 이력사항을 제시할 때이다. 클라이언트는 그것에 의하여 상대자가 경험과 능력이 있고 전문 분야에서 인정받는 사람임을 판단하게 된다.
- 이해 : 일단 클라이언트가 건축가와 함께 일하기로 결정했다면 서로를 이해해야 한다. 두 사람 사이에서 누가 무엇을 할 것인가를 정하고, 프로젝트의 필요성 및 목적, 준공일자, 대금지불방법 및 시기 등을 논의한다.
- 계약 : 서로에 대한 이해가 이루어진 다음에는 서로 약정한 것을 기술한 계약서를 작성한다. 클라이언트로 하여금 당신의 용역을 바라며 그 대가를 기꺼이 지불하겠음을 표시하는 간단한 계약서에 서명하게 하는 것이 좋다.
- 점검 : 일단 일에 착수한 후에도 클라이언트와 정기적으로 만나 일의 진행과정과 그가 기대하는 것을 점검하게 된다. 당신이 한 일을 클라이언트에게 알리고 그의 느낌을 파악한다.

② 융합

클라이언트는 당신이 이때까지 함께 일해 온 다른 사람들의 요구와 관심과는 다른 그러한 것을 지닌 특이한 사람이라는 점을 명심하라. 다음과 같은 중요한 요소를 항상 염두에 둔다.

- 물리적 : 건물이 충족시켜야 하는 물리적 요구는 무엇인가?
- 정서적 : 클라이언트는 얼마나 정서적인 사람인가? 그 일 자체에 정서적으로 집착하는 것은 무엇인가?
- 지적 : 클라이언트의 지적으로 건축설계의 과정과 결과를 파악하는 것은 어느 정도인가? 쉽게 새로운 개념과 아이디어를 받아들이는가?
- 동기적 : 건축설계를 원하는 클라이언트의 내적 동기나 이유는 무엇인가? 그러한 이유는 얼마나 깊이 뿌리내려져 있는가?
- 기대 : 클라이언트가 최종적으로 바라는 디자인은 어떠한 것인가? 그러한 바람은 어떻게 해서 나왔는가? 그러한 기대를 반드시 충족시켜야 하는가, 아니면 다른 것으로 대치시킬 수 있을 것인가?
- 경제적 : 클라이언트가 지정한 경제적 제한은 무엇인가? 자금의 한계가 최종 디자인에 어떤 효과를 미칠 것인가? 클라이언트의 기대는 이용 가능한 자금에 합당한가?

8) 보수

건축가는 여러 가지 일의 종류에 따라 각각 다른 보수를 받는다. 기준이라면 국토교통부의 건축사 보수요율(표 7.1, 7.2)에 따르는데, 이것은 공사비 기준방식과 실비정산방식으로 나눌 수 있다. 공사비 기준방식은 추정 공사비의 일정 비율을 보수로 채정하는 것이며, 실비정산방식은 약정된 설계기간 내에 투입되는 모든 비용과 이윤을 추정하는 방식이다.

보수비율은 시간과 장소에 따라 다양하지만 특별한 경우를 제외하면 일반적으로 추정 공사비의 5~15% 사이일 것이다. 상업용 건축물과 같이 규모가 있는 경우에는 6~7% 선이 채택되며, 주택과 같이 규모가 작을 경우에는 10~12% 선이 채택된다.

보수에 대한 청구절차도 건축주와의 계약단계에서 임의적으로 결정되지만 통상적으로 계약 시 30%, 허가완료 시 30%, 그리고 실시설계도면 납품 시 40%를 청구한다. 물론 프로젝트의 규모 및 성격에 따라 더욱 세분화되기도 한다.

표 7.1 건축설계 대가요율 (단위 : %)

공사비 \ 도서의 양 \ 종별	제3종 (복잡)			제2종 (보통)			제1종 (단순)		
	상급	중급	기본	상급	중급	기본	상급	중급	기본
5000만 원	11.83	9.86	7.88	10.75	8.96	7.17	9.68	8.06	6.45
1억 원	11.11	9.26	7.41	10.10	8.42	6.74	9.09	7.58	6.06
2억 원	8.87	7.39	5.91	8.06	6.72	5.38	7.26	6.05	4.84
3억 원	8.09	6.74	5.39	7.36	6.13	4.90	6.62	5.52	4.41
5억 원	7.58	6.31	5.05	6.89	5.74	4.59	6.20	5.17	4.13
10억 원	6.48	5.40	4.32	5.89	4.91	3.93	5.30	4.42	3.54
20억 원	5.97	4.97	3.98	5.42	4.52	3.62	4.88	4.07	3.25
30억 원	5.76	4.80	3.84	5.23	4.36	3.49	4.71	3.92	3.14
50억 원	5.65	4.71	3.77	5.14	4.28	3.42	4.62	3.85	3.08
100억 원	5.50	4.59	3.67	5.00	4.17	3.34	4.50	3.75	3.00
200억 원	5.33	4.44	3.56	4.85	4.04	3.23	4.36	3.64	2.91
300억 원	5.29	4.41	3.53	4.81	4.01	3.21	4.33	3.61	2.89
500억 원	5.19	4.32	3.46	4.72	3.93	3.14	4.24	3.54	2.83
1000억 원	5.10	4.25	3.40	4.63	3.86	3.09	4.17	3.47	2.78
2000억 원	5.03	4.19	3.35	4.57	3.81	3.05	4.11	3.43	2.74
3000억 원	4.95	4.13	3.30	4.50	3.75	3.00	4.05	3.38	2.70
5000억 원	4.88	4.07	3.26	4.44	3.70	2.96	4.00	3.33	2.66

주 ; "공사비"라 함은 건축주의 공사비 총예정금액(자재대 포함) 중 용지비, 보상비, 법률수속비 및 부가가치세를 제외한 일체의 금액을 말한다.

표 7.2 건축물의 종별 구분

종별	건축물의 종류
1종 (단순)	• 가설건축물 • 창고시설(하역장) • 자동차관련 시설(정비공장, 운전학원 · 정비학원 제외) • 동물 및 식물관련 시설(가축용 창고, 관리사, 가축시장, 버섯재배사) • 기타 제1종 용도와 유사한 것 ※ 제1종 시설로서 공기조화설비 등 특수설비를 요하는 시설은 제2종을 적용
2종 (보통)	• 공작물(굴뚝, 옹벽, 고가수조 등) • 단독주택 • 공동주택 • 제1종 근린생활시설 • 제2종 근린생활시설 • 판매 및 영업시설(공항시설, 항만시설 및 종합여객시설 제외) • 의료시설 중 장례식장 • 교육연구 및 복지시설(도서관 제외) • 업무시설 • 숙박시설(관광숙박시설 제외) • 위락시설 • 공장 • 창고시설(냉장 · 냉동창고 포함) • 위험물저장 및 처리시설 • 자동차관련 시설(정비공장, 운전학원, 정비학원) • 동물 및 식물관련 시설 • 분뇨 및 쓰레기처리시설 • 공공용시설(발전소, 방송 · 통신시설, 촬영소 제외) • 묘지관련 시설(화장장 제외) • 관광휴게시설(관망탑 제외) • 기타 제2종 용도와 유사한 것 ※ 제2종 시설로서 특수구조 또는 공기조화설비 등 특수설비를 요하는 시설은 제3종을 적용
3종 (복잡)	• 문화 및 집회시설 • 판매 및 영업시설[공항시설, 항만시설 및 종합여객시설(철도역사, 버스터미널 등)] • 의료시설(장례식장 제외) • 교육연구 및 복지시설 중 도서관 • 운동시설 • 숙박시설 중 관광숙박시설 • 공공용시설(발전소, 방송 · 통신시설, 촬영시설) • 묘지관련 시설 중 화장장 • 관광휴게시설 중 관망탑 • 기타 제3종 용도와 유사한 것

7.3 취업

7.3.1 취업을 위한 준비

교육이란 그것에 의해 취업을 하지 못한다면 아무런 쓸모가 없다. 그리고 취업은 어느 면에서는 디자인을 능숙하게 해낼 수 있는 것과 마찬가지로 하나의 솜씨라고 말할 수 있다. 취업을 하는 데는 고용주를 감탄시킬 수 있는 응용력이 필요하며, 직접 면담하는 가운데 고용주에게 좋은 인상을 주어야 한다.

설계사무소에서의 인턴십과 같은 실무경험을 통해 초보 건축가가 학교생활과 전문적 실무와의 사이를 연결시키고, 더 나아가서는 이것을 통해 졸업 후 취업을 할 수 있는 기회를 가질 수도 있다. 실무에 종사하는 대부분의 건축가들은 전문가로서 실습사원을 진지하게 도와주고 충고해 줄 책무를 가지며, 실습사원은 이러한 환경 속에서 성실한 자세로 실무습득을 추구하고 또한 자신의 능력을 보여줄 필요도 있다.

학교에서는 설계가 디자인에 중점을 두고 놀랄 만큼 자극적인 데 반해 설계사무소에서의 인턴십 경험은 커피나 타고 다른 사람들이 모두 하기 싫어하는 일을 하도록 요구할 수도 있다. 그러나 어떤 기회가 오든 간에 거기에서 최선을 다하는 모습을 보여주어야 한다.

일례로 화장실을 위한 타일 배치를 하도록 요구 받았을 경우, 이처럼 상대적으로 평범한 업무가 호기심을 자아내는 디자인상의 도전으로 변화될 수 있다는 태도를 취할 필요가 있다. 어떤 종류의 흥미로운 바닥·벽 패턴이 발전될 수 있는가? 어떠한 컬러타일의 띠를 제안할 수 있을 것인가? 흥미로운 악센트나 모자이크도 시도해 본다. 디자이너는 중요해 보이지 않는 프로젝트도 영향력을 갖는 매우 특별한 프로젝트로 만들 능력이 있는 사람이다. 능동적으로 시도해 보고 평가하며, 이를 제시하는 자세는 매우 특별한 인상을 남기게 될 것이다.

처음 시작하는 건축가들은 고도로 숙련된 자신의 능력(?)을 활용하여 단도직입적으로 일을 착수하려고 한다. 그러나 이것은 잘못이다. 실무를 익히는 과정이 우선 필요하다. 대부분의 초보 건축가들은 그들의 배경과 교육에도 불구하고 건축회사에서 단순한 드로잉작업부터 출발한다. 거기서 그들의 능력이 인정을 받은 뒤에야 보다 어려운 일이 주어진다.

취업을 하고자 할 때 가장 큰 장애물 중 하나는 고용주이다. 고용주의 요구를 어떻게 하면 파악할 수 있을까? 그러기 위해서는 다음과 같은 기본적인 방법이 강구되어야 한다. 그가 맡고 있는 일의 종류가 무엇인가를 살필 것, 그리고 세심하게 그 일의 성격을 파악할 것, 마지막으로 면접할 때 고용주가 말하고자 하는 것에 귀를 기울일 것 등이다.

취업을 하고자 하는 사람들은 스스로를 칭찬하는 데 많은 시간을 소비할 뿐 고용주가 필요로 하는 것은 전혀 고려하지 않는 경우가 많다.

첫인상은 지우기 어려운 것이다. 면접을 할 때 고용주는 즉각적인 판단을 내리게 된다. 좋은 인상을 주기 위해서는 어떻게 해야 할까? 그 대답은 그리 어렵지 않다. 어떤 일을 해야 되는가를 살피고 당신이 바로 고용주가 원하는 종류의 사람이라는 것을 보여수면 경쟁에서 유리한 위치를 차지할 수 있다. 또한 복장에도 신경을 써서, 당신이 충분히 일을 맡을 수 있는 사람이라는 인상을 줄 수 있도록 말끔한 차림을 한다.

또한 맡을 일에 대해서도 이야기할 수 있어야 한다. 건축업에 대해 견문을 갖고 있어야 하며 건축용어를 이해하고 그것을 사용할 때와 사용하지 않을 때에 대해서도 파악하고 있어야 한다.

당신의 사람됨에 덧붙여 고용주는 다음 네 가지, 즉 이력서와 자기소개서, 작품집(포트폴리오), 그리고 인터뷰로 평가하게 된다.

1) 이력서 및 자기소개서

이력서란 당신의 배경을 간단하게 알려줄 수 있는 내용을 담은 서류이다. 최근의 사항까지 빠뜨리지 않도록 하고 격식에도 유의한다.

모든 사람의 이력서는 제각기 차이가 있다. 그것은 지문과 마찬가지로 개인마다 다르다. 그러나 일반적인 형식은 똑같을 수 있다. 그러므로 자신의 이력서가 제대로 표출되게 하기 위해서는 이것에도 창의적 아이디어가 요구된다.

컴퓨터로 제작한 이력서는 당신의 컴퓨터 사용능력, 그래픽에 대한 감수성, 디자인 감각을 보여줄 수 있는 기회이다. 당신을 훌륭하게 그리고 전문적으로 표현하는 것이 중요하다고 생각한다. CAD나 Photoshop 등의 사용기술은 사무소에서도 훌륭한 메뉴이므로, 미래의 고용주에게 크게 어필될 수 있다. CAD에 능통한 것은 과거 일상적인 제도를 하던 사람들의 현대적 대체물이며 Photoshop 기술은 사무소에서의 그래픽/프레젠테이션을 함에 있어 귀중한 것이다.

형편없이 표현된 이력서는 뒷전으로 밀리게 되며, 어쩌면 영영 안볼 수도 있다. 무엇보다도 모든 사람들은 당신이 '책 표지를 보고 책을 판단한다.'는 말대로 할 수도 있고, 종종 그렇게 한다는 것을 알고 있다. 최소한 당신은 책을 사서 그것을 내려놓기 전까지는 읽을 것이다. 당신은 독자들이 읽어주기를 원할 것이다.

이력서를 단순히 종이 한 장의 서류만으로 생각해서는 안 된다. 그 내용은 물론 글자체, 크기, 간격 등 그 구성요소의 모든 것이 디자인적 편집의 대상이 되어야 한다. 지원자가 어떻게 많지 않은 자신의 경험을 표현하느냐는 지원자의 독창력과 상상력을 나타낼 것이다. 이러한 이력서가 바로 인터뷰에 초청된 이유가 될 수도 있다.

이력서를 작성할 때는 그것을 읽어볼 사람을 항상 염두에 두어야 한다. 건축을 가르치는 일을 얻고자 한다면 교육경험을 상조해야 하고 설계 일을 얻고자 한다면 실무경험을 강조해야 한다. 고용주가 찾고자 하는 것을 중요시하여 표현하도록 한다.

다음은 이력서에 담아야 할 최소한의 사항들이다.

- 인적사항 : 성명, 주소, 전화번호, 생년월일, 출생지 등
- 학력 : 출신고교와 졸업연도, 출신대학, 대학원과 졸업연도, 전공과 부전공, 연수경험 등
- 경력 : 현재 갖고 있는 직업의 맡은 임무와 직책 등을 먼저 적고 점점 과거로 거슬러 가면서 했던 일을 기술한다. 감독자의 임무를 맡았다면 그 사실을 빠뜨리지 않도록 유의할 것
- 기타 경험 : 교회나 지역사회에서의 경험이 당신을 돋보일 수 있고 건축과 관계있다고 생각한다면 포함시킨다.
- 수상경력과 가입 단체 : 여러 가지 유관 분야에서의 뛰어난 업적이나 참여도를 보여주는 것이다.

• 기타 : 직업상의 목표나 개인적 관심사, 취미 등을 적는다. 이러한 것들은 광범위하게 관심사를 갖고 있음을 고용주에게 보여줄 수 있지만, 그러한 당신의 관심사가 취업의 기회를 증대시키지 않을 것 같으면 불필요하다.

자기소개서는 이력서와는 달리 어떤 특별한 형식을 취하지 않는다. 그렇기 때문에 더욱 개성있고 디자인적인 형식을 취할 필요가 있다. 그 내용 또한 고정된 틀이 있는 것은 아니지만 고용주 입장에서는 그 사람의 인생관, 건축적 자세 및 마음(architectural attitude & mind)을 읽어 보기를 원할 것이다. 차분히 작성할 필요가 있으며 가식이 없이 진솔하게 표현되어야 할 것이다.

2) 작품집(portfolio)

작품집은 이력서보다 더 중요하다. 이력서란 당신이 해왔던 일을 이야기하는 것이지만 작품집이란 그것을 보여주는 것이기 때문이다. 그것은 고용주에게 당신이 할 수 있는 일의 실질적인 모습을 보여주는 것이다.

초보자의 경우라면 당신이 한 일 가운데 가장 훌륭한 것을 싣는다. 렌더링, 평면도, 모델사진 등 아주 다양하게 수록한다. 최대한 가장 훌륭한 것을 선별한다. 그래픽의 질, 프로젝트의 자료구성 등은 당신의 디자인 감각을 보여줄 것이다. 그리고 고용주의 요구에 맞게 아주 정성들여 작품집을 만들도록 한다. 10~20작품 정도면 보통 한 작품집에는 충분한 양이다. 너무 적으면 고용주는 당신의 능력을 파악하기 어려우며 너무 많을 경우에는 그를 압도시켜 버릴 수도 있다.

3) 인터뷰

첫인상은 매우 중요하다. 평상시에는 밝은 미소를, 자신의 주장을 피력할 때는 필요에 따라 강한 인상을 풍길 필요가 있다. 사소한 몇 마디가 감동을 줄 수도 있다.

인터뷰를 하기 전에 예상 질문을 작성해보고 이에 대한 답변을 작성할 필요도 있다. 너무 가식적이거나 과장된 표현보다는 진솔한 답변이어야 한다. 간혹 인터뷰하는 사람이 작품집의 어느 작품에 대해 이해하고 있는지, 그리고 예상치 않았던 질문에 응답할 수 있는 빠른 두뇌회전과 말솜씨 등이 있는지를 알아보기 위해 여러 가지 탐색적인 질문이 있을 수도 있다. 어떠한 경우에서든 침착함과 성실한 자세에서만이 그 해답을 찾을 수 있을 것이다.

7.3.2 취업의 종류

건축 및 건축관련 분야가 다양하듯이 이에 대한 취업의 종류 또한 매우 다양하여 이에 대한 모든 설명을 할 수는 없으나, 개략적인 건축학부의 진로 및 직업은 대학원의 다양한 전공별 진학, 건축설계사무소, 인테리어사무소, 구조/설비/전기/도시(단지)계획/실내건축/설계감리 등의 건축설계 분야, 시공/공무/주택/개발연구/엔지니어링 등 건설회사의 설계 분야, 건축자재의 생산 및 공급 분야, 전공에 관한 선진이론 및 첨단기술을 연구하는 연구기관 등의 진출이 가능하며, 이러한 영역 속에서도 전문화에 따른 세부적인 분야가 열거될 수 있다.

1) 건축설계사무소

건축설계사무소는 다양한 용도의 건축물을 설계하고 감리하는 업무를 하는 곳이다.

건축주 미팅부터 프레젠테이션, 대관업무, 기본설계, 실시설계와 감리까지 프로젝트에 따라 적게는 몇 개월에서부터 길게는 몇 년까지 시간이 걸리는 과정이기에 인내의 마음이 필요하기도 하다.

건축관련 전문가들과의 조화를 이루어 나가야 하므로 많은 것을 알아야 하고 경험해야 하는 곳이다.

조그마한 아틀리에 규모의 설계사무소부터 대기업과 연계된 기업화된 대형 설계사무소까지, 그 규모는 다양하며 그에 따라 프로젝트의 성격도 달라진다.

대형 설계사무소에서는 비교적 큰 규모의 프로젝트를 수행할 기회가 많고 외국 설계회사와의 협력으로 설계하는 기회도 있기 때문에, 보다 넓고 다양한 경험을 할 수 있는 장점이 있는 반면 여러 사람이 일을 나누어 하다 보니 신입사원의 경우 꼼꼼히 배울 수 없다는 단점이 있다.

2) 건설, 자재회사

토목, 건축, 플랜트, 환경산업 등을 종합하는 종합건설회사에서부터 작게는 자재 등을 전문으로 취급하는 회사까지 들 수가 있다.

건설회사의 경우 모든 규모를 건설할 수 있는 대규모의 회사에서부터 작은 규모만을 건설하거나 주택만을 위주로 건설하는 중소규모의 회사 및 단종회사들이 있다.

사무실 내에서는 설계, 공무 등의 업무를 주로 하며 현장에서는 현장관리 및 시공업무를 한다. 자재회사의 경우 설계, 자재연구 및 품질관리, 견적 등과 함께 영업업무도 포함된다.

1군 건설회사의 경우, 최근에 주거에 대한 관심이 높아지면서 시공회사마다 차별화된 브랜드를 가진 아파트나 주상복합 관련 업무의 비중이 커졌다.

또한 해외진출의 기회도 많아 중동, 중국 지역 등으로 그 범위를 넓혀 가고 있는데, 몸으로 부딪히는 업무가 맞는 사람에게 적합하다.

3) 인테리어 사무소

실내디자인 관련 업무를 한다. 디자인 설계뿐만 아니라 시공도 겸하는 경우가 대부분이며 가구 디자인, 코디네이터 업무를 겸한다.

우리나라에서는 아직까지 인테리어 설계에 대한 인식이 부족하여 시공을 겸하지 않으면 따로 설계비를 요구하기가 힘든 상황이다.

최근에는 포장건축이라 하여 특히 상업건축에서 외관을 리모델링하는 사례가 많은데, 이때 인테리어 사무소에서 이러한 업무를 많이 맡는다. 하지만 건축 비전공자가 많기 때문에 구조적인 부분에 대한 지식이 부족하여 건축물 부실로 이어지기도 한다.

4) 구조, 설비 등의 사무소

구조, 설비, 전기 분야의 설계업무를 한다.

건축물의 정확한 하중을 고려하여 기초부터 보, 기둥, 벽, 슬래브, 지붕, 계단 등의 철근배근과 철골부재 계산을 한다. 구조의 경우 안전진단업무를 겸하기도 한다.

설비는 기계설비와 전기설비, 소방설비로 나누어진다. 건축물에 적합한 냉난방 방식과 급수 · 급탕설비 등을 담당하는 기계설비와 전열, 조명, 통신, 소방 관련 설계와 도면을 법규에 적합하게 가장 합리적으로 해낸다.

5) 감리 전문회사

건설기술관리법 제28조의 규정에 의해 국토교통부장관에게 등록하여 토목, 건축, 설비 분야의 감리를 전문으로 하는 자로 종합감리회사, 건축감리회사, 설비감리회사, 토목감리회사가 있다.

일정 등급 이상의 경력자를 확보하고 있어야 감리를 할 수 있도록 법으로 규정하고 있는바, 법적으로는 특급감리원 3명 이상과 초급감리원 12명 이상으로 구성되어 있어야 하며, 자본금 1억 5천만 원과 일정 장비를 구비하고 있어야 한다. 주로 대형 설계사무실에서 이것을 겸하여 운영하고 있다.

6) 도시계획, 단지계획

도시계획과를 전공한 사람들이 진출하는 분야이기는 하지만 건축학과를 전공한 사람들이 건축물에 대해서는 더 경험자이기 때문에 학부를 건축학과를 졸업하고 대학원을 도시계획 쪽으로 전공하여 이 분야에서 활동하고 있다.

도시기본계획, 토지이용계획, 도시교통계획, 녹지 및 공원계획, 공급 · 처리시설 및 도시시설계획, 토지구획정리사업, 도시재개발 등에 관련된 계획적 입안과 행정업무 등의 다양한 업무를 처리한다.

참고문헌

1. 김정곤 외, 건축학 개론, 구미서관, 2004
2. 옥선호, 건축총론, 세진사, 2004
3. 양동양, 현대건축론, 기문당, 2003
4. 柳亮저, 兪吉瀘역, 황금분할, 기문당, 1986
5. 박한규, 건축의장론, 기문당, 1999
6. 박한규, 건축설계학, 기문당, 2001
7. 박언곤, 한국건축사강론, 문운당, 1988
8. 주남철, 한국건축의장, 일지사, 1979
9. 건축자료연구회 편, 건축설계자료집성, 동우출판사, 1986
10. 高橋연구실 · 김정태 역, 건축형태의 디자인 원리, 기문당, 1990
11. S. Gardiner 저 · 박강철 역, 건축사 개론, 1997
12. James C. Snyder외 저 · 윤일주 외 역, 건축학 개론, 기문당, 2006
13. 黑川紀章 저 · 尹鰈老 역, 현대건축의 창조
14. 문석창 외, 건축개론, 건기원, 2005
15. Jon Lang 저 · 조철희 외 역, 건축이론의 창조, 도서출판 국제, 1991
16. D. Sharp 저 · 김태영 역, 20세기의 건축, 대신기술, 1986
17. William J. Mitchell 저 · 김경준 외 역, 건축의 형태언어, 도서출판 국제, 1993
18. Andy Pressman저 · 이경훈외 역, 건축디자인 스튜디오 101, 도서출판 국제
19. 이광노 외, 건축계획, 문운당, 2002
20. Edward T. Hall 저 · 김광문 외 역, 보이지 않는 차원, 세진사, 1982
21. 윤도근 외, 건축제도 설계입문, 문운당, 2002
22. Frank Ching 저 · 고성룡 역, 디자인을 위한 건축제도, 집문사
23. 심명섭 외, 건축시공학, 기문당, 1994
24. 김정수 외, 건축일반구조학, 문운당, 1984
25. Nikolaus Pevsner 저 · 이권영 외 역, 근대디자인의 개척자들, 대신기술, 1986
26. Bill Risebero 저 · 오덕성 역, 서양건축사 도해, 기문당, 1985
27. 윤일주, 한국 · 양식건축 80년사, 冶庭문화사
28. 조준현 외, 건축재료학, 기문당, 2003
29. 강경인 외, 건축시공 I, 도서출판 대가, 2004
30. 강경인 외, 건축시공학, 도서출판 대가, 2005
31. 건축개론편찬회 편저, 건축개론, 기문당, 2004
32. 김태영, 한국근대 도시주택, 기문당, 2003
33. 이규헌 해설, 사진으로 보는 근대한국(上)(下), 서문당, 2001
34. 서울시정개발연구원, 서울 20세기(100년의 사진기록)
35. 김수근, 김수근 건축드로잉집, 공간사, 1990
36. 이건섭외 역, 신고전주의, 세진사, 1992
37. 김태일 외, 도시계획, 기문당, 2000
38. Niels Luning Prak 저 · 손승광 역, 건축의 사회적 언어, 태림문화사, 1986
39. C. Norberg-Schulz 저 · 정영수 외 역, 서양건축의 본질적 의미, 세진사, 1991
40. J. Summerson 저 · 최일외 역, 건축의 고전적 언어, 태림문화사, 1986
41. 대한건축학회, 건축재료, 기문당, 1998
42. 김무한 외, 신제 건축재료학, 문운당, 1997
43. 대한건축학회, 건축시공, 기문당, 1997

44. 대한건축학회, 건축공사표준시방서, 기문당, 1999
45. 김용식, 건축공기조화설비, 구미서관, 2002
46. 김용식, 건축위생설비, 구미서관, 2002
47. 이경회, 건축환경계획, 문운당, 1990
48. 임만택, 건축환경계획, 기문당, 1996
49. M. Salvadori, 건축의 구조, 기문당, 2000
50. Angus J. Mcdonald, 건축의 구조와 디자인, 1998
51. 강명래, 건축구조 이야기, 구미서관, 2002
52. 안형준, 건축구조 입문, 기문당, 2002
53. Information Design Inc. 편저, 건축노트, 토탈디자인, 1983
54. 장동찬 편저, 건축법규해설, 기문당, 2005
55. 윤혁경 편저, 건축법 · 조례해설, 기문당, 2004
56. 김정동, 한국근대건축에 있어서 서양건축의 전이와 그 영향에 관한 연구, 홍익대학교대학원, 1990
57. 홍지은, 현대 자연철학적 세계관의 관점에서 본 해체주의 이후 현대건축 신경향에 관한 연구, 이화여자대학교, 2001
58. 김정동, 한국근대건축론, 홍익대학교대학원, 1992
59. 건설교통부/대한건축사협회, 건축사업무기준, 2002
60. 삼우설계, ISO 프로젝트수행지침서
61. Kenneth Frampton, Modern Architecture, Thames and Hudson, 1992
62. David Watkin, A History of Western Architecture, Thames and Hudson, 1986
63. EUROPAN La Grnade Archc, europan 4, 1997
64. Martin Kieren, Oswald Mathias Ungers, Artemis Verlags, 1994
65. Meinhard von Gerkan, von Gerkan, Marg und Partner, Birkhauser Verlags, 1995
66. Akiko Busch, The Art of the Architectural Model, Design Press, 1991
67. Andreas Papadakis 외, DECONSTRUCTION, Academy Editions, 1980
68. Philip Jodidio, Contemporary European Architects, TASCHEN, 1995
69. Nikolaus Pevsner 외, A Dictionary of Architecture, The Overlook Press, 1976
70. V. M. Lampugnani, 20th-Century Architecture, Thames and Hudson, 1986
71. Peter Arnell 외, Frank Gehry-Buildings and Projects, Rizzoli, 1987
72. Ernst Neufert, Architects' Data, Granada, 1980
73. Edward Allen, Fundamentals of Building Construction, John Wiley & Sons, 1990
74. Paco Asensio 편저, Renzo Piano, teNeues, 2002
75. Ed Melet, Sustainable Architecture, NAI Publishers, 1999
76. Sir Banister Fletcher, A History of Architecture, Charles Scribner's Sons, 1975
77. Colin Rowe 외, The Cornell Journal fo Architecture, Rizzoli, 1981
78. MIT Modernity and the Classical Tradition, Alan Colquhoun, Architectural Essays 1980-1987, 1989
79. Princeton Arcitectural Press and Steven Holl, Anchoring, Steven Holl, Great Britain, 1989
80. Robert Venturi, COMPLEXITY AND CONTRADICTION IN ARCHITECTURE, The Museum of Modern Art Papers on Architecture, 1977
81. Robin Middleton 외, Neoclassical and 19th Century Architecture, Electa SPA Milan, 1980
82. Rudolf Wittkower, Architectural Principles in the Age of Humanism, W · W · NORTON & COMPANY, 1971

건축학총론

2015년 2월 25일 1판 1쇄 발행
2020년 11월 20일 1판 3쇄 발행

저 자 김유한
발행인 강해작
발행처 기문당
주 소 서울시 성동구 무학봉28길 4-1
전 화 02)2295-6171(代)~5
팩 스 02)2296-8188
출판등록 1976. 10. 7(1976-2)
홈페이지 http://www.kimoondang.com
I S B N 978-89-6225-635-2 93540

이 도서의 국립중앙도서관 출판시도서목록(CIP)은 서지정보유통지원시스템 홈페이지(http://seoji.nl.go.kr)와 국가자료공동목록시스템(http://www.nl.go.kr/kolisnet)에서 이용하실 수 있습니다.(CIP제어번호 : 2015004044)